U0022695

隨著 AI 人工智慧的發展，網站規劃設計仍然是很重要的事情，網站可協助收集資料與視覺化顯示，可先針對資料進行初步整理後匯出，就可進行 AI 程式的後續處理。

　　PHP8 語法已經完全支援 UTF8 編碼，我們規劃架設資料庫網頁將會更方便。希望協助 PHP 課程及 PHP 網頁設計師能學會相關技能。也藉由每一章後面的範例實作，希望引導大家從無到有的方式完成專案。

　　感謝諸多巨匠電腦學員、台東青銀共創協會、熊良心生態顧問公司、舞燁與許彗稜回饋寶貴意見，使這本書內容更顯豐富。

　　最後要感謝煒如以及出版社相關同仁的協助，沒有你們的協助就不會有這本書的誕生，願此書能發揮最大的效用，之後往前可嘗試了解網頁美化設計而往後於資料庫網頁可再進一步了解前端的 js 加上 React 框架互動、後端的 PHP 網站模組化框架設計與資料庫管理，以及資料匯出後的迴歸分類分群等 AI 回饋，這是一個開啟資訊世界的開關，希望能引導大家進入這個世界。

　　　　　　　　　　　　　　　　　　　　　　葉建榮

第三章　表單接收與程式處理流程

第六章　Session 與 Cookie

第七章 PHP 檔案引用上傳與 header 函數

第八章　日期與函數互動

第九章　認識資料庫系統與帳號管理

第十章　建立資料庫表與資料匯出入

第十一章　資料庫內容檢索與變更

第十二章　資料庫網頁互動與辨識強化

第十三章　系統實作 -csv 存取互動與人數統計

第十四章　系統實作 - 圖表呈現互動

第十五章　系統實作 - 活動管理系統規劃設計 1

第十六章　系統實作 - 活動管理系統規劃設計 2

第一章

網頁技術及環境設定

在進入本書介紹之前，我們先來了解網頁技術以及 PHP 資料庫網站的環境設定。任何一個科技的發明，大抵上都是為了解決問題而產生，網頁也不例外。1980 年 Tim Berners-Lee 為了解決不同電腦間不同格式文件閱讀交流上的困難，在歐洲核子物理實驗室工作時建議建立一個以 HTML 為基礎的系統讓科學家之間能夠分享和更新他們的研究結果。

1-1 網頁技術發展

HTML 以純文字格式為基礎，可讓任何一個文字編輯器處理，最初僅有少量標記（TAG）而易於掌握運用。隨著 HTML 使用率的增加，單純的資料交換已經不符合所需。1984 年，Tim Berners-Lee 寫了世界上第一個網頁瀏覽器（WorldWideWeb），全球第一個網站也由此誕生。HTML 文件只是一種純文字的檔案，並沒有包含影像、動畫或其他任何東西。當瀏覽器在解讀 HTML 時，發現裡面有需要顯示影像、動畫的地方，就會重覆第一個步驟再送出要求，把要顯示的影像、動畫給下載回來。如此一直重覆著，直到所有需要的東西都下載完畢為止。HTML5 於 2014 年 10 月 28 日完成規格訂定，提供新的標籤元素，例如新的區塊標籤元素包含 <section>、<article> 與 <header> 等，而 <video> 與 <audio> 為影音播放標籤元素，<canvas> 與 <svg> 兩種標籤元素則補強了圖形繪製功能。HTML5 除了針對 HTML4 補足功能不足的標籤元素，也進行了標籤元素的簡化與汰換。另外也與 CSS 及 Java Script 做充分的結合，畢竟一個成功的網頁，必須要有良好的標籤元素基礎，再加上樣式以及互動語法才可以做到。

本書無法實作 HTML5 的所有功能。原則上瀏覽器支援語法已經相同，我們會在 Google Chrome 與 Mozilla Firefox 上測試，於書本上預設提供 Google Chrome 截圖畫面。

《 1-1-1 》 伺服器蒐集與發布資訊

網頁在 1984 年產生時的目的很單純，就是要做不同電腦的資料交換，所以讓您用很簡單的方式，展示您的資料。所以，網頁就像廣告看板一樣，可以展示您想要展示的資料，後續加入的樣式表可以進行網頁美化，Script 語法可以在使用者端進行互動。可是如果我要寫下我每天的工作報告，那我是不是每天都得寫一個網頁出來？如果我現在在網頁上拍賣物品，每天都有物品進來或賣出，那我是不是得時常修改網頁？如果大家可以在同一個網頁內留言，如果我希望紀錄參觀我的部落格朋友的來源與時間，那該怎麼做呢？

從瀏覽器按下一個超連結或者輸入網址，其實會引發一連串的動作。首先我們先來了解瀏覽器輸入網址或者按下超連結後，資料將會送到網頁伺服器上。網頁伺服器將 PHP 語法傳送到 PHP 引擎處理，而語法內若有資料庫相關語法則由 PHP 對資料庫進行新增查詢更新刪除等動作。

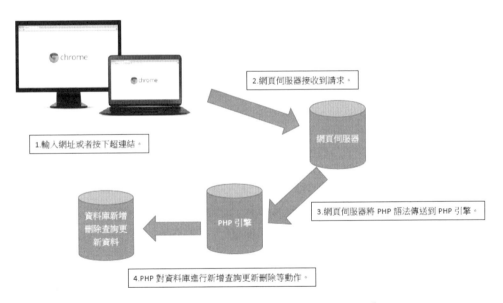

【圖 1、瀏覽器送出資料給網頁伺服器流程 】

資料庫處理好之後，資料庫將執行結果回應給 PHP，PHP 接著將執行結果回應給網頁伺服器，然後網頁伺服器回傳 HTML 文件給瀏覽器。瀏覽器接收了伺服器送回來的 HTML 文件，再搭配 CSS3 進行美化排版，並且搭配 jQuery 語法進行互動。

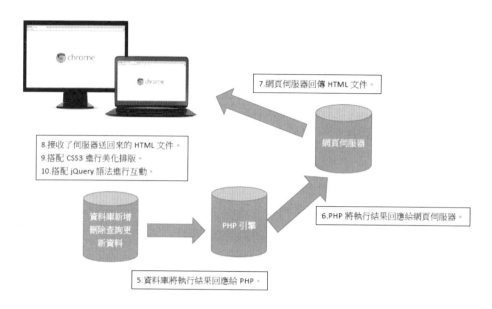

【圖2、網頁伺服器送回資料給瀏覽器流程 】

所以透過這種方式，我們就可以將資料儲存在網頁資料庫，也可以在網頁上讀取遠端資料庫內的內容，網頁內容不再是固定的，可由使用者選取想看的資料。

資料庫網頁，除了網頁，另外還必須有資料庫，本書挑選 MariaDB 進行搭配。MariaDB 資料庫管理系統是 MySQL 的一個分支，主要由開源社群在維護，採用 GPL 授權許可。開發這個分支的原因之一是甲骨文公司收購了 MySQL 後，有將 MySQL 完全商業化的潛在風險，因此社群採用分支的方式來避開這個風險。MariaDB 的目的是完全相容 MySQL，包括 API 和命令列，可以輕鬆成為 MySQL 的代替品。在儲存引擎方面，10.0.9 版起使用 XtraDB（名稱代號為 Aria）來代替 MySQL 的 InnoDB。原則上本書介紹的資料庫操作步驟與 PHP 語法均可以在 MariaDB 與 MySQL 上執行。

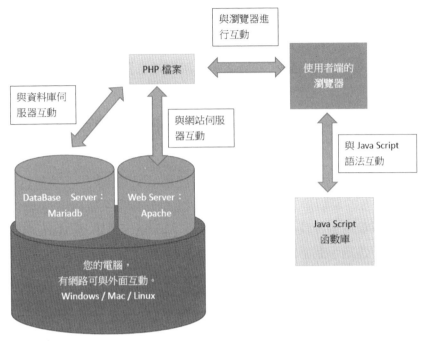

【圖 3、PHP 檔案的互動關係 】

《 1-1-2 》 PHP 資料庫網站發展

資料庫網頁設計，可以純手工打造，設計出獨一無二的網站，也可以參考他人設計的套件進行修改。PHP 在網路上有眾多免費的套件可以使用，您可以很快速架設討論區、網站或者購物車。所以我在此推薦 PHP，因為您可以免費的擁有 Web Server、PHP Engine、Database Server，而且您也可以免費獲得各式套件，快速的擴充網站功能。

PHP 網站發展性非常廣，PHP 網站設計初期我們就像學習積木蓋房子，得一步一步了解各種工具的使用，所以我們會逐步學習網頁規劃以及如何與伺服器互動。

只是隨著網頁、網站與資料庫伺服器互動增加，各種語法將會變得冗長與不好維護，就像積木蓋房子可能會蓋好幾個相似的，那每一個都要重新開始嗎？所以之後可以進一步了解網頁與網站框架的規畫使用，網頁端部份建議可選擇 Vue.js 或 React，而網站端部份可選擇 Laravel。

另外隨著 AI 工具使用，PHP 網站可以作為機器學習中的資料預處理流程一部份，PHP 也有機器學習元件可安裝使用，讓網站也具有機器學習能力。

1-2 ▷ Server 規劃與編輯軟體安裝

工欲善其事，必先利其器，我們得先架設網頁伺服器才可以執行 PHP 與 MariaDB。若您的環境是 Linux 平台，建議您依照作業系統提供的版本進行安裝，考慮到系統穩定性及不要花太多時間在 Apache、PHP 與 MariaDB 安裝設定上，因此不建議手動下載安裝。畢竟穩定提供服務比較重要。

PHP 檔案是文字檔案，所以可用任何軟體來編輯，包括 Windows 的記事本、Adobe Dreamweaver。本書推薦 Windows 環境內可使用 NetBeans IDE 及 NotePad++ 編輯，而 Linux 環境內可使用 NetBeans IDE 及 Vi 進行編輯。

《 1-2-1 》 Windows Server 規劃

Windows 環境裡 Server 規劃可分為多種規劃方式，您可以手動下載 Apache、PHP 與 MariaDB 後分別安裝設定，您也可以使用整合軟體一次安裝。本書將介紹整合軟體：XAMPP。

XAMPP 由網路社群維護，版本更新速度快，同時提供 Linux、OS X 及 Windows 環境下 Apache、PHP、MariaDB 及 Perl 的整合安裝。截稿之前 XAMPP 推出的版本內含的 PHP 版本為 7.0.8，MariaDB 版本為 10.1.13，都是半年內官方發布的版本。如果想要使用新功能且又希望透過整合軟體來進行安裝，XAMPP 是另外一個選擇。XAMPP 下載網址為 http://www.apachefriends.org/zh_tw/index.html。

《 1-2-2 》 NetBeans 特性

NetBeans 是一套可以跨平台的整合開發環境,可以讓您在 Windows、Linux、Mac OS X 及 Solaris 上執行,而且它是完全免費的。該軟體具有以下特色:

一、NetBeans IDE 可結合 HTML、JavaScript 和 CSS,會以顏色區分不同的標籤語法,也會有語法折疊功能。

```
1    <!DOCTYPE html>
2    <!--
3    To change this license header, choose License Headers in Project Properties.
4    To change this template file, choose Tools | Templates
5    and open the template in the editor.
6    -->
7    <html>
8        <head>
9            <meta charset="UTF-8">
10            <title></title>
11        </head>
12        <body>
13        <?php
14    setcookie ("a","php",time()-1800);
15    if(isset($_SERVER['HTTP_REFERER']))
16        echo "前一頁為".$_SERVER['HTTP_REFERER']."<br>";
17    else
18        echo "沒有前一頁資訊";
19     ?>
20    <a href="cookie2.php">觀看結果</a>
21        </body>
22    </html>
23
```

【 圖 4、NetBeans 內網頁語法可以顏色區分與語法折疊 】

二、NetBeans IDE 若偵測到明顯的語法錯誤,編輯時會自動標示提醒,圖中 16 行中的錯誤是結束時沒有加上「 ; 」。

```php
13    <?php
14    setcookie ("a","php",time()-1800);
      if(isset($_SERVER['HTTP_REFERER']))
          echo "前一頁為".$_SERVER['HTTP_REFERER']."<br>";
      else
          echo "沒有前一頁資訊";
      ?>
20    <a href="cookie2.php">觀看結果</a>
```

【圖 5、NetBeans 具有錯誤提示功能】

三、NetBeans 提供網頁標籤與樣式語法及 PHP 語法自動完成,這可加快開發網站的速度。

【圖 6、NetBeans 具有網頁標籤與樣式語法自動完成功能】

四、NetBeans 可以挑選不同的瀏覽器執行網頁,您可透過不同的瀏覽器檢視網頁內容。

【圖 7、NetBeans 執行網頁的按鈕內有多種項目可以選擇】

五、NetBeans 具有歷史編輯清單查閱畫面，您可檢視之前修改的紀錄。

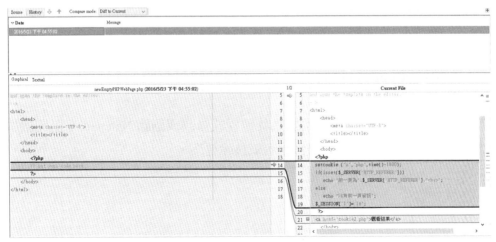

【圖 8、NetBeans 具有修改的歷史清單可以查閱】

NetBeans 需要 Java SE Development Kit (JDK) 才能使用，若無 JDK 請先下載與安裝。

《 1-2-3 》 認識 Notepad ++

NetBeans IDE 以「專案」中心來進行網頁開發。若您需要的網頁只是編碼轉換或開啟單一網頁進行編修，建議可下載 NotePad++ 進行網頁編輯。NotePad++ 下載網址為：http://notepad-plus.sourceforge.net/tw/site.htm

Notepad++ 具有以下特色：

1. 語法高亮度顯示及語法摺疊功能。

2. 支援 XML、HTML、PHP、CSS、Javascript 等語法標籤顯示。

3. 列印所見即所得 (WYSIWYG)：如果你有彩色印表機，你可以把你的原始碼以多種顏色列印出來。

4. 支援同時編輯多重文件。

5. 支援多重視窗同步編輯：可同時有兩個視窗對比排列。您不但能開啟兩個不同文件在分別兩個不同的視窗內，並且能開啟一個單獨文件在兩個不同的視窗內進行同步編輯。同步編輯的成果將在兩個的視窗內同時更新。

6. 完全支援拖曳功能：你可用拖曳功能來開啟文件。你也可以用拖曳功能來變換開啟文件的位置。 你甚至可拖曳開啟文件從一個視窗到另一個視窗。

7. 自動偵測開啟檔案狀態：如果其他程式修改或刪除 Notepad++ 已開啟檔案，您將會被通知更新檔案內容或移除檔案。

1-3 即將著手進行網頁處理

首先請您規劃好網站伺服器、編輯軟體與瀏覽器，再接著提醒您確認以下幾件事情。第一個請您確認的是「上傳資料前請確認是否要做網路分享」。您必須要了解您的網頁資料一旦於網際網路上傳閱，看網頁的網友不見得是您熟悉的朋友，也不保證您的網頁資料是否會外流，因此放上網路的資料務必要做檢驗後才可以上傳，否則一旦後悔就會來不及。

第二個請您確認的是「請勿濫用新的網頁技術」。網頁主要的目的是提供資料給使用者，重點在於資料的呈現，而不是華麗的網頁呈現效果。因此請您設計網頁時不要加入喧賓奪主的背景圖片，也請您留意文字與背景顏色是否呈現對比。另外網頁內若有提供具有聲音功能的影音檔案，建議您先以靜音模式展示，讓使用者點選播放的方式進行，以免使用者於夜間查閱您的網頁時被突然產生的聲音嚇到。

第三個請您確認的是「不要提供錯誤或過時的資訊」。網頁上的資訊請務必要經常更新，不要提供給使用者錯誤或過時的資訊，當使用者發現您提供的資訊不合宜時，他就會離開您的網站。

第四個請您確認的是「不要考驗使用者的耐心」。請不要把所有資訊塞在同一個網頁上，太複雜的頁面會讓使用者迷路，使用者一旦沒有耐心尋找他就會放棄您的網站。請記得加入導覽列，以便引導使用者找到他想要去的地方。導覽列必須是簡單與一致，不要提供導覽列之後反倒讓使用者迷路。設計導覽列時您可以這樣問您自己：我在哪裡？我從哪裡來？下一個可以去哪裡？首頁在哪裡？

第五個請您確認的是「不要設計複雜視窗分割與開啟過多新的視窗」。HTML5 語法內已經取消 frame 框架頁設計，所以可以解決複雜的視窗分割問題，也請您設計網頁時以不開啟過多的新視窗。複雜的視窗分割會讓使用者迷路，不知這個連結點下去後資料出現在哪一個視窗，同樣的開啟新視窗方式也會讓使用者迷路，不知如何返回前一頁。

第六個請您確認的是「網頁路徑或網頁名稱不要命名為無意義名稱」。網頁儲存時請留意網頁儲存路徑或網頁名稱，這對於網路搜尋有相當大的幫助，例如我於 Google 上搜尋「HTML5」，您會看到前幾個搜尋結果都是網頁或著網頁路徑有「HTML5」這一串文字，所以您在儲存網頁時請您留意網頁儲存路徑或著網頁名稱最好是有意義的名稱

1-4 結論

我們已經完成 Windows 或 Linux 環境伺服器的架設與 Windows 環境內編輯軟體的安裝，下一章我們將利用 NetBeans IDE 開始編輯表單網頁。

【重點提示】

1. HTML5 提供新的標籤元素，例如新的區塊標籤元素包含 <section>、<article> 與 <header> 等，而 <video> 與 <audio> 為影音播放標籤元素，<canvas> 與 <svg> 兩種標籤元素則補強了圖形繪製功能。HTML5 除了針對 HTML4 補足功能不足的標籤元素，也進行了標籤元素的簡化與汰換。另外也與 CSS 及 Java Script 做充分的結合，畢竟一個成功的網頁，必須要有良好的標籤元素基礎，再加上樣式以及互動語法才可以做到。

2. 從瀏覽器按下一個超連結或者輸入網址，其實會引發一連串的動作。首先我們先來了解瀏覽器輸入網址或者按下超連結後，資料將會送到網頁伺服器上。網頁伺服器將 PHP 語法傳送到 PHP 引擎處理，而語法內若有資料庫相關語法則由 PHP 對資料庫進行新增查詢更新刪除等動作。

3. 資料庫處理好之後，資料庫將執行結果回應給 PHP，PHP 接著將執行結果回應給網頁伺服器，然後網頁伺服器回傳 HTML 文件給瀏覽器。瀏覽器接收了伺服器送回來的 HTML 文件，再搭配 CSS3 進行美化排版，並且搭配 jQuery 語法進行互動。

4.　XAMPP 由網路社群維護,版本更新速度快,同時提供 Linux、OS X 及 Windows 環境下 Apache、PHP、MariaDB 及 Perl 的整合安裝。

5.　NetBeans IDE 可結合 HTML、JavaScript 和 CSS,會以顏色區分不同的標籤語法,且有語法折疊功能。

6.　NetBeans IDE 若偵測到明顯的語法錯誤,編輯時會自動標示提醒。

7.　NetBeans IDE 提供 PHP 語法自動完成,這可加快開發網站的速度。

8.　NetBeans IDE 以「專案」中心來進行網頁開發。若您需要的網頁編碼轉換或只是開啟單一網頁進行編修,建議可下載 NotePad++ 進行網頁編輯。

9.　網站規劃時請您確認:

　　a　上傳資料前請確認是否要做網路分享

　　b.　請勿濫用新的網頁技術

　　c.　不要提供錯誤或過時的資訊

　　d.　不要考驗使用者的耐心

　　e　不要設計複雜視窗分割與開啟過多新的視窗

　　f.　網頁路徑或網頁名稱不要命名為無意義名稱

【問題與討論】

1.　請說明瀏覽器送出資料給網頁伺服器流程

2.　請說明網頁伺服器送回資料給瀏覽器流程

3.　Windows 如何安裝 Apache+PHP+MySQL?

4.　NetBeans IDE 編輯軟體有何特色?

5.　網站規劃時請您確認哪幾件事情?

第二章

專案建置與表單網頁架構

當我們安裝好伺服器與編輯軟體之後就可以著手編輯網頁。本章將說明如何使用 NetBeans 進行專案建置與建立檔案，並將說明網頁架構與表單概念。

2-1 專案建置與建立檔案

一個 PHP 網站擁有多個網頁、圖片、文件檔案等資料，建議以專案的方式進行管理。網站內會有那些檔案呢？計有 php、html、css、js、sql 等文字檔案，也會有 mp3、mp4、png、jpg 等影音圖片檔案，也會有 doc、pdf 等文件檔案。專案建置之前請先確認網站伺服器是否啟動，Windows 環境內請您點選「XAMPP」內的「XAMPP Control Panel」，再請點選 MySQL 旁的「Start」以及 Apache 旁的「Start」按鈕就可以開啟服務。

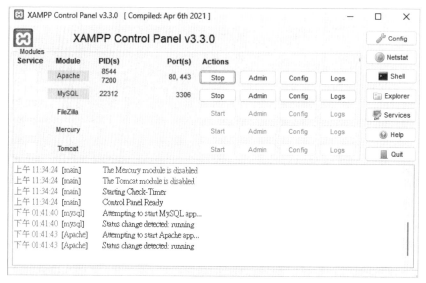

【圖 1、開啟資料庫網站服務】

《 2-1-1 》 專案建置

NetBeans 需要 Java SE DEvelopment Kit (JDK) 才能使用，若無 JDK 請先下載與安裝。NetBeans 以專案為中心，您不能只開啟一個網頁進行編輯，您必須建立一個專案來管理資料夾內的網頁。本書預設每一章為一個專案。建立新專案有五個步驟，分別為 Choose Project、Name and Location、Run Configuration、PHPFrameworks 與 Composer，以下將依序介紹。

Step 1、Choose Project

NetBeans 如何建立新的專案呢？開啟 NetBeanss 後請您點選「檔案」功能表內「New Project」，接著請您選取「PHP」選項，而「PHP」點選後有三個選項可以挑選如下：

【表 1、PHP 專案選項】

PHP 專案選項	說明
PHP Application	開啟新的專案
PHP Application with Existing Sources	開啟已經存在的專案
PHP Application from Remote Server	開啟遠端主機的專案

建議挑選「PHP」內的「PHP Application」，請接著按「下一步」鈕繼續。

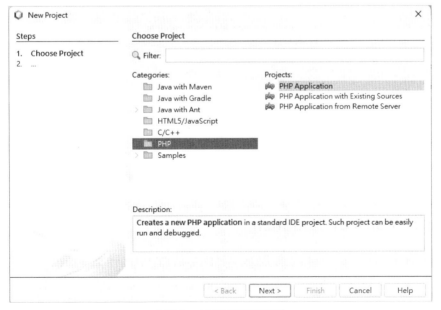

【圖 2、PHP 專案選項】

Step 2、Name and Location

這裡將設定專案的名稱與位置。請先設定「Project Name」（專案名稱），Netbeans 以專案為中心來進行 PHP 管理，本書各章均會建立一個獨立的專案，因本章為第二章所以專案名稱請設定為「PhpProject2」。「Sources Folder」指專案資料夾位置，這邊指 xampp 預設網頁資料夾位置，預設為「C:\xampp\htdocs\PhpProject2」，建議就依照系統設定。「PHP Version」指 NetBeans 可分析的 PHP 語法版本，請挑選 8.2 版。「Defolder Encoding」請設定為「UTF-8」。若建立專案時也能做專案的備份，請點選「Put NetBeans metadata into a separate directory」，選擇其他目錄作為備份位置。

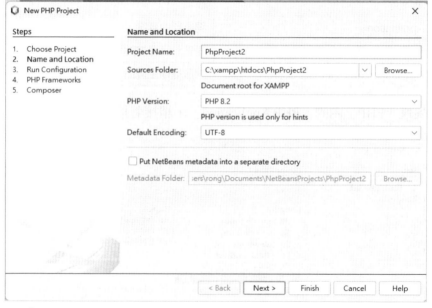

【圖 3、開啟一個新的 NetBeans 專案：請先設定專案的名稱與編碼】

Step 3、Run Configuration

「Run Configuration」可協助您設定如何執行 PHP 專案。這裡有四個選項，分別為「Local Web Site(running on local web server)」、「Remote Web

Site(FTP,SFTP)」 與「Script(run in command line)」、「PHP Built-in Web Server (running on built-inweb server)」。以下將分別介紹:

【表 2、設定如何執行 PHP 專案選項】

選項	說明
Local Web Site(running on local web server)	使用這一台機器的 Apache Web server 執行您的專案。
Remote Web Site(FTP,SFTP)	透過 FTP 方式將資料傳送至遠端 server 上執行。
Script(run in command line)	不需要 Web Server,只需要以命令列的方式執行 PHP 引擎。
PHP Built-in Web Server (running on built-in web server)	執行 PHP 內建的 Web Server。

請 您 點 選「Local Web Site(running on local web server)」, 確 認「Project URL」(專案的網址)沒有錯誤(原則上「http://localhost」加上「資料夾名稱」就是網址),就可以按「Next」鈕繼續。

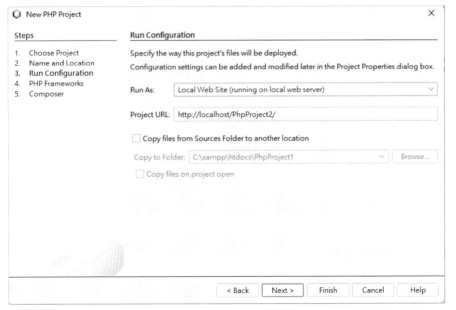

【圖 4、開啟一個新的 NetBeans 專案:以 Local Web Site 執行專案】

Step 4、PHP Frameworks

Framework 代表提供一個 PHP 設計環境，讓您設計 PHP 網頁時可以遵循 MVC 模式架構開發。MVC 模式指 Model、View 與 Controller，意思是網頁設計分成三大區塊分別由 View 負責畫面的呈現、Controller 負責流程的控管及 Model 負責處理的資料。當 PHP 網頁切割成三大區塊之後，網頁畫面設計與程式設計就可以分開來，就不需要擔心網頁設計者把程式設計者資料刪除，程式設計者也不用看到冗長的網頁標籤。本書的專案並未使用 PHP Framework，PHP Framework 這一主題將於日後再寫相關書籍做詳細說明。請您不用勾選後按「Next」鈕繼續。

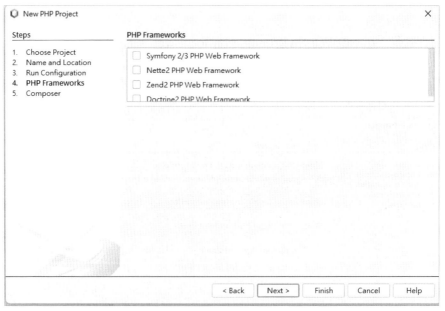

【圖 5、開啟一個新的 NetBeans 專案：PHP Framework】

Step 5、Composer

Composer 是一套 PHP 相依套件管理工具，其主要功能是協助管理你的專案所使用到的相依套件。目前我們的專案沒用到這樣的設定，請您不用勾選後按下「Finish」鈕後完成專案設定。

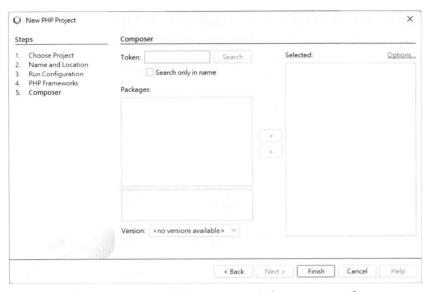

【圖 6、開啟一個新的 NetBeans 專案：Composer】

《 2-1-2 》 建立網頁

建立專案後，接著您就可以新增網頁，請點選請點選「File」功能表內「New File」。

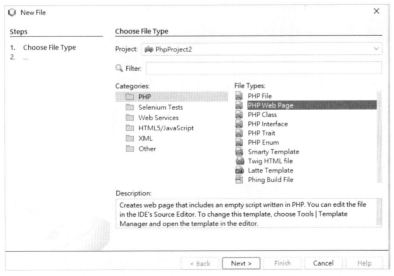

【圖 7、開啟一個新的檔案，檔案類型共分成六大類，圖為開啟新 PHP 網頁】

開啟檔案時會有PHP與其他類別可以挑選，本書會運用到「PHP」與「HTML5/ JavaScript」兩個類別。「PHP」類別內會開啟如表 3 所列的幾種 PHP 檔案，若沒有特別要求，PHP 網頁設計請挑選「PHP Web Page」。

【表 3、Netbeans 內 PHP 檔案類型內常用的項目】

項目	説明
PHP File	空白的 PHP 檔案，沒有網頁的標籤
PHP Web Page	包含網頁標籤的 PHP 檔案
PHP Class	建立空白的 PHP Class 檔案

「HTML5/JavaScript」類別內會開啟如表 4 所列的幾種網頁檔案。

【表 4、Netbeans 內 HTML5/JavaScript 檔案類型內常用的項目】

項目	説明
HTML File	HTML5 規格的網頁
JavaScript File	JavaScript 規格的文件
Cascading Style Sheet	樣式表文件

本書各式範例前面會加上流水號，例如「01」代表第一行。當您依照書本輸入相關範例時，請不要把本書範例前面的流水號加入。

編輯好的檔案要儲存在哪兒呢？ Windows 環境內請您將網頁儲存於「C:\ XAMPP\htdocs」；。若您是 Linux 系統內依系統建議安裝，網頁文件預設位置為「/var/www/html」內；假如是 Linux 環境內的 XAMPP，預設為「/opt/ lampp/var/www」。

您可按下 NetBeans 的「Run」功能表內的「Run File」或是按鍵盤的「Shift」加上「F6」就可以進行網頁預覽，預覽完後請關閉網頁或該分頁，您就不需要開啟網頁後再輸入網址來做網頁測試。

《 2-1-3 》 html 網頁結構說明

網頁是由很多的「<」符號起始與「>」符號結束的標籤組合起來，大部分的標籤是成雙成對，當您看到「<」符號起始與「>」符號結束的標籤，就可以看到「</」符號起始與「>」符號結束的結束標籤。網頁是以「<html>」符號開始，再以「</html>」符號結束，在這個範圍內，還會分成兩部分，分別是「<head>」符號開始，再以「</head>」符號結束的 head 區塊，以及「<body>」符號開始，再以「</body>」符號結束的 body 區塊。head 區塊負責這個網頁文件的標題、編碼、搜尋引擎規則設定、引用 script 與 css 設定檔案，而 body 區塊就是負責網頁文件內容的放置與瀏覽器上的呈現。我們於專案資料夾內開啟一個新的 HTML 網頁，您可以看到 html 網頁語法的基本架構。

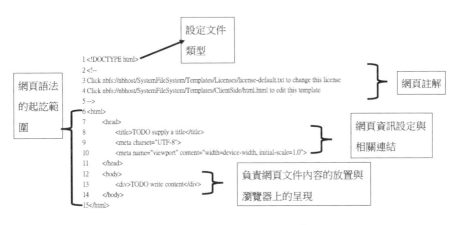

【 圖 8、html 語法基本架構 】

第 1 行代表「設定文件類型」，這一行語法於樣式表規劃上是很重要的，CSS 透過這一行語法了解您的網頁是哪一個版本。「<!DOCTYPE HTML>」代表這一個網頁是 HTML5 規格。

第 2 行到第 5 行是網頁註解區域，由「<!--」開始而到「-->」結束，這幾行語法不會在瀏覽器頁面上呈現，除非使用者切換到原始碼視窗才看的到。爾後提供的範例原則上刪除這幾行語法，但網頁設計過程中是建議各位可以加入註解。註解雖然不會被執行，但註解可以協助您整理思緒，提醒自己工作進度或需要哪些資源。提醒您網頁註解於使用者端的原始碼是可以看到,所以關於敏感性資料,例如帳號密碼等資訊勿以網頁註解方式加入,建議您以 php 區塊內的 php 註解方式加註會比較安全。

第 6 行到第 15 行網頁語法起迄範圍,第 7 行到第 11 行為網頁資訊與相關連結,這裡包含了各式 <meta> 語法、標題、引用樣式表與引用 script 檔案。第 12 行到第 14 行為顯示於瀏覽器上的網頁語法區塊範圍。

第 8 行設定這個網頁的標題,建議您網頁都要設定標題,否則日後會造成搜尋上的困擾。例如網頁的標題設定為「無標題文件」,對使用者來說這些網頁文件的內容差異性很大,若以關鍵字查詢還不見得找的到。

【圖 9、網頁路徑或網頁名稱對資料搜尋來說是很重要】

第 9 行為這個網頁編碼的設定,建議網頁設定為 utf-8 編碼,可以降低缺字等情況發生。例如游錫堃的「堃」於 Big5 碼內並沒有這個字,於網頁上載入時就會成為「方方土」的奇異組合。

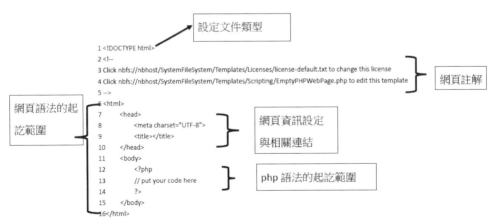

【 圖 10、Big5 編碼網頁缺自問題嚴重 】

php web 結構檔案包含 html 語法，不同的地方在於第 12 到 14 行是 php 語法區塊範圍，以「<?php」開始而以「?>」結束，請留意「//」是 php 的單行註解提示符號，而「/*」以及「*/」則是多行註解的頭尾符號。

【 圖 11、php 語法基本架構 】

現在不再支援 <% %> 區塊的語法，也不支援早期的 <? ?> 區塊語法，早期開發的 PHP 檔案請記得做調整。

2-2 表單基本設計

網頁上的圖文標籤都是由網站伺服器送到使用者瀏覽器上，而表單代表使用者可輸入相關資訊再帶回網站伺服器。

例如我們於報名系統上輸入姓名與電話，按下送出後就可以將資訊傳送到網站伺服器主機上，再依語法傳遞給資料庫主機儲存。

請您在網頁 <body> 標籤之後新增 <form></form> 語法，<form> 標籤內必須新增其他參數，才有辦法將 <form> 與 </form> 標籤內所有元件內容送至伺服器：

【表 5、form 標籤的屬性】

屬性	說明
action	指定表單資料要送到哪裡，您可以指定一個伺服器端檔案，或送到一段 Java Script 語法內處理。
method	指定表單送出的資料以什麼方式送達，傳送方式有 get 與 post 兩種方式。
name	表單的名稱

表單上會出現兩個按鈕標籤元素，「input type="submit"」代表依照表單指定的傳送方式 (form method) 傳送到指定的網頁 (form action)，而「input type="reset"」代表取消網頁上所輸入的資料。

《 2-2-1 》單行文字輸入元件

單行文字輸入元件有單行文字框 text 與密碼 password。我們看看 text 與 password 這兩種文字輸入標籤元素的畫面（檔案名稱：「PhpProject2」資料夾內「form1.html」）：

```
01<!DOCTYPE html>
02<html>
03 <head>
04  <title> 單行文字框與單行密碼框 </title>
05  <meta charset="UTF-8">
```

```
06  <meta name="viewport" content="width=device-width">
07  </head>
08  <body>
09  <form action="1.php"   name="f1" method="get">
10  <fieldset>
11  單行文字框：
12  <input type="text" name="username" maxlength="6" size="8"><br>
13  單行密碼框：
14  <input type="password" name="passwd" maxlength="6" size="8"><br>
15  單行文字框有內容：
16  <input type="text" name="user2" maxlength="6" size="8" value="test" ><br>
17  單行密碼框有內容：
18  <input type="password" name="passwd2" maxlength="6" size="8"
              value="test"><br>
19  <input type="submit">  <input type="reset">
20  </fieldset>
21  </form>
22  </body>
23</html>
```

您可按下 NetBeans 的「Run」功能表內的「Run File」或是按鍵盤的「Shift」加上「F6」就可以進行網頁預覽，預覽完後請關閉網頁或該分頁，您就不需要開啟網頁後再輸入網址來做網頁測試。

【圖 12、單行文字框與單行密碼框】

單行密碼框並不會把資料加密，他只是讓您畫面上看不到正確內容，所以請您留意資料的安全性。text 與 password 這兩個標籤元素其實有幾個共通的屬性，如表 6 的介紹說明。

【表 6、text 與 password 標籤的屬性】

Name	要傳送資料的標籤元素名稱,當表單把資料送出後,單行文字框或密碼文字框的資料,就以這個標籤元素的 name 作為名稱送出,後端網頁接收時就會以 name 作為接收的名稱。
Size	顯示在網頁上的寬度,例如「size="8"」代表可以顯示 8 個字。不過考慮到字體大小以及瀏覽器寬度等問題,所以 size 這個屬性於使用時會以寬鬆的方式設定,不會嚴謹的只能顯示指定字數。
maxlength	可以輸入的最大文字數量,例如「maxlength="6"」代表只能輸入 6 個字。
Value	如果您希望載入預設的文字,那請加上這個屬性就可以。例如「value="test"」代表內容載入 test 等字。
readonly	若希望這個標籤元素的內容是唯讀的,不可以變更,請您加上這個屬性,只需加入「readonly」即可。

《 2-2-2 》多行文字輸入元件

請您試試看上例中單行文字框與密碼文字框最多能輸入幾個字呢?如果單行文字框無法滿足您輸入資料的需求,那多行文字框 textarea 必可滿足您的需求,我們來看以下的範例(檔案名稱:「PhpProject2」資料夾內「form2.html」):

```
01<!DOCTYPE html>
02<html>
03 <head>
04  <title>多行文字框</title>
05  <meta charset="UTF-8">
06  <meta name="viewport" content="width=device-width">
07 </head>
08 <body>
09  <form action="2.php"  name="f1"  method="post">
10  <fieldset>
11  多行文字框:
12  <textarea name="multibox"  rows="6"  cols="40"></textarea>
13  <input type="submit">
14  <input type="reset">
15  </fieldset>
16  </form>
17 </body>
18</html>
```

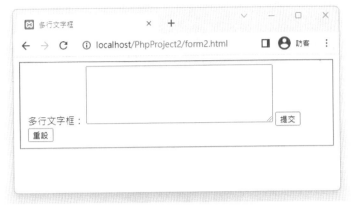

【圖 13、多行文字框】

既然是多行文字框，代表輸入的畫面大小不侷限於單行，因此我們可在 <textarea> 標籤內設定 rows（「列」或「高」）與 cols（「行」或「寬」）的長度。而 <textarea> 標籤內的 name 代表傳送資料的元件名稱，當表單把資料送出後，多行文字框的資料就以該元件的 name 作為名稱送出，後端網頁接收時就會以 name 作為接收的名稱。多行文字框的「<textarea>」標籤必須成雙成對，必須要有「</textarea>」作為結尾。

《 2-2-3 》 選擇鈕與核選框

選擇鈕與核選框的差別在於選擇鈕是單選，核選框是複選。假設您要設計一個血型運勢分析的網頁，要讓網友輸入血型，您要讓他用單行文字框的方式輸入嗎？但以單行文字框輸入資料，您還得留意使用者是否輸入非 A、B、O、AB 的文字，程式流程將會較為繁瑣，且既然是固定的資料，讓使用者點選會比輸入來的方便。表單提供兩種按鈕，若項目是單選，請使用選擇鈕；若項目是複選，請使用核選框。若要設計一個可選擇性別與血型的表單，請參考我們提供的範例（檔案名稱：「PhpProject2」資料夾內「form3.html」）：

```
01<!DOCTYPE html>
02<html>
03 <head>
04  <title> 選擇鈕 </title>
05  <meta charset="UTF-8">
```

```
06  <meta name="viewport" content="width=device-width">
07  </head>
08  <body>
09  <form action="3.php"  name="f1"  method="post">
10  <fieldset>
11  性別：
12  <input type="radio" name="sex" value="boy" checked> 男
13  <input type="radio" name="sex" value="girl">女 <br>
14  血型：
15  <input type="radio" name="blood" value="O">O
16  <input type="radio" name="blood" value="A" disabled>A
17  <input type="radio" name="blood" value="B">B
18  <input type="radio" name="blood" value="AB">AB<br>
19  <input type="submit">  <input type="reset">
20  </fieldset>
21  </form>
22  </body>
23 </html>
```

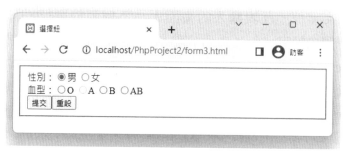

【圖 14、選擇鈕】

我們以 <input type="radio" > 語法設計選擇鈕標籤元素，我們於表 7 可看到相關的屬性。

【表 7、選擇鈕標籤元素屬性】

屬性	說明
name	選擇鈕的名稱，若要讓多個選擇鈕成為「多選一」狀態，請將這幾個選擇鈕的 name 設定為相同的名字。
value	選擇鈕的值，您也可以說這是選擇鈕的內容。當我按下選擇鈕，代表選擇了這個值。
checked	若加上此一選項，代表您已將這個選項設定為預設選項
disabled	若加上此一選項，代表您已將這個選項設定為不可以變更

選擇鈕有兩個基本的屬性要留意。設定為同一組的選擇鈕名字 name 必須相同，例如範例中我們要請使用者選取他的性別與血型，性別的兩個選擇鈕的名稱必須相同（name="sex"），而血型的四個選擇鈕的名稱也是相同（name="blood"）。第二個屬性則是選擇鈕的值（value），代表要傳遞出去的內容，例如 <input type="radio" name="blood" value="A">，代表當我按下這個按鈕，按鈕的 value 為 A，代表按下這個選擇鈕後傳送出去的內容為「A」。若要設計一個可選擇用過哪些作業系統的表單，這是一個可以複選的表單，請參考以下的範例（檔案名稱：「PhpProject2」資料夾內「form4.html」）：

```
01<!DOCTYPE html>
02<html>
03 <head>
04  <title>核選框</title>
05  <meta charset="UTF-8">
06  <meta name="viewport" content="width=device-width">
07 </head>
08 <body>
09  <form action="4.php"  name="f1"  method="post">
10  <fieldset>
11  用過哪些作業系統呢：<br>
12  <input type="checkbox" value="win11" name="win11">win 11
13  <input type="checkbox" value="win10" name="win10">win 10
14  <input type="checkbox" value="windows 8" name="win8">win8
15  <input type="checkbox" value="windows 7" name="win7">win7 <br>
16  <input type="checkbox" value="fedora" name="fedora" disabled>fedora
17  <input type="checkbox" value="opensuse" name="opensuse">opensuse
18  <input type="checkbox" value="ubuntu" name="ubuntu">ubuntu
19  <input type="submit">  <input type="reset">
20  </fieldset>
21  </form>
22 </body>
23</html>
```

【圖 15、核選框】

我們以 <input type="checkbox" > 語法設計核選框標籤元素，我們於表 8 可看到相關的屬性。

【表 8、核選框元件屬性】

屬性	說明
name	核選框的名稱。每一個核選框的名稱均不同，這樣才可判斷選取了哪些核選框，如果核選框的名稱取相同名字，要以陣列的方式宣告。
value	核選框的值。當我選取了核選框，代表選擇了這個值。
checked	若加上此一選項，代表這個選項設定為勾選。
disabled	若加上此一選項，代表您已將這個選項設定為不可以變更

《 2-2-4 》下拉式選單與清單

選擇鈕與核選框雖然方便，倘若資料項目多，使用起來仍不方便，網頁上會佈滿選擇鈕或核選框，那有沒有更方便的方法呢？我們可以用 <select> 標籤元素進行設定，當這個標籤元素的 size 屬性設定為 1 時，將會成為下拉式選單，請參考以下範例（檔案名稱：「PhpProject2」資料夾內「form5. html」）：

```
01<!DOCTYPE html>
02<html>
03 <head>
04  <title> 下拉式選單 </title>
05  <meta charset="UTF-8">
06  <meta name="viewport" content="width=device-width">
07 </head>
08 <body>
09  <form action="5.php"  name="f1" method="post">
10  <fieldset>
11  請選擇旅遊行程：
12   <select name="travel" size="1">
13    <option value="1"> 台北林家花園 </option>
14    <option value="2"> 台北信義商圈 </option>
15    <option value="3"> 桃園兩蔣園區 </option>
16    <option value="4"> 台中逢甲商圈 </option>
17    <option value="5"> 南投日月潭 </option>
18    <option value="6"> 宜蘭冬山河 </option>
19    <option value="7"> 屏東墾丁 </option>
20    <option value="8"> 高雄旗津 </option>
21    <option value="9"> 馬祖北竿芹壁 </option>
```

```
22   </select>
23   <input type="submit">  <input type="reset">
24  </fieldset>
25  </form>
26 </body>
27</html>
```

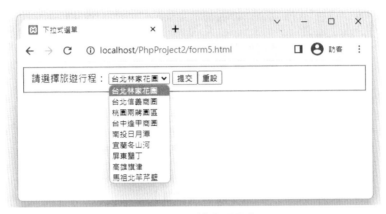

【圖 16、下拉式選單】

當 <select> 標籤元素的 size 屬性不為 1 時，將會成為清單，請參考以下範例（檔案名稱：「PhpProject2」資料夾內「form6.html」）：

```
01<!DOCTYPE html>
02<html>
03 <head>
04  <title> 清單 </title>
05  <meta charset="UTF-8">
06  <meta name="viewport" content="width=device-width">
07 </head>
08 <body>
09  <form action="6.php"  name="f1" method="get">
10  <fieldset>
11  請選擇旅遊行程：
12   <select name="travel" size="9">
13   <option value="1"> 台北林家花園 </option>
14   <option value="2"> 台北信義商圈 </option>
15   <option value="3"> 桃園兩蔣園區 </option>
16   <option value="4"> 台中逢甲商圈 </option>
17   <option value="5"> 南投日月潭 </option>
18   <option value="6"> 宜蘭冬山河 </option>
19   <option value="7"> 屏東墾丁 </option>
20   <option value="8"> 高雄旗津 </option>
21   <option value="9"> 馬祖北竿芹壁 </option>
22   </select>
23   <input type="submit">  <input type="reset">
```

```
24  </fieldset>
25  </form>
26 </body>
27</html>
```

【圖 17、清單】

下拉式選單或清單內有兩種標籤元素，我們以 <select> 語法設計，請看表 9 所介紹的相關屬性。

【表 9、<select> 標籤元素屬性】

屬性	說明
name	下拉式選單的名稱。下拉式選單內傳輸的資料，都是以這裡的名稱來傳輸。
size	顯示下拉式選單內選項的高度。若設定為 1 為下拉式選單，其他數值為清單方式顯示。

<select> 標籤區塊內可加入多個 <option> 標籤，而 <option> 標籤的目的是設定下拉式選單內的選項。我們以 <option value="8"> 高雄旗津 </option> 為例，網頁上顯示「高雄旗津」，但當您在下拉式選單選取了這個選項後，傳送的值為「8」。option value 的內容可以是中文的，這裡為了區別「傳遞的資料內容」與「顯示在網頁的文字」可以不同，所以才會如此設計。我們以 <option> 語法設計 <select> 標籤區塊內選項，請看表 10 所介紹的相關屬性。

【表 10、< option > 標籤元素屬性】

屬性	說明
disabled	代表這個選項不能挑選。
selected	代表這個選項為預選。
value	代表這個選項的內容。例如 <option value="8"> 代表這個選項內容為 8。

《 2-2-5 》 按鈕與圖片、隱藏欄位

表單上的按鈕型式標籤元素共有三種，<input type="submit"> 這一個標籤元素會將表單內所有資料會送至表單的 action 指定的位置，而 <input type=" reset "> 標籤元素則會取消表單上所有的資料。

submit 與 reset 按鈕都有固定的功能，但如果想要一個自訂功能按鈕，以 <input type="button" > 語法設計按鈕。除了制式的按鈕型式標籤元素，我們也可以在表單內加入圖片或文字資料，透過連結方式製作不一樣的按鈕。以下這個練習需要「reset.jpg」與「submit.jpg」兩張圖片，請參考書附程式的「PhpProject2」資料夾內所附贈的圖片或自行繪製，接著請參考以下範例（檔案名稱：「PhpProject2」資料夾內「form7.html」）：

```
01<!DOCTYPE html>
02<html>
03 <head>
04  <title> 不同的資料傳遞流程 </title>
05  <meta charset="UTF-8">
06  <meta name="viewport" content="width=device-width">
07 </head>
08 <body>
09  <form action="9.php" name="f1" method="post">
10  <fieldset>
11  <p> 姓名：  <input name="username" type="text"></p>
12  <p> 學校：  <input name="school" type="text"></p>
13  <input type="button" value="A" onclick="f1.action='10.php';f1.submit();">
14  <input type="button" value="B" onclick="f1.action='11.
                php';method='get';f1.submit();">
15  <input type ="button" value =" 自訂按鈕 " onclick = "window.alert('hi');">
16  <input type="submit">  <input type="reset"><br>
17  <img src="submit.jpg" onclick="f1.submit()" width="60" height="60"
                style="cursor:pointer;"/>
18  <img src="reset.jpg" onclick="f1.reset()" width="60" height="60"
                style="cursor:pointer;"/>
```

```
19   </fieldset>
20   </form>
21 </body>
22</html>
```

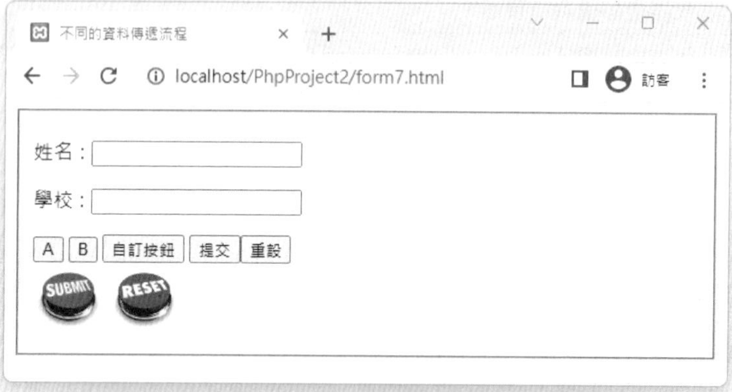

【圖 18、按鈕元件】

這一個表單上有多個制式按鈕，功能請參考表 11 的介紹。

【表 11、各式不同型式按鈕元件】

按鈕語法	按鈕作用	說明
input type ="button"	自訂功能	可以自訂按鈕功能，例如範例中的按鈕按下後會執行 window.alert( ) 函數，彈跳出「hi」訊息。
input type="submit"	將資料送出	功能不能變更。表單資料送至 form action 指定的位置。
input type="reset"	清除表單內容	功能不能變更。按下後表單上各式標籤元素內容會被清除。

這個練習第 17 行加入了隱藏元件，這個元件於瀏覽器畫面上看不到，可是表單送出資料時會自動送出，所以這個元件仍有作用。第 18 行載入「submit. jpg」圖片，並設定執行按下 (onclick) 這個動作時呼叫 f1 的 submit( ) 方法。表單名稱為 f1，submit( ) 方法代表表單資料送至 form action 指定的位置，也就是執行 <input type="submit"> 按鈕動作；第 18 行載入「reset.jpg」圖片，並設定執行按下 (onclick) 這個動作時呼叫 f1 的 reset ( ) 方法。表單名稱為 f1，reset ( ) 方法代表按下後表單上各式標籤元素內容會被清除，也就是執行

的是 <input type=" reset "> 按鈕動作。而這兩行的「reset.jpg」屬性代表滑鼠
手勢為點選狀態，第 13 行與第 14 行動作於下一章進行說明。

《 2-2-6 》 檔案上傳

檔案上傳是要上傳到伺服器，伺服器端必須進行接收。本書暫不提伺服器端
的作法，僅就網頁本身要注意的事項進行說明。提供檔案上傳的表單需做以
下設定：

1. 表單必須以「post」方式傳送資料。

2. <form> 標籤內要加入「enctype="multipart/form-data"」屬性才可送出資
   料。

3. 負責傳送資料的 <input> 標籤必須設定「type="file"」，網頁上將會出現
   「瀏覽」鈕，就可選擇要上傳的資料。

請您嘗試進行以下的練習並請開啟多個瀏覽器瀏覽（檔案名稱：
「PhpProject2」資料夾內「form7b.html」）：

```
01<!DOCTYPE html>
02<html>
03 <head>
04  <title>上傳檔案</title>
05  <meta charset="UTF-8">
06  <meta name="viewport" content="width=device-width">
07 </head>
08 <body>
09  <form enctype="multipart/form-data" method="post">
10     <input type="file" name="file">
11    <input type="Submit" name="Submit" value="上傳">
12  </form>
13 </body>
14</html>
```

【圖 19、上傳檔案：於 Chrome 內的畫面】

【圖 20、上傳檔案：於 Firefox 內的畫面】

您可以看到 <input type="file"> 元件於 chrome 與 firefox 瀏覽器上會有不同的呈現畫面，按鈕忽左忽右對使用者來說很不方便，網頁要進行美化排版時也會造成困擾，所以我們修改上一個網頁，加上樣式表規劃以及 script 語法互動，使網頁呈現能夠一致（檔案名稱：「PhpProject2」資料夾內「form7c.html」）：

```
01<!DOCTYPE html>
02<html>
03 <head>
04  <title>上傳檔案加上樣式</title>
05  <meta charset="UTF-8">
06  <meta name="viewport" content="width=device-width">
07 </head>
08 <body>
09  <form enctype="multipart/form-data" method="post">
10     <input type="file" name="file"  style="display:none;
" onchange="this.'form.upfile.value=this.value;">
11     <input type="text" name="upfile" size="20" readonly>
12     <input type="button" value="開啟檔案" onclick="this.form.file.click();">
13     <input type="Submit" name="Submit" value="上傳">
14  </form>
15 </body>
16</html>
```

【圖 21、於 Chrome 呈現的上傳檔案加上樣式】

【圖 22、於 Firefox 呈現的上傳檔案加上樣式】

第 10 行加入了一個「<input type="file" name="file">」元件，於標籤語法內設定「style="display:none;"」，代表這個元件並未消失，但於瀏覽器上面不顯示，接著再於標籤語法內加入「onchange="this.form.upfile.value=this.value;"」代表元件的內容將傳遞給「this.form.upfile.value」元件儲存，也就是這個網頁的表單內名為 upfile 的元件儲存。

而名為 upfile 的元件是什麼呢？這是一個單行文字框，您可於第 11 行看到這個單行文字框語法，為了避免使用者於此輸入資料，所以加入「readonly」設定為唯讀。

第 10 行這個檔案上傳元件看不到，那該如何上傳資料呢？第 12 行的按鈕按下去後會呼叫這個網頁的表單內名為 file 的元件的 click 動作。名為 file 的元件就是檔案上傳的元件，也就是第 10 行語法，所以我們可藉由第 12 行的按鈕按下去後呼叫檔案上傳的元件進行檔案上傳，再於第 11 行的單行文字框顯示。雖然檔案上傳元件於瀏覽器上沒有出現，但仍可以執行檔案上傳動作：

```
09  <form enctype="multipart/form-data" method="post">
10     <input type="file" name="file"  style="display:none;" onchange="this.
                  form.upfile.value=this.value;">
11     <input type="text" name="upfile" size="20" readonly>
12     <input type="button" value="開啟檔案" onclick="this.form.file.click();">
13    <input type="Submit" name="Submit" value="上傳">
14  </form>
```

2-3 ▷ HTML5 新增表單元件

HTML5 於表單新增了非常多的功能，表單元件共計新增 email、url、tel、number、range、search、color、date、month、week、time、datetime 與 datetime-local 等 13 種元件，由於日期時間元件、電話號碼與顏色挑選這幾個元件於不同瀏覽器上支援程度差異很大，所以在此先不做介紹。

不是所有瀏覽器都支援 HTML5 新增的表單欄位以及相關屬性，如果瀏覽器不支援新增的表單欄位，這些欄位都將轉為單行文字框型式；若瀏覽器不支援新增的表單欄位屬性，則會當作沒有這些屬性存在。

《 2-3-1 》 電子郵件信箱與網址、搜尋

我們常於單行文字框內經常輸入電子郵件信箱、網址與搜尋，HTML5 提供了這三種規格的表單欄位，讓您方便輸入資料。搜尋文字框與單行文字框有何不同呢？差別在於搜尋文字框會出現「×」選項，可讓我們刪除要搜尋的資料，可是單行文字框只能手動方式清除文字。如果瀏覽器不支援這些新的欄位格式，欄位將轉為單行文字框，所以您必須假設瀏覽器不見得完整支援，建議您網頁上仍要加入表單或 Java Script/jQuery 的表單驗證規則，避免使用者使用不支援電子郵件信箱、網址與電話號碼表單欄位的瀏覽器。請參考以下範例設計，並請嘗試輸入不是電子郵件信箱、網址的資料（檔案名稱：「PhpProject2」資料夾內「form8.html」）：

```
01<!DOCTYPE html>
02<html>
03 <head>
04  <title>新的表單工具 -email 與 url、搜尋 </title>
05  <meta charset="UTF-8">
06  <meta name="viewport" content="width=device-width">
07 </head>
08 <body>
09 <form action="#" method="get">
10 <fieldset>
11 <p> 電子郵件信箱：<br />
12 <input type="email" name="user_email"/></p>
```

```
13  <p>網址：<br />
14  <input type="url" name="user_url" /></p>
15  <p>搜尋：<br />
16  <input type="search" name="user_search" /></p>
17  <input type="submit" />  </form>
18  </fieldset>
19  </form>
20  </body>
21 </html>
```

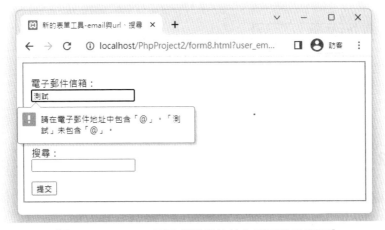

【圖 23、Chrome 電子郵件信箱輸入不正確時畫面】

【圖 24、Google Chrome 網址輸入不正確時畫面】

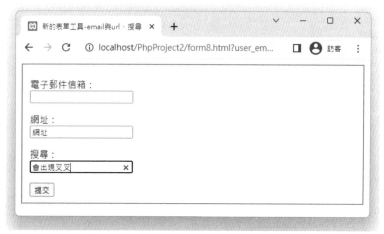

【圖 25、Google Chrome 的搜尋欄位】

《 2-3-2 》 數值資料

HTML5 提供了兩種數值輸入與數值範圍拖曳的表單欄位，讓您方便設定數字。如果瀏覽器不支援這些新的欄位格式，欄位將轉為單行文字框，所以您必須假設瀏覽器不見得完整支援，建議您網頁上仍要加入表單或 Java Script/jQuery 的表單驗證規則，避免使用者使用不支援數值資料輸入與數值範圍拖曳的瀏覽器。請參考以下範例設計，並請嘗試輸入不是數字的資料（檔案名稱：「PhpProject2」資料夾內「form9.html」）：

```
01<!DOCTYPE html>
02<html>
03 <head>
04  <title>新的表單工具 - 數值資料</title>
05  <meta charset="UTF-8">
06  <meta name="viewport" content="width=device-width">
07 </head>
08 <body>
09  <script>
10   function printValue(sliderID, textbox)
11    {
12     var x = document.getElementById(textbox);
13     var y = document.getElementById(sliderID);
14     x.value = y.value;
15    }
16   window.onload = function() { printValue('range1', 'rangeValue1');}
17  </script>
```

```
18   <form action="#" method="get">
19   <fieldset>
20<p>數字：<br />
21   <input type="number" name="user_number" min="-10" max="10" step="2"
                value="4"/></p>
22<p>數值範圍：<br />
23   <input type="range" name="user_range" id="range1"  min="-10" max="10"
      step="2" value="4" onchange="printValue('range1','rangeValue1')" />
24   <input id="rangeValue1" type="text" size="2" readonly />
25   </p>
26   <input type="submit" />
27   </fieldset>
28   </form>
29   </body>
30</html>
```

第 20 行設定類型 (type) 為 number 的表單欄位，名稱 (name) 為 user_number，
最小值 (min) 為 -10，最大值 (max) 為 10，若透過卷軸方式點選 (step) 每次增
加 2，預設值 (value) 為 4。數值範圍欄位可讓使用者藉由拖曳方式選擇數字，
我們在這個網頁內加入 <script> 語法，希望所有瀏覽器能於欄位拖曳時也能
顯示數值，第 15 行代表網頁載入時將 range1 與 rangeValue1 帶到 printValue( )
函數內，也就是第 10 行到第 14 行範圍內。

請問第 15 行的 range1 與 rangeValue1 又是什麼呢？這是兩個 id，位於第 22
行的數值範圍欄位 id 為 range1，而第 23 行的單行文字框 id 為 rangeValue1。
網頁內 id 不可以重複，所以很適合用於 script 的程式操作，且為了避免使用
者不小心輸入資料，單行文字框設定為唯讀。

第 22 行類型 (type) 為 range 的表單欄位，id 為 range1，最小值 (min) 為 -10，
最大值 (max) 為 10，捲動一次 (step) 為 2，預設值 (value) 為 4，當這個數值
範圍欄位改變時會執行 onchange( ) 事件，就會把 range1 與 rangeValue1 傳送
到 printValue( ) 函數再進行數值的取得與顯示：

```
09   <script>
10   function printValue(sliderID, textbox)
11     {
12      var x = document.getElementById(textbox);
13      var y = document.getElementById(sliderID);
14      x.value = y.value;
15     }
16   window.onload = function() { printValue('range1', 'rangeValue1');}
17   </script>
```

```
18   <form action="#" method="get">
19   <fieldset>
20<p>數字：<br />
21   <input type="number" name="user_number" min="-10" max="10" step="2"
     value="4"/></p>
22<p>數值範圍：<br />
23   <input type="range" name="user_range" id="range1"  min="-10" max="10"
step="2" value="4" onchange="printValue('range1','rangeValue1')" />
24   <input id="rangeValue1" type="text" size="2" readonly />
```

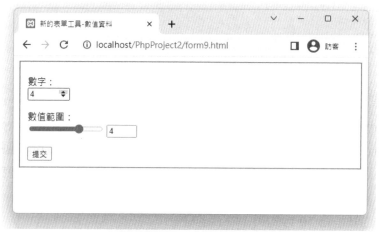

【圖 26、數值資料輸入畫面】

2-4　結論

本章介紹了專案與檔案開啟方式、HTML5 網頁的基本架構、表單內各種功能介紹、HTML5 新增的表單元件介紹，下一章將說明如何接收資料後進行基本條件分析與處理。

【重點提示】

1.　form 標籤的屬性有以下的屬性：

屬性	說明
action	指定表單資料要送到哪裡，您可以指定一個伺服器端檔案，或送到一段 Java Script 語法內處理。

| method | 指定表單送出的資料以什麼方式送達，傳送方式有 get 與 post 兩種方式。 |
| name | 表單的名稱 |

2.　text 與 password 這兩個標籤元素其實有幾個共通的屬性如下：

name	要傳送資料的標籤元素名稱，當表單把資料送出後，單行文字框或密碼文字框的資料，就以這個標籤元素的 name 作為名稱送出，後端網頁接收時就會以 name 作為接收的名稱。
size	顯示在網頁上的寬度，例如「size="8"」代表可以顯示 8 個字。不過考慮到字體大小以及瀏覽器寬度等問題，所以 size 這個屬性於使用時會以寬鬆的方式設定，不會嚴謹的只能顯示指定字數。
maxlength	可以輸入的最大文字數量，例如「maxlength="6"」代表只能輸入 6 個字。
value	如果您希望載入預設的文字，那請加上這個屬性就可以。例如「value="test"」代表內容載入 test 等字。
readonly	若希望這個標籤元素的內容是唯讀的，不可以變更，請您加上這個屬性，只需加入「readonly」即可。

3.　選擇鈕標籤元素相關的屬性如下：

屬性	說明
name	選擇鈕的名稱，若要讓多個選擇鈕成為「多選一」狀態，請將這幾個選擇鈕的 name 設定為相同的名字。
value	選擇鈕的值，您也可以說這是選擇鈕的內容。當我按下選擇鈕，代表選擇了這個值。
checked	若加上此一選項，代表您已將這個選項設定為預設選項
disabled	若加上此一選項，代表您已將這個選項設定為不可以變更

4.　核選框標籤元素相關的屬性如下：

屬性	說明
name	核選框的名稱。每一個核選框的名稱均不同，這樣才可判斷選取了哪些核選框，如果核選框的名稱取相同名字，要以陣列的方式宣告。
value	核選框的值。當我選取了核選框，代表選擇了這個值。
checked	若加上此一選項，代表這個選項設定為勾選。

| disabled | 若加上此一選項，代表您已將這個選項設定為不可以變更 |

5. <select> 標籤元素相關的屬性如下：

屬性	說明
name	下拉式選單的名稱。下拉式選單內傳輸的資料，都是以這裡的名稱來傳輸。
size	顯示下拉式選單內選項的高度。若設定為 1 為下拉式選單，其他數值為清單方式顯示。

6. <option> 標籤元素相關的屬性如下：

屬性	說明
disabled	代表這個選項不能挑選。
selected	代表這個選項為預選。
value	代表這個選項的內容。例如 <option value="8"> 代表這個選項內容為 8。

7. 三個制式按鈕功能介紹如下：

按鈕語法	按鈕作用	說明
input type ="button"	自訂功能	可以自訂按鈕功能，例如範例中的按鈕按下後會執行 window.alert( ) 函數，彈跳出「hi」訊息。
input type="submit"	將資料送出	功能不能變更。表單資料送至 form action 指定的位置。
input type="reset"	清除表單內容	功能不能變更。按下後表單上各式標籤元素內容會被清除。

8. 提供檔案上傳的表單需做以下設定：

    a. 表單必須以「post」方式傳送資料。

    b. <form> 標籤內要加入「enctype="multipart/form-data"」屬性才可送出資料。

    c. 負責傳送資料的 <input> 標籤必須設定「type="file"」，網頁上將會出現「瀏覽」鈕，就可選擇要上傳的資料。

9. HTML5 於表單新增了非常多的功能，計有 email、url、tel、number、range、search、color、date、month、week、time、datetime 與 datetime-local 共計 13 種欄位。

10. 不是所有瀏覽器都支援 HTML5 新增的表單欄位，如果瀏覽器不支援新增的表單欄位，這些欄位都將轉為單行文字框型式。

11. 因 HTML5 新增的表單欄位不見得可在所有瀏覽器上執行，建議表單內仍要加入表單或 Java Script/jQuery 的正規表示式進行資料驗證。

12. 搜尋文字框會出現「×」選項，可讓我們刪除要搜尋的資料，而單行文字框只能手動方式清除文字。

13. 搜尋文字框於瀏覽器上並不會主動進行，您還是得使用 jQuery 或者後端資料庫網頁等程式語言進行搜尋工作。

【問題與討論】

1. 請以表單設計一個早餐店的點餐網頁，加入各種數字型態欄位，可讓使用者輸入想要購買的餐點數量。

2. 請以表單設計一個旅遊行程安裝的網頁，使用者可輸入姓名以及選擇性別，另外活動行程可用下拉式選單或清單方式呈現，交通方式請讓使用者自選，並請加入電子郵件信箱與部落格等個人資訊欄位。

第三章

表單接收與程式處理流程

網頁的表單可以協助我們將資料送到網頁伺服器上。當我們在部落格內發表文章,或在網路上申請帳號,資料送到伺服器上儲存,都是在網頁上使用表單裡各種元件,提供給使用者填寫或選擇資料。我們在網頁上輸入資料後,網頁上的資料在存入資料庫之前,資料會以「變數」的型態來儲存資料,變數是什麼?變數是 PHP 網頁內暫時儲存資料的資料型態,內容會隨著您給予的資料而改變。進入本章之前,請您依照 2-1 節完成伺服器的啟動與專案設定,本章範例會放在「PhpProject3」目錄內。

3-1 程式流程規劃

接觸電腦之後您會覺得電腦是很厲害很聰明,但如果電腦真的那麼棒,「食破天驚」(英語:Cloudy with a Chance of Meatballs)的劇情就不會發生,程式不應該會出錯的,但實際上並不是這樣。目前市面上主要的程式語言其實並不聰明,一次只能做一件事情。您可以有天馬行空的各式想法,但程式語言不可以,所以您必須得把想法用寫的或者於電腦上打字打出來的,一次只能做一件事情,您也得排個順序才行。

《 3-1-1 》 流程圖

把想法拆解成一個一個作法後,程式不見得可以如您所願的執行。我們必須先作流程圖規劃,由流程圖中了解問題所在。

【圖 1、流程圖圖示】

流程圖基本上會用到的幾個圖示如圖 1 所表示。例如我們現在規劃一個流程：「現在要準備出門，下雨天搭公車，否則就騎車。」請問流程圖該如何規劃呢？

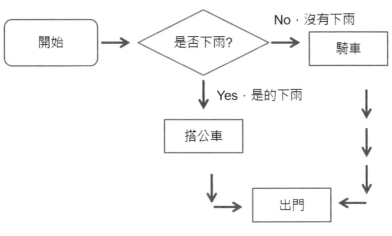

【圖 2、流程圖規劃】

從程式的流程圖中我們可以知道一個程序可以有多個入口，但一個程序只有一個出口，所以透過流程圖的繪製進行流程修正，就可以避免未來發生問題。

《 3-1-2 》程式執行流程

程式流程再怎麼複雜，我們可分為三種：循序執行、條件分析、重複執行。我們會依序介紹這三種處理流程。首先會先介紹循序執行，代表程式執行時會一行一行往下執行，若程式碼有問題則會卡住，待問題解決後才會進入下一行。接著我們還得面臨另外一個問題，我們於程式進行中處理的資料，要儲存在哪裡呢？

3-2 變數的使用

程式進行中處理的資料，預設儲存於變數裡，變數就是我們自訂的資料型態，儲存系統或使用者輸入產生的資料。PHP 的變數名稱前面要加上金錢符號 $，這點與 Linux 環境的 Shell Script 相同，對於習慣於 Linux 環境內編輯 Shell Script 的朋友來說，PHP 變數的撰寫會有種熟悉的感覺，但對於沒有編輯過 Shell Script 的朋友，得開始熟悉這種變數名稱。PHP 的變數大小寫代表不同意義，變數名稱必須是英文字母開始。$a 與 $A 視為不同變數，建議團隊開發網頁先規定好變數的大小寫方式，免得因為變數大小寫的問題，花許多時間去做網頁的檢查。

PHP 的變數可以儲存字串、整數、浮點數（有小數的數字）、陣列與物件這幾種型態。當我們要傳遞資料給變數時，會利用「=」，「=」代表右邊的資料指定給左邊的變數（檔案名稱：「PhpProject3」資料夾內「var1.php」）：

```
01<!DOCTYPE html>
02<html>
03 <head>
04  <meta charset="UTF-8">
05<title>變數：不同的變數型態</title>
06 </head>
07 <body><div>
```

```
08 <?php
09  $a=12345;
10  echo $a;
11  $b="php";
12  echo $b;
13  $c=67.89;
14  echo $c;
15  $d = array("甲","乙","丙");
16  echo $d[0];
17  echo $d[1];
18  echo $d[2];
19 ?></div>
20 </body>
21</html>
```

【圖 3、不同變數型態】

資料是有形態上的差別，程式內預設規劃的資料型態計有整數、浮點數 (有小數的數值)、字元 (一個字)、字串、布林 (只有對與錯)，而 PHP 預設不用作型態的宣告，且 PHP 變數若要做不同型態資料的轉換，也不需要轉換函數，直接就可以轉換了，只是 PHP 變數操作前必須要有內容，否則系統將會提出警告。

echo 是 PHP 的內定函數，功能為網頁上顯示後面的資料。您可以看到整數（第 09-10 行）、字串（第 11-12 行）、浮點數（第 13-14 行）、陣列（第 15-18 行）設定與透過 echo 的指令將變數的內容顯示在網頁上。陣列代表規劃多個儲存格空間儲存資料，陣列的儲存格位置編號（索引值）是由 0 開始。

《 3-2-1 》字串與變數的連結

前面的例子各位是否發現所有輸出都連在一起？ html 內的換行符號是
，是否可以讓變數與
 一起輸出？是否可以讓變數與其他文字一起輸出？（檔案名稱：「PhpProject3」資料夾內「var2.php」）

```
01<!DOCTYPE html>
02<html>
03 <head>
04  <meta charset="UTF-8">
05<title>變數：字串連結</title>
06 </head>
07 <body><div>
08 <?php
09  $a="php";
10  echo $a."<br>";
11  echo "這是 ".$a."<br>";
12 ?></div>
13 </body>
14</html>
```

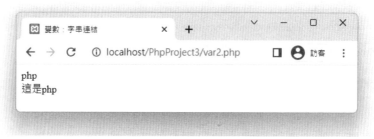

【圖 4、 變數與字串連接】

字串與變數之間若要做連結，請加上「.」，就可讓字串與變數連結一起輸出或做其他動作了。單引號與雙引號於 PHP 內不是代表字元與字串，您可練習與觀察以下的範例（檔案名稱：「PhpProject3」資料夾內「var3.php」）：

```
01<!DOCTYPE html>
02<html>
03 <head>
04   <meta charset="UTF-8">
05 <title>變數：單引號與雙引號</title>
06 </head>
07 <body><div>
08 <?php
09  $a="php";
10  echo "這是 ".$a."網頁 <br>";
11  echo "這是 "."$a"."網頁 ".'<br>';
12  echo "這是 ".'$a'."網頁 ";
13 ?></div>
14 </body>
15</html>
```

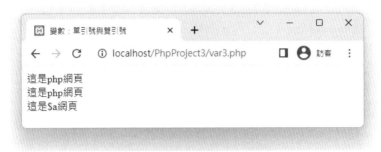

【圖 5、單雙引號的差異】

單引號內的資料，PHP 不會做處理，而雙引號內的資料，若 PHP 可以處理（例如雙引號內放了一個 PHP 變數），PHP 則會做處理。第 11 行 PHP 解析雙引號內 $a 內容而顯示 php，而第 12 行 PHP 將單引號內 $a 視為文字資料而顯示 $a。那為何 '<br>' 會產生換行的效果呢？因為
 是 html 語法，所以瀏覽器收到這樣的
 標籤符號，就會做換行的動作：

```
08  <?php
09   $a="php";
10   echo "這是 ".$a." 網頁 <br>";
11   echo "這是 "."$a"." 網頁 ".'<br>';
12   echo "這是 ".'$a'." 網頁 ";
13  ?></div>
```

《 3-2-2 》 Unicode 編碼資料的使用

PHP8 已支援 Unicode 編碼資料的使用，可利用「\u」帶出 Unicode 編碼，日後專案內需呈現 Unicode 編碼資料就會更加方便（檔案名稱：「PhpProject3」資料夾內「unicode.php」）：

```
01<html><head>
02 <meta charset="UTF-8">
03 <title>Unicode 編碼文字 </title>
04 </head>
05 <body>
06 <?php
07   echo "\u{0508}"."<br>";
08   echo "\u{00a9}";
09 ?>
10 </body>
11</html>
```

【圖 6、Unicode 編碼文字】

3-3　運算子

前面介紹了變數使用的方式，變數在操作的過程中，會利用其他符號達到特定目的，這個符號就是「運算子」。前面所提的字串連結符號（.），就是字串運算子的運用。PHP 的運算子可分以下的種類，比較運算子與邏輯運算子將於下一章介紹，本章先介紹前面三種運算子。

【表 1、各式不同型式運算子】

1. 算術運算子	4. 比較運算子
2. 指定運算子	5. 邏輯運算子
3. 字串運算子	

《 3-3-1 》算術運算

PHP 可以做數學的計算嗎？當然可以，PHP 擁有不少的算術運算符號可以運用呢 !PHP8 針對除法再加入 intdiv 整數除法運算符號，可讓您於數值計算時更加方便。

【表 2、各式不同型式算術運算符號】

符號	意義
+	加法
-	減法
*	乘法
/	除法
%	取餘數
++	加 1
--	減 1
intdiv	整數除法

PHP8 增加了整數除法 intdiv( ) 函數，讓您進行除法時多一個選擇，您可練習與觀察以下的範例（檔案名稱：「PhpProject3」資料夾內「var4.php」）：

```
01<!DOCTYPE html>
02<html>
03 <head>
04  <meta charset="UTF-8">
05<title> 變數：算術計算 </title>
06 </head>
07 <body><div>
08 <?php
09  $a = 30;
10  $b = 4;
11  $c = 5;
12  echo $a+$b."<br>";
13  echo $a-$b."<br>";
14  echo $a*$b."<br>";
15  echo $a/$b."<br>";
16  $value = intdiv($a,$b);
17  echo $value."<br>";
18  echo $a%$b."<br>";
19 ?></div>
20 </body>
21</html>
```

【圖 7、算術運算】

第 09 行變數 $a 內容為 30，第 10 行變數 $b 內容為 4，第 11 行變數 $c 內容為 5。第 12 行變數 $a 加上變數 $b，30 加上 4 所以顯示為 34。第 13 行變數 $a 減變數 $b，30 減 4 所以顯示為 26。第 14 行變數 $a 乘以變數 $b，30 乘以 4 所以顯示為 120。第 15 行變數 $a 除以變數 $b，30 除以 4 所以顯示為 7.5。第 16 行為整數除法，所以顯示為 7，第 17 行 30 除以 4 求餘數所以顯示為 2：

```
09   $a = 30;
10   $b = 4;
11   $c = 5;
12   echo $a+$b."<br>";
13   echo $a-$b."<br>";
14   echo $a*$b."<br>";
15   echo $a/$b."<br>";
16   $value = intdiv($a,$b);
17   echo $value."<br>";
18   echo $a%$b."<br>";
```

小數資料可以透過以下三個函數來進行不同的進位方式。ceil( ) 函數代表無條件進位，而 floor( ) 函數代表無條件捨棄，至於 round( ) 函數代表四捨五入，您可練習與觀察以下的範例（檔案名稱：「PhpProject3」資料夾內「var4-2.php」）：

```
01<!DOCTYPE html>
02<html>
03 <head>
04   <meta charset="UTF-8">
05   <title>小數位數變化</title>
06 </head>
07 <body><div>
08 <?php
09   echo "查看 13.5 的變化 :<br>";
```

```
10  echo "ceil->".ceil(13.5).'<br>';
11  echo "floor->".floor(13.5).'<br>';
12  echo "round->".round(13.5).'<hr>';
13  echo " 查看 13.4 的變化 :<br>";
14  echo "ceil->".ceil(13.4).'<br>';
15  echo "floor->".floor(13.4).'<br>';
16  echo "round->".round(13.4).'<hr>';
17  ?></div>
18  </body>
19</html>
```

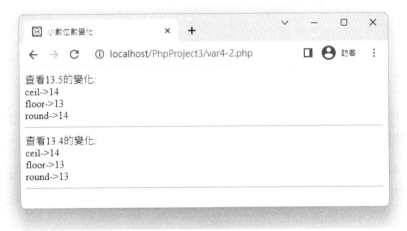

【圖 8、小數資料進位方式】

而 ++ 與 -- 依使用的位置不同可分為前置運算與後置運算。前置運算指 ++ 或 -- 放在變數前面,代表「先加一或減一,再做別的事情」,而後置運算指 ++ 或 -- 放在變數後面,代表「先做別的事情,再加一或減一」。您可練習與觀察以下的範例(檔案名稱: 「PhpProject3」資料夾內「var5.php」):

```
01<!DOCTYPE html>
02<html>
03 <head>
04  <meta charset="UTF-8">
05<title> 變數 : ++ 與 --</title>
06 </head>
07 <body><div>
08 <?php
09  $a = 3;
10  $b = 4;
11  echo $a++."<br>";
12  echo ++$a."<br>";
13  echo $b--."<br>";
```

```
14  echo --$b."<br>";
15 ?></div>
16 </body>
17</html>
```

【圖 9、++ 與 - - 的運用】

變數 $a 內容本來是 3，變數 $b 內容本來是 4，第 11 行到第 14 行進行加法與減法，我們來看一下變數的變化。

第 11 行執行「echo $a++."
";」，因 ++ 在變數 $a 的後面，代表先做別的事情再加 1。變數 $a 於第 11 行先執行 echo 顯示資料再進行加 1，瀏覽器上顯示內容為 3，但傳遞到下一行內容為 4。

第 12 行執行「echo ++$a."
";」，因 ++ 在變數 $a 的前面，代表先加 1 再做別的事情。變數 $a 於第 12 行一開始的內容為 4，先執行加 1 變成 5 之後再 echo 顯示資料，瀏覽器上顯示內容為 5，傳遞到下一行內容為 5。

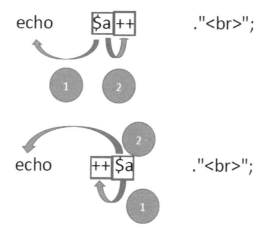

【圖 10、++ 語法放在變數前面與後面執行順序差別】

第 13 行執行「echo $b--."
";」，因 -- 在變數 $b 的後面，代表先做別的事情再減 1。變數 $b 於第 13 行先執行 echo 顯示資料再進行減 1，瀏覽器上顯示內容為 4，但傳遞到下一行內容為 3。

第 14 行執行「echo --$b."
";」，因 -- 在變數 $b 的前面，代表先減 1 再做別的事情。變數 $b 於第 14 行一開始的內容為 3，先執行減 1 變成 2 之後再 echo 顯示資料，瀏覽器上顯示內容為 2，傳遞到下一行內容為 2。

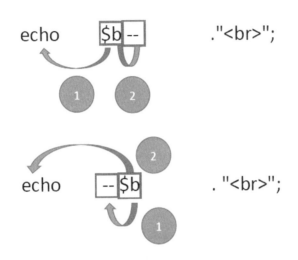

【圖 11、-- 語法放在變數前面與後面執行順序差別】

《 3-3-2 》 指定運算子

前面我們用了很多次的「＝」，「＝」其實不是數學上面的「等於」，而是指將右邊運算的結果指定給左邊。例如：「$a = $a +10;」可解釋為「右邊的 $a+10 的結果指定給左邊的 $a」。您會發現到上面那一行語法裡 $a 出現兩次，所以指定運算子在運用時，可用更精簡的方式，將「＝」右方的變數旁運算子移到「＝」左邊，再將「＝」右方的變數刪除，可精簡為「$a+=10;」。我們來瞧瞧算數運算子與指定運算子要如何搭配？

【表 3、精簡型數值運算式】

傳統型	精簡型
$a = $a + 7;	$a += 7;
$a = $a –7;	$a -= 7;
$a = $a * 7;	$a *= 7;
$a = $a / 3;	$a /= 3;
$a = $a % 5;	$a %= 5;

我們可以來試試看利用精簡型的指定運算子來做數值的計算（檔案名稱：「PhpProject3」資料夾內「var6.php」）：

```
01<!DOCTYPE html>
02<html>
03 <head>
04  <meta charset="UTF-8">
05<title>變數：指定運算子</title>
06 </head>
07 <body><div>
08 <?php
09  $a = 32;
10  echo "a 原本是 ".$a."<br>";
11  $a+=7;
12  echo "a+=7 結果是 ".$a."<br>";
13  $a-=7;
14  echo "a-=7 結果是 ".$a."<br>";
15  $a*=7;
16  echo "a*=7 結果是 ".$a."<br>";
17  $a/=3;
18  echo "a/=3 結果是 ".$a."<br>";
19  $a%=5;
20  echo "a%=5 結果是 ".$a."<br>";
21 ?></div>
22 </body>
23</html>
```

【圖 12、指定運算子的運用】

變數 $a 在這幾行計算式內產生了什麼變化呢？請參考表 4 說明：

【表 4、精簡型數值計算運用】

計算式	原計算式	結果
$a = 32;		32
$a+=7;	$a=$a+7	39
$a-=7;	$a=$a+7	32
$a*=7;	$a=$a*7	224
$a/=3;	$a=$a/3	74.6666666667
$a%=5;	$a=$a %5;	4

3-4　PHP 接收表單資料

請將前一章的表單網頁拷貝到這一章的資料夾內，我們將要練習接收表單上的資料。接收表單資料的 PHP 網頁，就會用到 $_GET 與 $_POST 這兩種陣列來接收資料。PHP 從 PHP 4.1.0 開始，提供了幾種系統內定的陣列處理來自「網頁伺服器」、「PHP 網頁執行環境」與「使用者於瀏覽器上輸入的資料」等資料。系統提供的陣列種類如下，與表單有關的陣列是 $_GET 與 $_POST 兩種，其他項目將於其他章節介紹：

【表 5、系統陣列種類】

系統陣列種類	說明
$_GET	經由網頁表單以 get 方式傳遞產生。
$_POST	經由網頁表單以 post 方式傳遞產生。
$_COOKIE	網頁傳遞 Cookies 資料。
$_SESSION	網頁傳遞 Session 資料。
$_FILES	經由網頁表單傳遞檔案方式產生。
$_SERVER	由網頁伺服器設定產生。

《 3-4-1 》 接收文字輸入元件資料

表單傳遞資料的方式有兩種，一種是 get，另一種是 post。當表單以 get 方式
送出資料，php 就以 $_GET[' 表單上元件的名稱 '] 的方式接收資料【請注意
GET 必須是大寫】，若表單以 post 方式送出資料，則接收端的網頁必須寫成
$_POST[' 表單上元件的名稱 '] 的方式接收資料【請注意 POST 必須是大寫】，
這裡我們以 form1.html 為例，設計一個接收資料的 PHP 檔案，因 1.htm 目
前設定為 get 方式傳送資料，所以 PHP 網頁就以 get 方式接收（檔案名稱：
「PhpProject3」資料夾內「1.php」）：

```
01<!DOCTYPE html>
02<html>
03 <head>
04  <meta charset="UTF-8">
05  <title>get 方式接收單行文字框與單行密碼框 </title>
06 </head>
07 <body><div>
08   接收的單行文字框為
09   <?php echo $_GET['username']; ?><br>
10   接收的單行密碼框為
11   <?php echo $_GET['passwd']; ?><br>
12  </div>
13 </body>
14</html>
```

請先執行 form1.html，單行文字框欄位輸入 php，而單行密碼框欄位輸入
mysql 後請按下按鈕將資料送至 1.php 檔案。

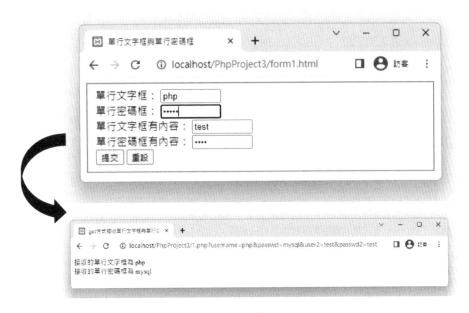

【圖 13、以 get 方式傳送 textbox 與 password 型式欄位資料】

網頁若以 get 方式傳送資料，網址列上將顯示網頁名稱及所攜帶的資料，以這個網頁為例，PHP 網頁上除會顯示「接收的單行文字框為 php 接收的單行密碼框為 mysql」外，網址列也變成「http://localhost/PhpProject3/1.php?username=php&passwd=mysql&user2=test&passwd2=test 」，所以我們可以在網址列輸入資料，例如我們在網址列裡面將 username 值由 php 改成 123，網址列修改為「http://localhost/PhpProject3/1.php?username=123&passwd=mysql」後按下 enter 鍵，網頁內容會因網址列接收的資料內容變更而跟著變更。

【圖 14、若以 get 方式傳送，網址列修改會影響 PHP 網頁內容】

請將 form1.html 另存為 form1-1.html，並請修改 form 內兩處語法：

【表 6、將表單由 get 改為 post，並傳遞給不同的 php 檔案】

原語法	新語法
method="get"	method="post"
action="1.php"	action="1-1.php"

請將 1.php 另存為 1-1.php，並請將接收端的語法 $_GET 改為 $_POST，才有辦法接收資料（檔案名稱：「PhpProject3」資料夾內「1-1.php」）：

```
01<!DOCTYPE html>
02<html>
03 <head>
04  <meta charset="UTF-8">
05  <title>post 方式接收單行文字框與單行密碼框 </title>
06 </head>
07 <body><div>
08  接收的單行文字框為
09  <?php echo $_POST['username']; ?><br>
10  接收的單行密碼框為
11  <?php echo $_POST['passwd']; ?><br>
12 </div>
13 </body>
14</html>
```

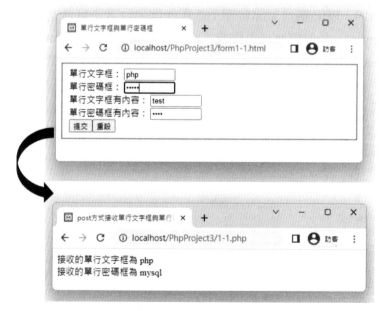

【圖 15、以 post 方式傳送 textbox 與 password 型式欄位資料】

以 post 方式接收資料後網址列將不再出現表單傳遞的資料，且因接收資料的方式為 $_POST 陣列變數，所以當您在網址列攜帶參數，例如「http://localhost/PhpProject3/1-1.php?username=123&passwd=mysql」，您會發現到網頁會顯示錯誤訊息，告訴您這個陣列變數不存在。1-1.php 接收資料時需進行條件分析，確認有收到資料再建立變數儲存，這部分將於下一章說明。

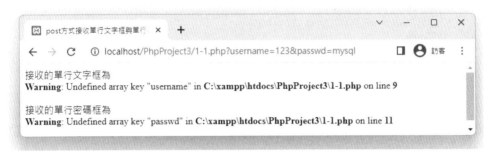

【圖 16、若以 post 方式傳送，網址列修改資料內容後顯示錯誤訊息】

而單行文字框與密碼框若沒有輸入資料，PHP 接收資料時以空值接收，也就是說 PHP 仍可接收資料，只是內容為空白。

該如何判斷沒有輸入資料的表單送出呢？這部份需要條件分析語法協助，之後的章節會做說明。如考慮到資料接收後不要在網址列上顯示或不要被使用者於網址上變更資料，請改用 post 方式送出。另外 HTML5 所新增的多個表單元件資料接收方式與單行文字框相同，後續就不特別進行介紹。我們可用以下表格分析 get 與 post 的不同：

【表 7、get 與 post 差別】

	資料會不會顯示在網址上？	使用者可否在網址上變更資料？
get	會	能
post	不會	不能

《 3-4-2 》 接收選擇鈕與核選框

如果要接收選擇鈕傳送出來的資料，例如接收 form3.html 傳送出來的資料，您可以這樣設計：（檔案名稱：「PhpProject3」資料夾內「3.php」）。

```
01<!DOCTYPE html>
02<html>
03 <head>
04  <meta charset="UTF-8">
05  <title>選擇鈕資料的接收</title>
06 </head>
07 <body><div>
08 「性別」為
09 <?php   echo $_POST['sex']; ?><br>
10 「血型」為
11 <?php   echo $_POST['blood']; ?><br>
12 </div>
13 </body>
14</html>
```

請您留意如果選擇鈕沒有選擇任何一個項目，資料已經送出但是沒有給值，所以網頁上會顯示錯誤訊息。該怎麼避免錯誤訊息呢？這就得加上條件分析的語法進行過濾，將於下章說明。

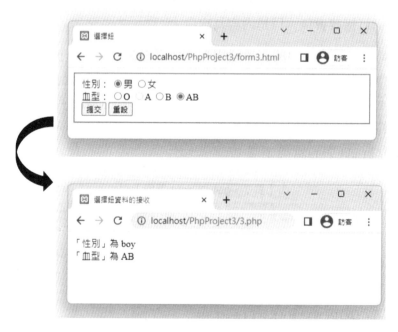

【圖 17、傳送選擇鈕資料】

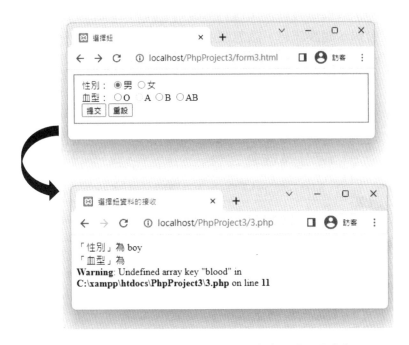

【圖 18、選擇鈕若沒有選擇資料會產生錯誤訊息】

如果要接收核選框傳送出來的資料呢？每一個核選框的 name 不同，接收時每一個核選框都是不同的陣列名稱（檔案名稱：「PhpProject3」資料夾內「4.php」）：

```
01<!DOCTYPE html>
02<html>
03 <head>
04   <meta charset="UTF-8">
05   <title>核選框資料的接收</title>
06 </head>
07 <body><div>
08 <?php
09   echo $_POST['win7']."<br>";
10   echo $_POST['win8']."<br>";
11   echo $_POST['win10']."<br>";
12   echo $_POST['win11']."<br>";
13   echo $_POST['fedora']."<br>";
14   echo $_POST['opensuse']."<br>";
15   echo $_POST['ubuntu']."<br>";
16 ?></div>
17 </body>
18</html>
```

請您留意如果核選框沒有選擇任何一個項目，資料已經送出但是沒有給值，所以網頁上會顯示錯誤訊息。該怎麼避免錯誤訊息呢？這就得加上條件分析的語法進行過濾，將於下章說明。

【圖 19、接收核選框資料】

《 3-4-3 》 接收下拉式選單

如果要接收下拉式選單傳送出來的資料呢？下拉式選單只有一個名字，依照您不同的選項，傳送出不同的內容（檔案名稱：「PhpProject3」資料夾內「5.php」）：

```
01<!DOCTYPE html>
02<html>
```

```
03 <head>
04  <meta charset="UTF-8">
05  <title>下拉式選單 1 接收</title>
06 </head>
07 <body><div>
08 <?php
09  echo $_POST['travel'];
10 ?></div>
11 </body>
12</html>
```

【圖 20、傳送下拉式選單資料】

《 3-4-4 》 表單上的按鈕互動

表單網頁上除了 Form Action 指定接收資料的 php 網頁外，可否設定按鈕將資料送到別的 php 網頁呢？您可利用 button 這一種元件設計不同的資料傳遞流程，這部分您可以參考 2-2-5 節針對表單語法的說明。請您留意 form7.html

表單網頁內提到了 9.php、10.php 與 11.php 三個 php 檔案，因此請接著設計 9.php 檔案，負責接收以 post 方式傳遞過來的資料（檔案名稱：「PhpProject3」資料夾內「9.php」）：

```
01<!DOCTYPE html>
02 <html>
03  <head>
04   <meta charset="UTF-8">
05   <title> 接收按鈕傳送資料 1</title>
06  </head>
07 <body><div>
08 <?php
09  echo $_POST['username']."<br>";
10  echo $_POST['school']."<br>";
11 ?></div>
12 </body>
13</html>
```

請將 9.php 另存新檔為 10.php，稍後我們可以藉由表單資料傳遞了解資料是送到 9.php 或 10.php。請設計 11.php 檔案，負責接收以 get 方式傳遞過來的資料（檔案名稱：「PhpProject3」資料夾內「11.php」）：

```
01<!DOCTYPE html>
02<html>
03 <head>
04  <meta charset="UTF-8">
05  <title> 接收按鈕傳送資料 3</title>
06 </head>
07 <body><div>
08 <?php
09  echo $_GET['username']."<br>";
10  echo $_GET['school']."<br>";
11 ?></div>
12 </body>
13</html>
```

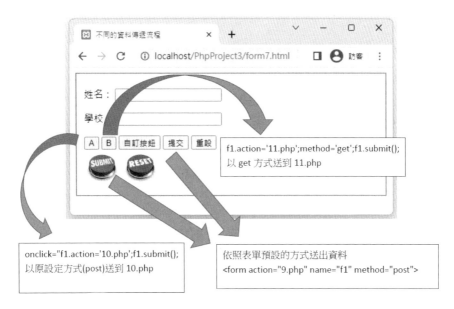

【 圖 21、表單網頁不同的傳遞方式 】

我們回頭查看 form7.html 內容（檔案名稱：「PhpProject3」資料夾內「form7.
html」）：

```
01<!DOCTYPE html>
02<html>
03 <head>
04  <title> 不同的資料傳遞流程 </title>
05  <meta charset="UTF-8">
06  <meta name="viewport" content="width=device-width">
07 </head>
08 <body>
09  <form action="9.php" name="f1" method="post">
10  <fieldset>
11<p> 姓名：<input name="username" type="text"></p>
12<p> 學校：<input name="school" type="text"></p>
13  <input type="button" value="A" onclick="f1.action='10.php';f1.submit();">
14  <input type="button" value="B"
    onclick="f1.action='11.php';method='get';f1.submit();">
15  <input type ="button" value =" 自訂按鈕 " onclick = "window.alert('hi');">
16  <input type="submit">  <input type="reset"><br>
17  <img src="submit.jpg" onclick="f1.submit()" width="60"
    height="60" style="cursor:pointer;"/>
18  <img src="reset.jpg" onclick="f1.reset()" width="60"
    height="60" style="cursor:pointer;"/>
19  </fieldset>
20  </form>
```

```
21 </body>
22</html>
```

表單網頁名為 f1，於第 13 行加入一個 button 元件，設定這個元件發生
onclick 事件，也就是滑鼠點選件，設定表單網頁 f1 的 action 為 10.php，接著
執行表單網頁 f1 的 submit( ) 動作將資料送至表單網頁 f1 所指定的 action 位置，
也就是 10.php。而第 14 行設定表單網頁 f1 的 action 為 11.php，接著設定傳
送方式為 get，接著執行表單網頁 f1 的 submit( ) 動作將資料送至表單網頁 f1
所指定的 action 位置，也就是 11.php，以 get 方式傳遞：

```
09  <form action="9.php" name="f1" method="post">
......
13  <input type="button" value="A" onclick="f1.action='10.php';f1.submit();">
14  <input type="button" value="B" onclick="f1.action=
                '11.php';method='get';f1.submit();">
15  <input type ="button" value ="自訂按鈕" onclick = "window.alert('hi');">
```

3-5　範例實作

我們在此設計 BMI 分析、班級通訊錄系統輸入資料表單設計、名片管理系統
表單設計三個範例，藉由這三個範例實作，熟悉表單的設計與資料接收。這
三個範例之後仍有不少功能需要補充，請您做完這三個範例後繼續看之後章
節的介紹。

《 3-5-1 》 BMI 分析

BMI 是指身體質量指數（Body Mass Index），藉由同時顧及身高和體重的配
合計算分析，以取得營養上的理想體重，計算公式為體重 (以公斤為單位) /
身高的平方 (以公尺為單位)。您需分析表單上輸入使用者的姓名、體重與身
高，送出資料後接收端網頁須依照公式計算出 BMI 值後顯示於網頁上。

這個練習可以帶出幾個疑問。數值資料是不是可以設定輸出的欄位數量呢？
BMI 計算出來後接著是否可以分析出他的體重情況呢？如何分析判斷表單輸
入的是數字呢？這些將於後續章節內為您解答。

《 3-5-2 》 班級通訊錄系統輸入資料表單設計

規劃設計一個系統，可查詢、輸入與更新同學的通訊資料。首先我們評估輸入資料的表單裡需要姓名、出生年月日、地址、電話、電子郵件信箱 1、電子郵件信箱 2、Yahoo 即時通、MSN、FaceBook、Plurk、部落格等資料，當使用者輸入相關資料後於 PHP 網頁上顯示。

這個練習可以帶出幾個疑問。年月日資料是不是有更方便的輸入方式？地址是否可以分成縣市、鄉鎮市區與街道？網路資訊是否可以加入超連結？這些將於後續章節內為您解答。

《 3-5-3 》 名片管理系統輸入資料表單設計

規劃設計一個系統，可查詢、輸入與更新名片資料。首先我們評估輸入資料的表單裡需要姓名、公司名稱、職稱、縣市 / 鄉鎮市區 / 地址、電子郵件信箱、網頁、室內電話、行動電話、生日、備註等資料，當使用者輸入相關資料後於 PHP 網頁上顯示。

除了備註採用多行文字框規劃，其他欄位目前均以單行文字框規劃，之後我們再修改為下拉式選單、核選框等多種工具組合。

3-6　結論

這一章的範圍很廣，跟您說明 PHP 程式處理流程，再跟您說明如何接收表單網頁資料。網頁互動並不是單純的你丟我撿，接收資料後還需進行分析，才知道是否有接收到資料，以及資料是否是我們所需要的，下一章會介紹條件判斷式的寫法，我們可以請 PHP 網頁協助我們判斷分析。

【重點提示】

1. 字串與變數之間若要做連結,請加上「.」,就可讓字串與變數連結一起輸出或做其他動作了。

2. 單引號內的資料,PHP 不會做處理,而雙引號內的資料,若 PHP 可以處理(例如雙引號內放了一個 PHP 變數),PHP 則會做處理。

3. 當表單以 get 方式送出資料,php 就以 $_GET[' 表單上元件的名稱 '] 的方式接收資料【請注意 GET 必須是大寫】。

4. 若表單以 post 方式送出資料,則接收端的網頁必須寫成 $_POST[' 表單上元件的名稱 '] 的方式接收資料【請注意 POST 必須是大寫】。

5. button 元件發生 onclick 事件,也就是滑鼠點選件,就可設定表單網頁資料要送到哪裡或者清除,也可自行設定傳送方式為 post 或者 get。

6. 可於圖片 <img> 外面加上超連結 <a> 語法,再以 Java Script 方式呼叫表單網頁資料送出或者清除。

7. 可於圖片 <img> 標籤內加入 onclick( ) 事件偵測,再呼叫表單網頁資料送出或者清除。

8. PHP7 增加了整數除法 intdiv( ) 函數,讓您進行除法時多一個選擇。

9. 小數資料可以透過以下三個函數來進行不同的進位方式:ceil( ) 函數代表無條件進位,而 floor( ) 函數代表無條件捨棄,至於 round( ) 函數代表四捨五入。

10. PHP7 支援 Unicode 編碼資料的使用,可利用「\u」帶出 Unicode 編碼。

【問題與討論】

1. 表單以 get 方式送出,PHP 網頁如何接收資料?

2. 表單以 post 方式送出,PHP 網頁如何接收資料?

3. <input type="text" name="test" maxlength="6" size="8"> 這個元件可以輸入幾個字?

4. PHP 變數如何與其他文字一起輸出？

5. echo '$a' 與 echo "$a" 兩者有何不同？

6. $a++ 與 ++$a 兩者有何不同？

7. 以 get 或 post 傳遞資料，哪一種傳遞方法資料會顯示在網址上？

8. 試說明以下幾種表單傳遞方式會有什麼回應？

　　a. 單行文字框沒有輸入資料

　　b. 以 POST 陣列變數接收網址列傳遞的資料

　　c. 選擇鈕沒有勾選

　　d. 核選框沒有勾選

9. 試做留言版的表單畫面，表單上需要姓名（text）、密碼（password）與留言內容（textarea）及送出鈕與取消鈕。

10. 試做接收留言版表單畫面的 php 網頁。

11. 請問小數位數如何無條件捨棄、無條件進位與四捨五入？

12. 請設計一個網頁上面有三個按鈕，可將資料傳送到不同的網頁。

13. 請將留言版表單畫面另存新檔案，再請您將網頁上的按鈕改為圖片。

14. 以下有八題單選題，請您嘗試回答：

　　a. 瀏覽器如何將網頁資訊送至 Server 端呢？

　　　① 透過 html 的 <form> 標籤

　　　② 透過 html 的 <div> 標籤

　　　③ 透過 html 的 <p> 標籤

　　　④ 透過 html 的
 標籤

　　b. form 的 method 屬性可以設定為？

　　　① set

　　　② put

　　　③ get

　　　④ fill

c. form 的 action 屬性主要目的為？

　① 指定網頁上的編碼

　② 指定表單上的資料要送到哪裡

　③ 設定網頁是動態或靜態

　④ 以上皆非

d. php 變數有什麼注意事項呢？

　① 變數名稱前面要加上金錢符號 $

　② 數名稱必須是英文字母開始

　③ 變數大小寫代表不同意義

　④ 以上皆是

e. 表單資料傳遞後該如何接收資料呢？

　① 若表單以 post 方式傳遞，則以 $_PUT[ ] 陣列接收

　② 若表單以 get 方式傳遞，則以 $_post[ ] 陣列接收

　③ 若表單以 POST 方式傳遞，則以 $_POST[ ] 陣列接收

　④ 若表單以 get 方式傳遞，則以 $_get[ ] 陣列接收

e. php 變數若與字串連結，該使用哪一個符號？

　① 句點 .

　② 逗點 ,

　③ 冒號 :

　④ 分號 ;

f. php 的雙引號與單引號有何分別？

　① 單引號內資料代表字元

　② 單引號內若放變數不會被 php 解析

　③ 雙引號內若放變數不會被 php 解析

　④ 兩者並無差異

g. 若以 get 方式傳送，接收資料的網頁會如何處理？

　① 以 $_get[ ] 陣列變數接收

　② 網址列上不會攜帶參數

　③ 網址列上將攜帶參數

　④ 以 $_POST[] 陣列變數接收

第四章

條件判斷式

上一章裡已經學習了表單的設定、資料接收與數值資料的計算。這一章將介紹 PHP 網頁的條件判斷，談談如何進行資料的分析判斷。

條件判斷代表程式執行時會依據「程式執行結果」或「您所給予的條件」改變程式執行的方向。當條件成立時會執行某一敘述區塊，而當條件不成立時，可能執行另一敘述區塊或什麼事情都不做。條件判斷可分為三種程式結構：單一選擇結構、雙向選擇結構、多向選擇結構。

單一選擇結構用於只有條件成立時才會執行的敘述區塊。程式語言裡的「if」將實作這樣的程式結構。

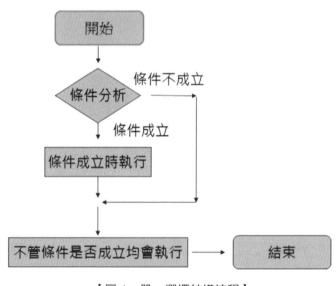

【圖 1、單一選擇結構流程】

單一選擇結構可用以下例子說明：檢查統一發票是否中獎（條件分析），中獎了趕緊昭告天下（條件成立），若沒有中獎則當作沒有事情發生。單一選擇結構不處理「條件不成立」時的狀況。

雙向選擇結構是判斷條件成立或不成立時進行的處理程序。分析結果可以用「是、否」來說明不同處理方式。條件分析後的結果只能有一個，也就是只能有「是」或「否」的處理程序。程式語言裡的「if else」或「if else if」將實作這樣的程式結構。

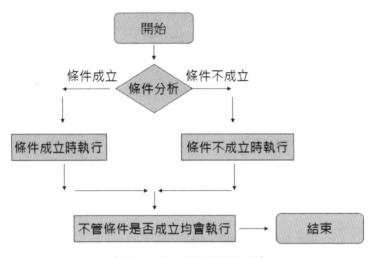

【圖 2、雙向選擇結構流程】

雙向選擇結構可用以下例子說明：系學會要辦迎新活動，將依天氣是否晴朗選擇地點（條件分析），若天氣晴朗則在戶外營地舉辦（條件成立），否則就在青年活動中心室內舉辦（條件不成立）。不論天氣是否晴朗，您只有一個方案可以選擇。雙向選擇結構將依條件成立或不成立而有不同的處理流程。

多重選擇結構可以設定符合多個條件之一時執行指定的敘述區塊，也可以指定不符合所列之各類狀況時要執行的敘述區塊。程式語言裡的「switch case」將實作這樣的程式結構。

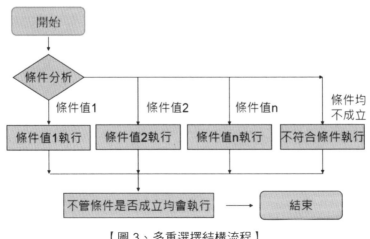

【圖 3、多重選擇結構流程】

多重選擇結構可用以下例子說明：您與其他朋友現在一起進行 MBTI 職業性格心裡測驗，依每一個人性格不同（條件分析），會區分為挑戰型、表演型、學者型、公務型等十六種不同的職業性格，以程式觀念來說符合條件分析的結果就會執行不同的內容。多重選擇結構可依不同的條件成立後做不同的選擇，若所有條件均不成立，您可以不做任何事情（例如心裡測驗沒有做完就離開，測驗不會給您任何答案）或設定一個區塊處理。進入本章之前，請您依照 2-1 節完成伺服器的啟動與專案設定，本章範例會放在「PhpProject4」目錄內。

4-1 if 條件判斷式

if 語法可進行單一選擇結構與雙向選擇結構兩種程式結構。本節將介紹如何利用 if 語法進行各種條件分析。

《 4-1-1 》if 基本語法

當我們要進行條件判斷時，我們可使用 if 語法進行判斷。語法的基本架構為：

```
if （條件）
{
  若條件成立後則要執行的程式，執行完後跳出條件分析區塊
}
```

如果條件成立後只有執行一行程式，大括弧 {} 也可以省略不寫。我們可以用以下的例子說明：（檔案名稱：「PhpProject4」資料夾內「if1.html」）：

```
01<html>
02 <head>
03  <title>您大於 18 歲嗎？</title>
04  <meta charset="UTF-8">
05  <meta name="viewport" content="width=device-width, initial-scale=1.0">
06 </head>
07 <body><div>
08  <form name="form1" method="post" action="if1.php">
09  <input type="number"  name="years" max="90" min="0" ><br>
10  <input type="submit"></form>
11  </div>
```

```
12 </body>
13</html>
```

接著我們來設計接收端的 PHP 網頁（檔案名稱：「PhpProject4」資料夾內「if1.
php」）：

```
01<!DOCTYPE html>
02<html>
03 <head>
04  <meta charset="UTF-8">
05  <title>您大於 18 歲嗎的結果</title>
06 </head>
07 <body>
08 <?php
09  if($_POST['years'] >18)
10   echo "您的年齡大於 18 歲 "."<br>";
11 ?>
12 </body>
13</html>
```

如果您於瀏覽器上輸出大於 18 的數字，網頁將回應「您的年齡大於 18 歲」；
如果輸入小於 18，因為您沒告訴它要做什麼，所以網頁會以空白方式處理。

【圖 4、只有 if 敘述下條件成立時】

【圖 5、只有 if 敘述下條件不成立時】

請您觀察 PHP 程式的流程處理，當「$_POST['years'] >18」條件成立就會執行「echo " 您的年齡大於 18 歲 "."
"；」；而當條件不成立則不做任何事情。

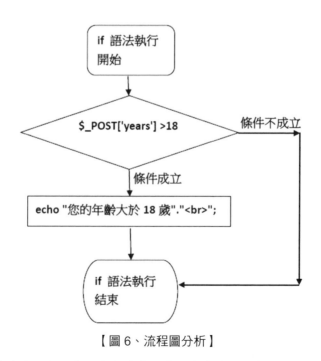

【圖 6、流程圖分析】

《 4-1-2 》 if 條件不成立時的處理方式 ────────

如果條件不成立，希望 PHP 網頁也做處理，if 條件判斷式請改為以下的格式：

```
if（條件）
 {
 若條件成立後則要執行的程式，執行完後跳出條件分析區塊
 }
else
 {
 若條件不成立後則要執行的程式，執行完後跳出條件分析區塊
 }
```

如果條件不成立後只有執行一行程式，大括弧 {} 也可以省略不寫。請您將 if1.html 另存新檔為 if2.html，並將「action="if1.php"」改為「action="if2.php"」，或請參考檔案名稱：「PhpProject4」資料夾內「if2.html」，接著我們來設計接收端的 PHP 網頁（檔案名稱：「PhpProject4」資料夾內「if2.php」）：

```
01<!DOCTYPE html>
02<html>
03 <head>
04  <meta charset="UTF-8">
05  <title>您大於 18 歲嗎的結果（加上 else)</title>
06 </head>
07 <body>
08 <?php
09   if(($_POST['years']) >18)
10     echo "您的年齡大於 18 歲 "."<br>";
11   else
12     echo "您的年齡小於 18 歲 "."<br>";
13 ?>
14 </body>
15</html>
```

【圖 7、if else 敘述下條件成立時】

【圖 8、if else 敘述下條件不成立時】

請您觀察 PHP 程式的流程處理，當「$_POST['years'] >18」條件成立就會執行「echo " 您的年齡大於 18 歲 "."
";」；而當條件不成立則執行「echo " 您的年齡小於 18 歲 "."
";」。

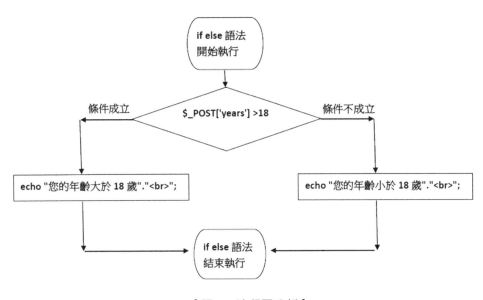

【圖 9、流程圖分析】

if 或 else 區塊內若要執行兩行 (包含兩行) 以上的語法時，請務必加上大
括弧 {}。請將 if2.htm 另存新檔為 if2-2.html，並將「action="if2.php"」改
為「action="if2-2.php"」，或請參考檔案名稱：「PhpProject4」資料夾內
「if2-2.html」，接著我們仿 if2.php 來設計接收端的 PHP 網頁 (檔案名稱：
「PhpProject4」資料夾內「if2-2.php」) :

```
01<!DOCTYPE html>
02<html>
03 <head>
04  <meta charset="UTF-8">
05<title>您大於 18 歲嗎的結果 ( 加上 else，但有兩行輸出 )</title>
06 </head>
07 <body>
08 <?php
09  if (($_POST['years']) >18)
10   echo "您的年齡大於 18 歲 "."<br>";
11   echo "您可以看限制級電影 "."<br>";
12  else
13   echo "您的年齡小於 18 歲 "."<br>";
14   echo "您不能看限制級電影 "."<br>";
15 ?>
16 </body>
17</html>
```

於 NetBeans 編輯畫面裡就可以看到錯誤顯示，代表語法有問題。

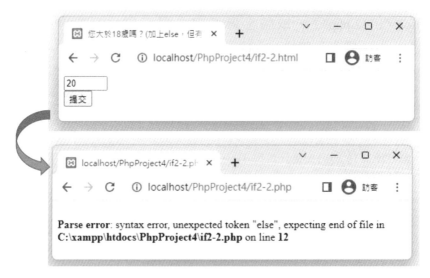

【圖 10、if else 敘述下條件不成立時而有兩行以上語法但未加上大括弧的提醒】

【圖 11、if else 敘述下條件不成立時而有兩行以上語法但未加上大括弧】

您會發現您所輸入的資料不論大於 18 或小於 18，都會出現錯誤訊息。第 12 行出現了什麼問題呢？第 12 行出現的問題是 if 判斷式內有兩行以上的

語法但未加上 {}。**if 或 else 要執行兩行以上的語法時，就必須加上 {}**，所以請將 if2-2.html 另存新檔為 if2-3.html，並將「action="if2-2.php"」改為「action="if2-3.php"」，或請參考檔案名稱：「PhpProject4」資料夾內「if2-3.html」，接著我們設計接收端的 PHP 網頁如下（檔案名稱：「PhpProject4」資料夾內「if2-3.php」）：

```
01<!DOCTYPE html>
02<html>
03 <head>
04　<meta charset="UTF-8">
05<title> 您大於 18 歲嗎的結果（加上 else，但有兩行輸出）</title>
06 </head>
07 <body>
08 <?php
09　 if (($_POST['years']) >18)
10　 {
11　　echo " 您的年齡大於 18 歲 "."<br>";
12　　echo " 您可以看限制級電影 "."<br>";
13　 }
14　 else
15　 {
16　　echo " 您的年齡小於 18 歲 "."<br>";
17　　echo " 您不能看限制級電影 "."<br>";
18　 }
19 ?>
20 </body>
21</html>
```

【圖 12、if else 敘述下條件成立時而有兩行以上語法】

《 4-1-3 》若 if 條件不成立仍想進行其他條件判斷

如果條件不成立，但希望進行好幾層條件分析，我們可以這樣設計：

```
if (條件 1)
  {
  條件 1 成立時執行的程式，執行完後跳出條件分析區塊
  }
elseif (條件 2)// 若條件 1 不成立，再依條件 2 判斷
  {
  當條件 2 成立時執行的程式，執行完後跳出條件分析區塊
  }
elseif (條件 3)// 若條件 2 與條件 1 不成立，再依條件 3 判斷
  {
  當條件 3 成立時執行的程式，執行完後跳出條件分析區塊
  }
else// 若上述條件均不成立
  {
   若條件不成立時執行的程式，執行完後跳出條件分析區塊
  }
```

if、esleif 或者 else，只要裡面只有一行程式，大括弧 { } 也可以省略不寫。請將 if1.html 另存新檔為 if3.html，並將「action="if1.php"」改為「action="if3.php"」，或請參考檔案名稱：「PhpProject4」資料夾內「if3.html」，接著我們設計接收端的 PHP 網頁如下（檔案名稱：「PhpProject4」資料夾內「if3.php」）：

```
01<!DOCTYPE html>
02<html>
03 <head>
04   <meta charset="UTF-8">
05   <title> 電影分級 if</title>
06 </head>
07 <body>
08 <?php
09   $yearsold=$_POST['years'];
10   echo "您的年齡為 $yearsold<br>";
11   if($yearsold >18)
12     echo "您可以看限制級電影 "."<br>";
13   elseif($yearsold >12)
14     echo "您可以看輔導級電影 "."<br>";
15   elseif($yearsold >6)
16     echo "您可以看保護級電影 "."<br>";
17   else
18     echo "您可以看普遍級電影 "."<br>";
19 ?>
20 </body>
21</html>
```

當您輸入不同的內容，例如您若輸入 20、14、5，網頁將會分別顯示「您可以看限制級電影」、「您可以看輔導級電影」、「您可以看普遍級電影」等文字，這是為什麼呢？

【圖 13、if elseif 敘述下 if 條件成立時】

【圖 14、if elseif 敘述下 elseif 條件成立時】

【圖 15、if elseif 敘述下所有條件不成立時】

　if elseif else 敘述是前一個條件成立後就不再執行下一個條件,所以設計條件判斷式時請留意條件位置的順序與範圍會影響條件判斷的結果。請您觀察 PHP 程式的流程處理,您可觀察到網頁將會進行多個條件分析。當您輸入 20 後進行第一個 if 條件分析,符合「$yearsold >18」條件,所以網頁顯示「您可以看限制級電影」後跳離;當您輸入 14 後進行第一個 if 條件分析,不符合「$yearsold >18」條件,接著進行第二個條件分析,符合「$yearsold >12」條件,所以網頁顯示「您可以看輔導級電影」後跳離。

當您輸入 5 後進行第一個 if 條件分析,不符合「$yearsold >18」條件,接著進行第二個條件分析,不符合「$yearsold >12」條件,接著進行第三個條件分析,不符合「$yearsold >6」條件,緊接著無條件繼續進行分析,所以網頁執行 else 區塊顯示「您可以看普遍級電影」後跳離。

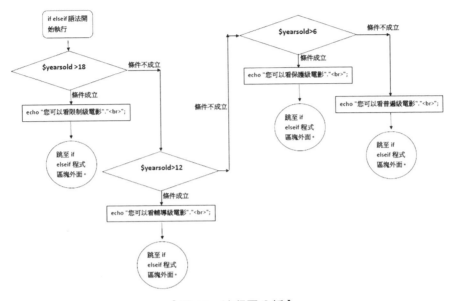

【圖 16、流程圖分析】

不論是 if 或是 elseif 成立後就不再執行下一個 elseif 分析，所以設計條件判斷式時請留意每一個條件的順序以及包含的範圍，這些均會影響條件判斷的結果。

4-2　switch case 條件判斷式

當我們進行條件分析時，若條件判斷的結果是已知且固定的，我們可用 switch case 取代 if elseif else 語法。例如現在設計一個血型判斷的網頁，若以 if 條件判斷式方式撰寫，會有多個 elseif 進行判斷，可是血型是已知且固定的，所以我們可用 switch case 設計。請先設計選擇鈕的表單網頁（檔案名稱：「PhpProject4」資料夾內「blood1.html」）：

```
01<html>
02 <head>
03  <title> 血型判斷 </title>
04  <meta charset="UTF-8">
05  <meta name="viewport" content="width=device-width, initial-scale=1.0">
06 </head>
07 <body><div>
```

```
08  <form name="form1" method="post" action="blood1.php">
09  請選擇血型：
10  <input type="radio" name="blood" value="O">O
11  <input type="radio" name="blood" value="A">A
12  <input type="radio" name="blood" value="B">B
13  <input type="radio" name="blood" value="AB">AB<br>
14  <input type="submit"><input type="reset">
15  </form>
16  </div>
17  </body>
18</html>
```

若變數的內容已知且固定，可利用 swtich case 方式來設計條件判斷式，switch case 語法架構如下：

```
switch（變數）
{
    case 變數內容 1：
        當這個條件成立時會執行的語法
    case 變數內容 2：
        當這個條件成立時會執行的語法
    default：
        當上面列的 case 均不成立時會執行這個區塊內的語法
}
```

現在我們設計接收端的 PHP 網頁如下：（檔案名稱：「PhpProject4」資料夾內「blood1.php」）

```
01<!DOCTYPE html>
02<html>
03 <head>
04  <meta charset="UTF-8">
05  <title>接收血型</title>
06 </head>
07 <body>
08 <?php
09  $blood1=$_POST["blood"];
10  switch ($blood1)
11   {
12    case "A" :
13     echo "您是 A 型";
14     break;
15    case "B" :
16     echo "您是 B 型";
17     break;
18    case "AB" :
19     echo "您是 AB 型";
20     break;
21    case "O" :
22     echo "您是 O 型";
```

```
23    break;
24    }?>
25 </body>
26</html>
```

【圖 17、血型判斷時使用 switch case 分析判斷】

因此當選擇 A 這個選項後，blood1.php 網頁會依據送來的資料，找到 A 這個 case（12 行）執行裡面的敘述。break 是什麼指令呢？假設把所有的 break 加上註解，並且在 blood1.html 選擇 A 這個選擇鈕之後送出查詢會如何？

【圖 18、血型判斷時使用 switch case 敘述，且沒有加上 break 中斷】

若我們在 blood1.html 選擇 A 這個選擇鈕鈕之後送出查詢，A 這個 case 以下所有資料都會輸出，所以 break 的目的就是「跳出 switch」。假設我的血型判斷的表單網頁提供給使用者使用的是文字輸入框（檔案名稱：「PhpProject4」資料夾內「blood2.html」）：

```
01<html>
02 <head>
03  <title>血型判斷2</title>
04  <meta charset="UTF-8">
05  <meta name="viewport" content="width=device-width, initial-scale=1.0">
06 </head>
07 <body><div>
08 <form name="form1" method="post" action="blood2.php">
09 請輸入血型：
10  <input type="text" name="blood" maxlength="2" size="4" >
11  <input type="submit"><input type="reset">
12  </form>
13  </div>
14 </body>
15</html>
```

再來設計接收端 PHP 網頁內容如下，請與上一個練習比較內容差異（檔案名稱：「PhpProject4」資料夾內「blood2.php」）：

```
01<!DOCTYPE html>
02<html>
03 <head>
04  <meta charset="UTF-8">
05  <title>接收血型2</title>
06 </head>
07 <body>
08 <?php
09 //$blood2=strtoupper($_POST["blood"]);
10 $blood2=$_POST["blood"];
11 switch ($blood2)
12 {
13  case "A" :
14   echo "您是A型";
15   break;
16  case "B" :
17   echo "您是B型";
18   break;
19  case "AB" :
20   echo "您是AB型";
21   break;
22  case "O" :
23   echo "您是O型";
24   break;
25  default:
```

```
26    echo " 您是火星人 ";
27  }?>
28 </body>
29 </html>
```

【圖 19、血型判斷時輸入 case 裡沒有的條件：輸入 x】

使用者輸入的資料不合乎我們原先的預期，例如 X，當找不到相對應的 case
項目時，會執行 default 這個區塊，如果沒有 default 這一個區塊，當資料若找
不到可對應的 case 後，就什麼事情都不做。請在表單網頁上輸入小寫 b，並
請察看 PHP 網頁的回應：

【圖 20、血型判斷時輸入 case 裡沒有的條件：輸入 b】

您會發現到您輸入小寫 b，系統無法接受，而傳送至 default 這一個區塊，這是為什麼呢？因為 case 裡要求的是大寫的 B，而非小寫的 b，switch case 的內容必須是固定的值，您可用 strtoupper( ) 函數將字串轉換為大寫字母，也可用 strtolower( ) 函數將字串轉換為小寫。第 9 行語法原為「//$blood2=strtoupper($_POST["blood"]);」改為「$blood2=strtoupper($_POST["blood"]);」，而第 10 行語法原為「$blood2=$_POST["blood"];」改為「//$blood2=$_POST["blood"];」，當您輸入小寫字母後將會自動轉換為大寫。

4-3 條件判斷式中的運算子

比較運算子與邏輯運算子是用於條件判斷式中的運算子，我們來瞧瞧這兩種運算子與條件判斷式關係。

4-3-1 比較運算子

前面的範例中，當我們在進行條件判斷時，曾用過「>」與「==」兩種，還有哪些比較運算子可以運用呢？請看表 1 的介紹。

【表 1、各種比較運算子】

符號	意義	說明
==	相等	兩個 =
!=	不等	文字的不相等
<>	不等	數字上的不相等
>=	大於等於	
<=	小於等於	
>	大於	
<	小於	

《 4-3-2 》 邏輯運算子

邏輯運算子主要用 if 或 elseif 內，當條件本身是否為真或假，會影響到判斷時，我們可藉由邏輯運算子協助取得資訊。首先我們先來看 PHP 有哪些邏輯運算子可以運用：

【表 2、各種邏輯運算子】

符號	範例	說明
and	$a and $b	如果 $a 與 $b 都為真，那就會傳回真，否則傳回假
or	$a or $b	如果 $a 與 $b 其中一個為真，那就會傳回真，否則傳回假
xor	$a xor $b	如果 $a 與 $b 僅一個為真則為真，否則傳回假
!	!$a	若 $a 為真，則會傳回假，若 $a 為假，則會傳回真

請準備表單網頁可讓使用者輸入國文與英文成績（檔案名稱：「PhpProject4」資料夾內「study1.html」）：

```
01<html>
02 <head>
03  <title>輸入兩科成績</title>
04  <meta charset="UTF-8">
05  <meta name="viewport" content="width=device-width, initial-scale=1.0">
06 </head>
07 <body><div>
08<div>兩科都 60 分以上就顯示及格,否則顯示不及格</div>
09 <form name="form1" method="post" action="study1.php" >
10 國文成績:<br>
11 <input type="text" name="grade1" maxlength="3" size="3"><br>
12 英文成績:<br>
13 <input type="text" name="grade2" maxlength="3" size="3"><br>
14 <input type="submit"></form>
15 </div>
16 </body>
17</html>
```

若國文及英文兩科都 60 分以上顯示「及格」，否則顯示「不及格」，請設計以下的 PHP 網頁（檔案名稱：「PhpProject4」資料夾內「study1.php」）：

```
01<!DOCTYPE html>
02<html>
03 <head>
04  <meta charset="UTF-8">
```

```
05  <title> 若兩個條件均成立 </title>
06 </head>
07 <body>
08 <?php
09  $grade1=$_POST['grade1'];
10  $grade2=$_POST['grade2'];
11  echo " 國文成績為 ".$grade1."<br>";
12  echo " 英文成績為 ".$grade2."<br>";
13  if(($grade1>=60) and ($grade2>=60))
14  {
15    echo ' 兩科成績都大於 60 分，及格 <br>';
16    echo "and 邏輯運算子成立 <br>";
17  }
18  else
19  {
20    echo ' 兩科成績至少有一個沒大於 60 分，不及格 <br>';
21    echo "and 邏輯運算子不成立 <br>";
22  }
23 ?>
24 </body>
25</html>
```

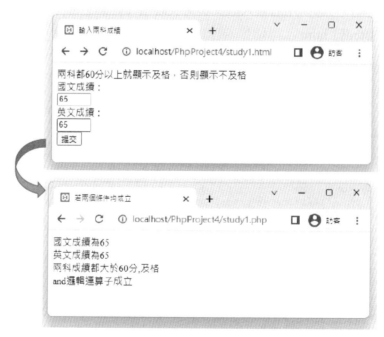

【圖 21、邏輯運算子 and 的判斷：兩邊條件均成立才成立】

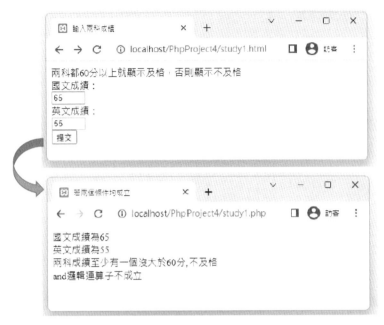

【圖 22、邏輯運算子 and 的判斷：兩邊條件一邊不成立就不成立】

由上例可知，and 左右兩邊的條件必須都成立才算成立，只有有一邊不成立，條件判斷式就不算成立。若國文或英文兩科只要一科 90 分以上顯示「可領獎學金」，否則顯示「不可領取獎學金」，請將 study1.html 另存新檔為 study2.html，並將「action="study1.php"」改為「action="study2.php"」，或請參考檔案名稱：「PhpProject4」資料夾內「study2.html」，接著我們設計接收端的 PHP 網頁如下（檔案名稱：「PhpProject4」資料夾內「study2.php」）：

```
01<!DOCTYPE html>
02<html>
03 <head>
04  <meta charset="UTF-8">
05  <title>若兩個條件其中一個成立就算成立</title>
06 </head>
07 <body>
08 <?php
09  $grade1=$_POST['grade1'];
10  $grade2=$_POST['grade2'];
11  echo " 國文成績為 ".$grade1."<br>";
12  echo " 英文成績為 ".$grade2."<br>";
13  if(($grade1>90) or ($grade2>90))
14   {
15    ccho ' 其中  科成績人於 90 分，可領獎學金 <br>';
```

```
16    echo "or 邏輯運算子成立 <br>";
17    }
18  else
19    {
20    echo ' 兩科成績都低於 90 分 , 不可領取獎學金 <br>';
21    echo "or 邏輯運算子不成立 <br>";
22    }
23 ?>
24 </body>
25</html>
```

【圖 23、邏輯運算子 or 的判斷：兩邊只要一個成立就成立】

由上例可知，or 左右兩邊的條件只要有一個成立就成立，兩個成立也成立。xor 是一個比較複雜的觀念，例如國文或英文兩科只要有一科 60 分以下（只能有一個條件成立）顯示「其中一科需要補考」，否則（兩個條件都成立或者兩個條件都不成立）顯示「allpass 或 bye bye」，請將 study2.html 另存新檔為 study3.html，並將「action="study2.php"」改為「action="study3.php"」，或請參考檔案名稱：「PhpProject4」資料夾內「study3.html」，接著我們設計接收端的 PHP 網頁如下（檔案名稱：「PhpProject4」資料夾內「study3.php」）：

```
01<!DOCTYPE html>
02<html>
03 <head>
04  <meta charset="UTF-8">
05  <title> 若兩個條件只要其中一個成立就算成立 </title>
06 </head>
07 <body>
08 <?php
09  $grade1=$_POST['grade1'];
10  $grade2=$_POST['grade2'];
11  echo " 國文成績為 ".$grade1."<br>";
12  echo " 英文成績為 ".$grade2."<br>";
13  if(($grade1<60) xor ($grade2<60))
14   {
15    echo ' 只要一科低於 60 分，代表有一科需要補考 <br>';
16    echo "xor 邏輯運算子成立 <br>";
17   }
18  else
19   {
20    echo ' 兩科成績都大於 60 分或都低於 60 分，您 all pass 或 say goodbye<br>';
21    echo "xor 邏輯運算子不成立 <br>";
22   }
23 ?>
24 </body>
25</html>
```

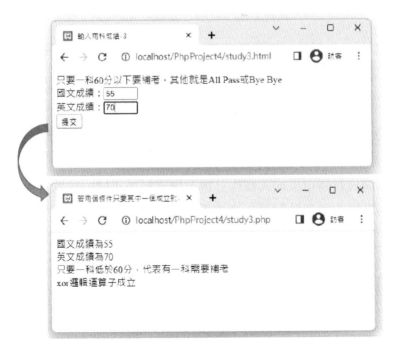

【圖 24、邏輯運算子 xor 的判斷：兩邊只有一個成立才成立】

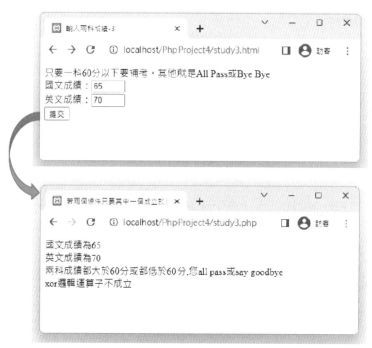

【圖 25、邏輯運算子 xor 的判斷：兩邊都成立結果不成立】

xor 是邏輯互斥，也就是說當兩邊只有一個成立才成立，若兩邊都成立或兩邊都不成立，最後的結果也是不成立。

4-4　表單網頁傳送接收與條件分析

表單網頁傳送接收時可以加入條件分析，讓資料更正確的傳遞與接收。我們先從 php 網頁接收這部分討論，再來看看瀏覽器上的 script 互動與可能的狀況。

《 4-4-1 》 接收資料與條件分析

表單資料送出前後可以做條件分析嗎？表單送出後是 php 於主機上進行分析，而送出前則是由 Java Script 於瀏覽器上分析，兩者是不同的。

我們先來查看表單網頁內容，這邊有三個文字框要傳遞文字與整數資料 （檔案名稱：「PhpProject4」資料夾內「study4.html」）：

```
01<html>
02 <head>
03  <title>輸入兩科成績 -4</title>
04  <meta charset="UTF-8">
05  <meta name="viewport" content="width=device-width, initial-scale=1.0">
06 </head>
07 <body><div>
08  <div>請輸入姓名與國文與英文成績 </div>
09  <form name="form1" method="post" action="study4.php" >
10  學生姓名：<br>
11  <input type="text" name="username" maxlength="6" size="6"><br>
12  國文成績：<br>
13  <input type="text" name="grade1" maxlength="3" size="3"><br>
14  英文成績：<br>
15  <input type="text" name="grade2" maxlength="3" size="3"><br>
16  <input type="submit"></form>
17  </div>
18 </body>
19</html>
```

伺服器端我們可透過幾個函數進行資料判斷用：

【表 3、php 的常用資料判斷函數】

函數	說明
isset(變數名稱)	判斷變數是否存在，如果傳回 False 代表不存在。
empty(變數名稱)	判斷變數內容是否為空值，如果傳回 True 代表為空值。
is_numeric(變數名稱)	判斷變數是否為數值資料，如果傳回 False 代表不是數值資料。數值資料包含整數與浮點數 (有小數點的數字)
is_int(變數名稱)	判斷變數是否為整數資料，如果傳回 False 代表不是整數資料。

我們來查看接收 study4.html 表單網頁，該如何進行資料分析

（檔案名稱：「PhpProject4」資料夾內「study4.php」）：

```
01<!DOCTYPE html>
02<html>
03 <head>
04  <meta charset="UTF-8">
05  <title>判斷是否有資料 </title>
06 </head>
07 <body>
08 <?php
```

```
09  if(!isset($_POST['username']))
10      echo '請由表單網頁輸入姓名 <br>';
11  if(!isset($_POST['grade1']))
12      echo '請由表單網頁輸入國文成績 <br>';
13  if(!isset($_POST['grade2']))
14      echo '請由表單網頁輸入英文成績 <br>';
15  if(empty($_POST['username']))
16      echo '請輸入姓名 <br>';
17  if(empty($_POST['grade1']))
18      echo '請輸入國文成績 <br>';
19  if(empty($_POST['grade2']))
20      echo '請輸入英文成績 <br>';
21  if(!is_numeric($_POST['grade1']))
22      echo '國文成績請輸入數值 <br>';
23  if(!is_numeric($_POST['grade2']))
24      echo '英文成績請輸入數值 <br>';
25  if(!is_int($_POST['grade1']))
26      echo '國文成績請輸入整數 <br>';
27  if(!is_int($_POST['grade2']))
28      echo '英文成績請輸入整數 <br>';
29  ?>
30  </body>
31 </html>
```

【圖 26、表單資料傳遞：若沒有輸入任何資料情況下提交資料】

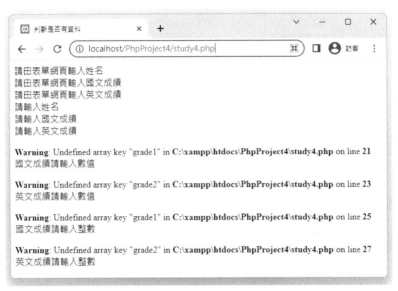

【圖 27、直接開啟 php 檔案】

【圖 28、兩個數值欄位輸入字串後提交的資訊回饋】

【圖 29、兩個數值欄位輸入浮點數後提交的資訊回饋】

如果 $_POST[] 或 $_GET[] 的資料不存在代表沒有透過表單網頁傳遞資料，所以也就沒有之後的驗證是否為空值。而當驗證是否為空值後如果不成立，代表已經有輸入資料，有資料的情況下再判斷是否為數值資料，如果是數值資料再判斷是否為整數。

整理流程後再把 php 網頁的條件分析做個整理。

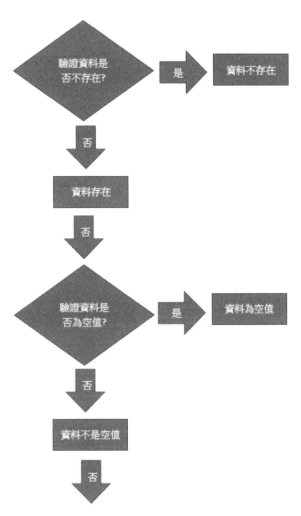

【圖 30、php 網頁驗證資料輸入 -1】

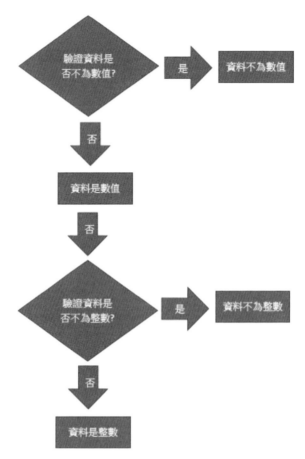

【圖 31、php 網頁驗證資料輸入 -2】

請您將 study4.html 另存新檔為 study5.html，並將「action="study4.php"」改
為「action="study5.php"」，或請參考檔案名稱：「PhpProject4」資料夾內
「study5.html」。我們將於 php 檔案針對表單驗證流程進行整理（檔案名稱：
「PhpProject4」資料夾內「study5.php」）：

```
01<!DOCTYPE html>
02<html>
03 <head>
04  <meta charset="UTF-8">
05  <title> 判斷是否有資料 </title>
06 </head>
07 <body>
08 <?php
09  if(!isset($_POST['username']))
```

```
10      echo '請由表單網頁輸入姓名 <br>';
11   else
12   {
13   if(empty($_POST['username']))
14      echo '請輸入姓名 <br>';
15   if(empty($_POST['grade1']))
16    echo '請輸入國文成績 <br>';
17   else
18    {
19    if(!is_numeric($_POST['grade1']))
20       echo '國文成績請輸入數值 <br>';
21    else if(!is_int($_POST['grade1']))
22       echo '國文成績請輸入整數 <br>';
23    }
24   if(empty($_POST['grade2']))
25    echo '請輸入英文成績 <br>';
26   else
27    {
28    if(!is_numeric($_POST['grade2']))
29       echo '英文成績請輸入數值 <br>';
30    else if(!is_int($_POST['grade2']))
31       echo '英文成績請輸入整數 <br>';
32    }
33   }
34 ?>
35 </body>
36</html>
```

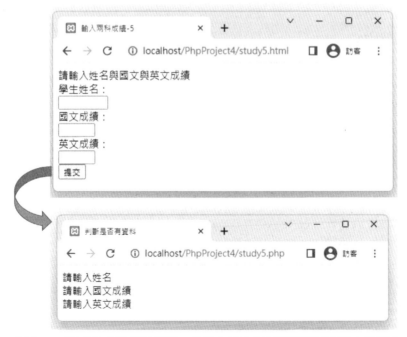

【圖 32、整理後表單資料傳遞：若沒有輸入任何資料情況下提交資料】

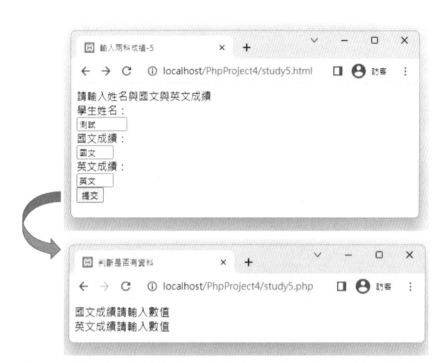

【圖 33、整理後表單資料傳遞：兩個數值欄位輸入字串後提交的資訊回饋】

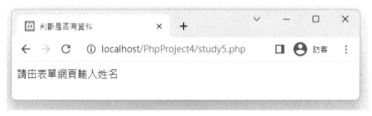

【圖 34、整理後表單資料傳遞：直接開啟 php 檔案】

【圖 35、整理後表單資料傳遞：兩個數值欄位輸入浮點數後提交的資訊回饋】

《 4-4-2 》 瀏覽器上的 script 互動與狀況排除 ————

乍看之下已經可以做好資料的分析判斷，可是這是伺服器端的條件分析。有沒有可能瀏覽器這邊就可以先做資料分析呢？我們可以在表單送出資料後先進行分析，如果得到 True 的回應就把資料送出，如果得到 False 的回應就不送出資料。我們來查看表單網頁內容變更，這邊加入 Java Script 進行互動，請留意國文與英文成績的輸入框 type 型態也做了變更（檔案名稱：「PhpProject4」資料夾內「study6.html」）：

```
01<html>
02 <head>
03  <title> 輸入兩科成績 -6</title>
04  <meta charset="UTF-8">
05  <meta name="viewport" content="width=device-width, initial-scale=1.0">
06  <script>
07   function ch( )
08   {
09      var flag=true;
```

```
10      if(document.form1.username.value=="")
11      {
12       window.alert('請輸入姓名');
13       document.form1.username.focus( );
14         flag=false;
15       return  flag;
16      }
17       var re =/^[0-9]+\.?[0-9]*$/;
18       if(!re.test(document.form1.grade1.value))
19      {
20         alert("國文成績必須有整數資料");
21         document.form1.grade1.value="";
22         flag=false;
23       return  flag;
24      }
25       if(!re.test(document.form1.grade2.value))
26      {
27         alert("英文成績必須有整數資料");
28         document.form1.grade2.value="";
29         flag=false;
30         return  flag;
31      }
32      return flag;
33      }
34    </script>
35  </head>
36  <body><div>
37  <div>請輸入姓名與國文與英文成績</div>
38  <form name="form1" method="post" action="s6.php" onSubmit="return ch( )">
39  學生姓名：<br>
40  <input type="text" name="username" maxlength="6" size="6" ><br>
41  國文成績：<br>
42  <input type="number" name="grade1" maxlength="3" size="3"><br>
43  英文成績：<br>
44  <input type="number" name="grade2" maxlength="3" size="3"><br>
45  <input type="submit"></form>
46  </div>
47  </body>
48</html>
```

請您將 study5.php 另存新檔為 s6.php，再請進行表單資料傳遞。

【圖 36、瀏覽器上的互動：驗證欄位是否有輸入資料】

【圖 37、瀏覽器上的互動：驗證欄位要輸入整數資料】

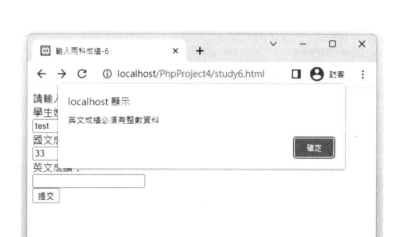

【圖 38、瀏覽器上的互動：驗證欄位要輸入整數資料】

可是瀏覽器可以關閉 Java Script 的支援，對於瀏覽器來說可降低資安的風險，但也會使不少網頁上的互動消失，例如 Brave 瀏覽器上關閉 Script，就可以讓前面練習的互動語法失效。所以接收資料的 php 語法內仍要有條件分析語法才可以降低風險。

【圖 39、瀏覽器不支援 Java Script，以 Brave 瀏覽器為例】

【圖 40、瀏覽器不支援 Java Script 後的相關驗證都會失效，以 Brave 瀏覽器為例】

4-5 範例實作 -BMI 健康分析

上一章請您設計了一個 BMI 分析健康情況的表單與 PHP 接收資料。這一章您可依據前面介紹的內容，開始加入各項分析以便取得結果。

BMI 健康分析適用於成人，非成人的朋友請勿依此數據判斷自己的健康狀況，即便是成人這數據也僅供參考，身體健康狀況仍依醫生診斷為主。BMI 健康分析出來的參考數據與代表意義如下表 (資料來源：衛生署食品資訊網)：

【表 4、範例實作 -BMI 健康分析】

BMI 指數範圍	代表意義
BMI < 18.5	體重過輕
18.5 ≦ BMI < 24	正常範圍
24 ≦ BMI < 27	過　重
27 ≦ BMI < 30	輕度肥胖

續表

BMI 指數範圍	代表意義
30 ≦ BMI ＜ 35	中度肥胖
BMI ≧ 35	重度肥胖

4-6 結論

本章節主要目的是說明使 PHP 網頁可協助我們分析判斷，可以用一個條件依
序作分析，也可用兩個條件作邏輯判斷，當條件判斷的結果是已知且固定，
可用 switch case 作資料分析。本章也說明如何搭配 JavaScript 語法及 PHP 本
身的函數進行資料是否存在、資料是否為整數形態及資料是否為數值形態等
判斷分析。下一章節介紹如何重複執行我們指定的工作，也將介紹如何將迴
圈中斷。

【重點提示】

1. 當我們要進行條件判斷時，我們可使用 if 語法進行判斷。語法的基本架
   構為：

```
if （條件）
{ 若條件成立後則要執行的程式，執行完後跳出 if 條件判斷式 }
```

2. 當我們要進行條件判斷時，條件成立與不成立均有項目要執行。語法的
   基本架構為：

```
if （條件）
  { 若條件成立後則要執行的程式，執行完後跳出 if 條件判斷式 }
else
  { 若條件不成立後則要執行的程式 }
```

3. 如果條件不成立，希望再進行下一個條件的判斷。語法的基本架構為：

```
if （條件 1）
  { 條件成立時執行的程式 }
elseif （條件 2）// 若條件 1 不成立，再依條件 2 判斷
    { 當條件 2 成立時執行的程式 }
elseif（條件 3）// 若條件 2 與條件 1 不成立，再依條件 3 判斷
```

```
    { 當條件 3 成立時執行的程式  }
else// 若上述條件均不成立
    { 若條件不成立時執行的程式  }
```

4. 當我們進行條件分析時，若條件判斷的結果是已知且固定的，我們可用 switch case 取代 if elseif else 語法。

5. 「$a and $b」代表「如果 $a 與 $b 都為真，那就會傳回真，否則傳回假」。

6. 「$a or $b」代表「如果 $a 與 $b 其中一個為真，那就會傳回真，否則傳回假」。

7. 「$a xor $b」代表「如果 $a 與 $b 若均為真或為假，那就會傳回假，否則傳回真」。

8. 「!$a」代表「若 $a 為真，則會傳回假，若 $a 為假，則會傳回真」。

9. isset( ) 函數將分析資料是否存在。

10. is_int( ) 函數將分析資料是否為整數型態。

11. is_numeric( ) 函數將分析資料是否為數值型態。

【問題與討論】

1. if、else if 或 else 成立時若有兩行以上的敘述，是否要加上大括弧？

2. 當使用者輸入年齡後，請使用 select case 設計臺灣電影分級制度分析網頁。

3. 若要判斷 $a 是否等於 20，要輸入「$a==20」還是「$a=20」呢？

4. switch case 內的 break 有什麼作用？

5. switch case 內的 default 區塊有什麼作用？

6. and 左右只有一個條件成立，結果為成立還是不成立？

7. and 左右兩邊的條件如果都成立，結果為成立還是不成立？

8. or 左右只有一個條件成立，結果為成立還是不成立？

9. or 左右兩邊的條件如果都成立，結果為成立還是不成立？

10. xor 左右只有一個條件成立，結果為成立還是不成立？

11. xor 左右兩邊的條件如果都成立，結果為成立還是不成立？

12. 請嘗試修改第三章設計的班級通訊錄系統表單及接收資料的 PHP 檔案，加入是否為空值及其他元件內容條件分析。

13. 請嘗試修改第三章設計的名片管理系統表單及接收資料的 PHP 檔案，加入是否為空值及其他元件內容條件分析。

第五章

迴圈與陣列

我們可以請 PHP 網頁協助我們做條件判斷，也可以請 PHP 網頁協助我們執行重複的工作，例如我們設計一個網頁，想要知道 1 到 100 有哪幾個偶數，該如何計算？要一個一個加嗎？我們可使用迴圈協助我們完成。當迴圈跑出多筆資料後，這些資料要如何儲存呢？假設現在要輸入三個同學 3 個科目成績，要建立 9 個變數嗎？PHP 網頁設計師光是記住哪些變數記錄哪一個同學的哪一個成績頭就昏了，所以本章也將介紹陣列。進入本章之前，請您依照 2-1 節完成伺服器的啟動與專案設定，本章範例會放在「PhpProject5」目錄內。

5-1　迴圈

迴圈可區分為「先分析再執行重複結構」與「先執行再分析重複結構」。PHP 提供三種迴圈，分別為 for( )、while( ) 與 do while( )，透過這三種迴圈就可以重複執行我們指定的工作。

《 5-1-1 》先分析再執行重複結構

先分析再執行重複結構代表「先執行條件分析，條件成立則執行迴圈內程式區塊，執行完迴圈內程式，再執行條件分析，直到條件不成立才離開迴圈」。若一開始條件不成立，則一次都不會被執行。程式語言裡的「for」及「while」將實作這樣的程式結構。

先分析再執行重複結構可用以下例子說明：您要計算 20 位同學的學期成績，您先分析現在是不是小於等於 20（條件分析），若是的話則計算這一位同學的成績，再分析是不是小於等於 20（條件分析），若是則繼續做成績計算（執行重複的語法），若不是則跳出。

《 5-1-2 》先執行再分析重複結構

先執行再分析重複結構代表「先執行迴圈內的程式區塊一次，然後再執行條件分析，若條件成立則執行迴圈內程式區塊，直到條件不成立才離開迴圈」。

迴圈內的程式區塊至少會被執行一次。程式語言裡的「do while」將實作這樣的程式結構。

先執行再分析重複結構可用以下例子說明：若要設計一個遊戲，使用者可輸入整數與系統由亂數產生的整數做比較，輸入的值比較大則顯示請輸入小一點，輸入的值比較小則顯示請輸入大一點，直到猜對為止。因為您必須先輸入資料（先執行），再分析輸入的資料是不是不等於系統產生的整數，若條件成立則再繼續執行輸入資料，若條件不成立則跳出迴圈。若您第一次輸入後若條件不成立，迴圈執行一次就結束，若輸入後分析是成立的，迴圈就會繼續執行。

《 5-1-3 》 for 迴圈

for 迴圈內有三個參數，這三個參數需互相搭配，迴圈才會執行。for 迴圈是條件較為嚴謹且複雜的迴圈形式，for 迴圈語法的基本架構為：

```
for( 進入迴圈前初始值；執行迴圈前的條件分析；執行迴圈後的固定變化 ) {
    重覆執行的語法；
}
```

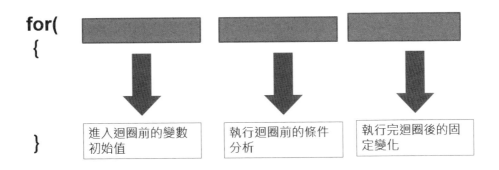

【圖 1、for 迴圈執行範例】

若打算於 PHP 網頁內輸出 1 到 10 之間所有的整數，是否可以利用 for 迴圈設計呢？請您思考並參考以下範例（檔案名稱：「PhpProject5」資料夾內「for. php」）：

```
01<!DOCTYPE html>
02<html>
03 <head>
04　<meta charset="UTF-8">
05　<title>迴圈介紹1：for</title>
06 </head>
07 <body>
08 <?php
09　for($i=1;$i<=10;$i++)
10　　echo "i->".$i."<hr>";
11 ?>
12 </body>
13</html>
```

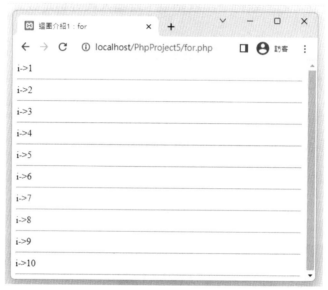

【圖 2、for 迴圈執行範例】

一開始 $i 的值為 1，符合「$i<=10」的條件，所以就會進入迴圈。每跑完一次迴圈，$i 的值就會加 1 。接著判斷是否符合「$i<=10」的條件，若符合則進入迴圈。直到「$i<=10」條件不成立，也就是 $i>10 的狀況發生時就不會執行迴圈。

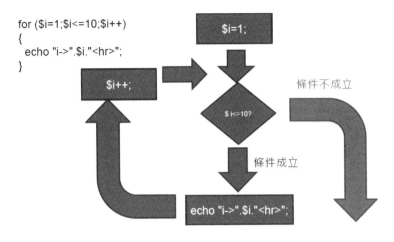

【圖 3、for 迴圈語法執行流程】

　for 迴圈執行後有固定的變化，加上進入前有固定的初始值，所以造成 for 迴圈有「固定的範圍」與「固定的變化」這兩個限制，假如我的資料沒有固定數量或沒有固定變化呢？這時我們可以使用 while 或 do while 迴圈來設計。

《 5-1-4 》 while 迴圈

while 迴圈內只有一個參數，這個參數是一個判斷式。當 while 迴圈參數設定的判斷式成立，迴圈才會執行。若一開始 while 迴圈參數設定的判斷式不成立，迴圈一次都不會執行。我們來看 while 迴圈的格式：

```
while（執行迴圈前的條件分析）{
　條件成立時會執行的迴圈語法；
　控制迴圈的變數固定變化；
}
```

我們寫一個從 1 到 9 變化的迴圈，首先我們來看當 while( ) 條件成立時：（檔案名稱：「PhpProject5」資料夾內「while1.php」）：

```
01<!DOCTYPE html>
02<html>
03 <head>
04　<meta charset="UTF-8">
05　<title>while：當條件成立時 </title>
06 </head>
07 <body>
```

```
08 <?php
09 $i = 1;
10 while ($i<10)
11   {
12    echo "i=".$i."<br>";
13    $i++;
14   }
15 echo " 離開迴圈時 i=".$i."<br>";
16 ?>
17 </body>
18</html>
```

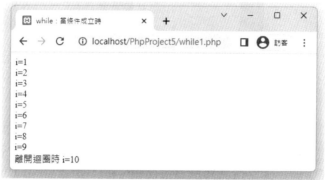

【圖 4、條件成立下執行 while 迴圈】

while 迴圈條件判斷式在「$i<10」，代表當 $i 小於 10 的情況下可以執行大括弧內的迴圈程式。而一開始$i的值為 1，所以迴圈就可以執行。當條件成立時，迴圈執行一個 echo 函數後再執行「$i++」語法使 $i 值加 1，當 $i 值不再小於 10 時就跳出迴圈。

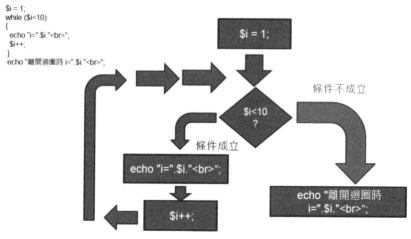

【圖 5、while 迴圈】

若變數初始值不符合進入迴圈的條件，while 迴圈會如何執行？（檔案名稱：「PhpProject5」資料夾內「while2.php」）：

```
01<!DOCTYPE html>
02<html>
03 <head>
04  <meta charset="UTF-8">
05  <title>while：當條件不成立時</title>
06 </head>
07 <body>
08 <?php
09  $i = 11;
10  while ($i<10)
11   {
12    echo "i=".$i."<br>";
13    $i++;
14   }
15  echo "離開迴圈時 i=".$i."<br>";
16 ?>
17 </body>
18</html>
```

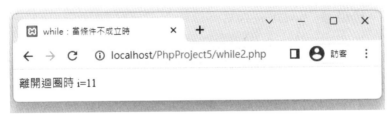

【圖 6、條件不成立下執行 while 迴圈】

while 迴圈條件判斷式為「$i<10」，而 $i 的初始值為 11，已大於 10，所以迴圈並不執行。與 for 迴圈不同的是 while 迴圈只有一個參數，於迴圈內利用語法控制迴圈執行的次數，因此不像 for 迴圈有固定次數的變化。

《 5-1-5 》 do while 迴圈

do while 迴圈與 while 迴圈非常相似，do while 迴圈的 while( ) 這一行之後需加上分號「;」。do while 的 while 內只有一個參數，這個參數是一個判斷式。當 while 參數設定的判斷式成立，迴圈才會執行。do while 迴圈是「先執行迴圈內的語法再做判斷」，若一開始 while 迴圈參數設定的判斷式不成立，迴圈至少執行一次。我們來看 do while 迴圈的格式：

```
do{
  條件成立時會執行的迴圈語法；
  控制迴圈的變數固定變化；
} while（執行迴圈前的條件分析）；
```

我們寫一個從 1 到 9 變化的迴圈，首先我們來看當 do while( ) 條件成立時（檔案名稱：「PhpProject5」資料夾內「dowhile1.php」）：

```
01<!DOCTYPE html>
02<html>
03 <head>
04  <meta charset="UTF-8">
05  <title>dowhile：當條件成立時</title>
06 </head>
07 <body>
08 <?php
09  $i = 1;
10  do
11   {
12    echo "i=".$i."<br>";
13    $i++;
14   }while ($i<10);
15  echo "離開迴圈時 i=".$i."<br>";
16 ?>
17 </body>
18</html>
```

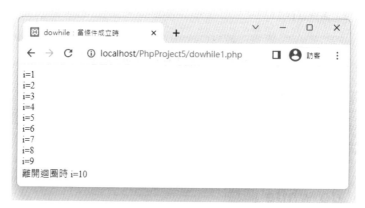

【圖 7、條件成立下執行 do while 迴圈】

do while 迴圈條件判斷式最後「$i<10」，代表當 $i 小於 10 的情況下可以執行大括弧內的迴圈程式。而一開始 $i 的值為 1，所以迴圈就可以執行。當條件成立時，迴圈執行一個 echo 函數後再執行「$i++」語法使 $i 值加 1，當 $i 值不再小於 10 時就跳出迴圈。

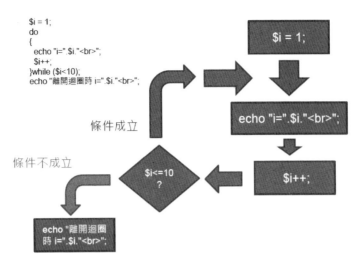

```
$i = 1;
do
{
  echo "i=".$i."<br>";
  $i++;
}while ($i<10);
echo "離開迴圈時 i=".$i."<br>";
```

【圖 8、條件成立下執行 do while 迴圈】

若變數初始值不符合進入迴圈的條件，do while 迴圈會如何執行？（檔案名稱：「PhpProject5」資料夾內「dowhile2.php」）：

```
01<!DOCTYPE html>
02<html>
03<head>
04   <meta charset="UTF-8">
05   <title>dowhile：當條件不成立時</title>
06 </head>
07 <body>
08 <?php
09   $i = 11;
10   do
11   {
12      echo "i=".$i."<br>";
13      $i++;
14   }while ($i<10);
15   echo "離開迴圈時 i=".$i."<br>";
16 ?>
17 </body>
18</html>
```

【圖 9、條件不成立下執行 do while 迴圈】

與 while 迴圈不同的是 do while 迴圈先執行迴圈內容後再作條件分析，所以如果條件不成立至少執行一次，藉由這幾個練習了解 while 迴圈與 dowhile 迴圈的差異。

【表 1、while 迴圈與 do while 迴圈的差異】

	執行順序	若與條件不合
while 迴圈	先判斷再執行 迴圈內的語法	一次都不執行
do while 迴圈	先執行迴圈內的語法 再做判斷	只執行一次

5-2 中斷指令

我們設計迴圈時就已經評估過迴圈會跑多少次，或者在不符合條件下自然跳出。但是在迴圈進行的過程中，我們希望迴圈能做各種不同的中斷或退出，那該怎麼做呢？ PHP 提供了三種中斷指令：break、continue 與 exit，我們可由這三個指令了解如何中斷迴圈或特定語法的執行。

《 5-2-1 》 break

break 這個指令在 switch case 語法內出現過，break 指令會跳出最近的一個迴圈。請嘗試建立變數 $i 由 1 跑到 10 的 for 迴圈，若迴圈內加入 if 條件分析，當 $i 等於 5 時執行 break 動作，那迴圈會產生什麼中斷動作（檔案名稱：「PhpProject5」資料夾內「break1.php」）：

```
01<!DOCTYPE html>
02<html>
03 <head>
04  <meta charset="UTF-8">
05  <title>break_1</title>
06 </head>
07 <body>
08 <?php
09  for($i=1;$i<=10;$i++)
```

```
10   {
11    if($i==5)
12     {
13      echo " 迴圈停止 <br>";
14      break;
15     }
16    echo "i->".$i."<br>";
17   }
18   echo " 結束執行 ";
19 ?>
20 </body>
21</html>
```

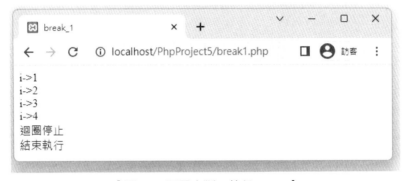

【圖 10、迴圈中斷：執行 break 】

這是一個由 1 到 10 的 for 迴圈，但是在迴圈內有一個 if 條件判斷式：

```
09  for($i=1;$i<=10;$i++)
10   {
11    if($i==5)
12     {
13      echo " 迴圈停止 <br>";
14      break;
15     }
16    echo "i->".$i."<br>";
17   }
18   echo " 結束執行 ";
```

第 11 行分析如果 $i 等於 5（請注意條件判斷式裡「等於」需用兩個「=」），
第 13 行 echo 顯示訊息後執行第 14 行「break;」指令，break 指令會跳出最近
的一個迴圈。跳出迴圈後執行第 18 行「echo " 結束執行 "」語法。

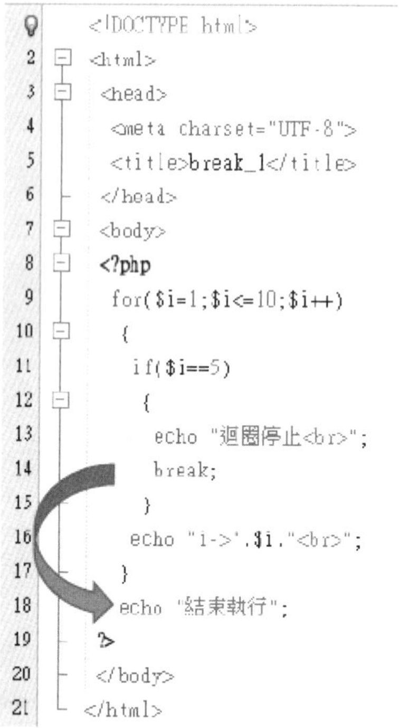

```
1  <!DOCTYPE html>
2  <html>
3   <head>
4    <meta charset="UTF-8">
5    <title>break_1</title>
6   </head>
7  <body>
8  <?php
9   for($i=1;$i<=10;$i++)
10   {
11    if($i==5)
12     {
13      echo "迴圈停止<br>";
14      break;
15     }
16    echo "i->".$i."<br>";
17   }
18   echo "結束執行";
19  ?>
20  </body>
21  </html>
```

【圖 11、break 中斷迴圈方式】

《 5-2-2 》 continue

　break 指令會跳出迴圈而造成中斷，continue 指令會中止現在執行的迴圈，繼續跑下一個迴圈內容。請嘗試建立一個 $i 由 1 跑到 10 的 for 迴圈，若迴圈內加入 if 條件分析，當 $i 等於 5 時執行 continue 動作，那迴圈會產生什麼中斷動作呢（檔案名稱：「PhpProject5」資料夾內「continue1.php」）：

```
01<!DOCTYPE html>
02<html>
03 <head>
04  <meta charset="UTF-8">
05  <title>conitue_1</title>
06 </head>
07 <body>
08 <?php
09  for($i=1;$i<=10;$i++)
10   {
11    if($i==5)
```

```
12     {
13        echo " 迴圈停止 <br>";
14        continue;
15     }
16     echo "i->".$i."<br>";
17   }
18   echo " 結束執行 ";
19 ?>
20 </body>
21</html>
```

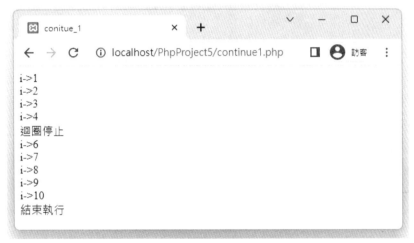

【圖 12、迴圈中斷：執行 continue 】

這是一個由 1 到 10 的 for 迴圈，但是在迴圈內有一個 if 條件判斷式：

```
09  for($i=1;$i<=10;$i++)
10   {
11    if($i==5)
12     {
13        echo " 迴圈停止 <br>";
14        continue;
15     }
16     echo "i->".$i."<br>";
17   }
18   echo " 結束執行 ";
```

第 11 行分析如果 $i 等於 5（請注意條件判斷式裡「等於」需用兩個「=」），
第 13 行 echo 顯示訊息後執行第 14 行「continue」指令，continue 指令會中止
現在執行的迴圈，繼續跑下一個迴圈。

```
1   <!DOCTYPE html>
2   <html>
3    <head>
4     <meta charset="UTF-8">
5     <title>conitue_1</title>
6    </head>
7    <body>
8    <?php
9    for($i=1;$i<=10;$i++)
     {
11     if($i==5)
12      {
            echo "迴圈停止<br>";
            continue;
15      }
16        echo "1->".$i."<br>';
17     }
18    echo "結束執行";
19   ?>
20   </body>
21   </html>
```

【圖 13、continue 中斷迴圈方式】

《 5-2-3 》 exit 與 die()

break 與 continue 兩個指令常用於迴圈內，用來控制迴圈的跳出或中止後繼續執行。break 也用於 switch case，用來跳出 case 內語法。exit 除了可用於迴圈外，也可用於一般語法內，中止網頁後續的輸出。請嘗試建立變數 $i 由 1 跑到 10 的 for 迴圈，若迴圈內加入 if 條件分析，當 $i 等於 5 時執行 exit 動作，那迴圈會產生什麼中斷動作呢（檔案名稱：「PhpProject5」資料夾內「exit1.php」）：

```
01<!DOCTYPE html>
02<html>
03 <head>
04  <meta charset="UTF-8">
05  <title>exit 操作</title>
06 </head>
07 <body>
```

```
08 <?php
09  for ($i=1;$i<=10;$i++)
10   {
11    if ($i==5)
12     {
13        echo "迴圈停止 <br>";
14        exit;
15     }
16    echo "i->".$i."<br>";
17   }
18  echo "結束執行 ";
19 ?>
20 </body>
21</html>
```

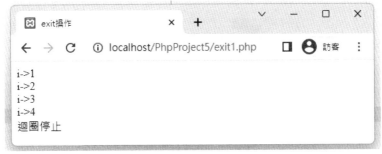

【圖 14、迴圈中斷：執行 exit 】

這是一個由 1 到 10 的 for 迴圈，但是在迴圈內有一個 if 條件判斷式：

```
09  for ($i=1;$i<=10;$i++)
10   {
11    if ($i==5)
12     {
13        echo "迴圈停止 <br>";
14        exit;
15     }
16    echo "i->".$i."<br>";
17   }
18  echo "結束執行 ";
```

第 11 行分析如果 $i 等於 5（請注意條件判斷式裡「等於」需用兩個「＝」），
第 13 行 echo 顯示訊息後執行第 14 行「exit」指令，exit 指令會中斷之後所有
網頁（含 html 部分）語法的執行，網頁將停止所有動作。

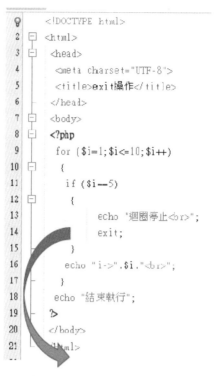

【圖 15、exit 中斷迴圈方式】

當我們想要進行 PHP 語法檢查時，就可透過 exit 指令中斷網頁的輸出，檢查顯示出來的結果是否如預期般的結果。die( ) 這個方法是結合 exit 與 echo( ) 方法，也就是輸出一個訊息後停止伺服器端的程式執行。

當您網頁上有 Java Script 語法與 php 語法進行搭配，您會碰到 Java Script 語法跑完後還會顯示 php 語法（檔案名稱：「PhpProject5」資料夾內「die1.php」）：

```
01<!DOCTYPE html>
02<html>
03 <head>
04  <meta charset="UTF-8">
05  <title>die() 操作 -1</title>
06 </head>
07 <body>
08 <?php
09   if(!isset($_POST['username']))
10     {
```

```
11      echo ' 請由表單網頁輸入姓名 <br>';
12      ?>
13      <script>
14       window.alert(" 瀏覽器有彈出訊息 ");
15        //location.href="study6.html";
16      </script>
17      <?php
18          echo ' 伺服器這邊跑完 <br>';
19      }
20    echo(" 後續回應 ?");
21  ?>
22  </body>
23 </html>
```

【圖 16、php 語法與 Java Script 語法互動】

這個程式於伺服器端執行第 09 行語法，這一個條件分析成立，於是執行第 11 行語法、第 18 行與第 20 行輸出，瀏覽器收到「請由表單網頁輸入姓名
 伺服器這邊跑完
 後續回應？」網頁資料後緊接著執行第 13 行到第 16 行語法，也就是彈跳出一個訊息，再跑出上述收到的網頁資料。也就是伺服器端會跑完 php 語法後再送到瀏覽器上執行瀏覽器要跑的互動。

```
 1  <!DOCTYPE html>
 2  <html>
 3   <head>
 4    <meta charset="UTF-8">
 5    <title>die()操作-1</title>
 6   </head>
 7   <body>
 8   <?php
 9     if(!isset($_POST['username']))
10      {
11      echo '請由表單網頁輸入姓名<br>';
12        ?>
13      <script>
14       window.alert("瀏覽器有彈出訊息.");
15          //location.href="study6.html";
16      </script>
17      <?php
18          echo '伺服器這邊跑完<br>';
19      }
20     echo("後續回應?");
21    ?>
22   </body>
23  </html>
```

【圖 17、網頁將會執行反白區塊的 Java Script 語法】

如果您希望 php 語法於第 18 行結束執行，請將 echo 語法改為 die( ) 就可以達到目的（檔案名稱：「PhpProject5」資料夾內「die2.php」）：

```
01<!DOCTYPE html>
02<html>
03 <head>
04  <meta charset="UTF-8">
05  <title>die() 操作 -2</title>
06 </head>
07 <body>
08 <?php
09  if(!isset($_POST['username']))
10    {
11      echo ' 請由表單網頁輸入姓名 <br>';
12 ?>
13    <script>
14     window.alert(" 瀏覽器有彈出訊息 ");
15        //location.href="study6.html";
```

```
16      </script>
17 <?php
18      die(' 伺服器這邊跑完 <br>');
19      }
20   echo(" 後續回應?");
21 ?>
22 </body>
23</html>
```

【圖 18、die( ) 語法運用】

《 5-2-4 》 巢狀迴圈的中斷

巢狀迴圈是指像鳥巢似的迴圈架構，大圈包小圈，大圈會等小圈跑完一圈後才會再繼續執行，如果我們在小圈進行 break 或著 continue，代表中斷小圈的執行，回到大圈後再繼續執行迴圈。首先請您觀察 break 中斷巢狀迴圈內小圈的執行狀況（檔案名稱： 「PhpProject5」資料夾內「break2.php」）：

```
01<!DOCTYPE html>
02<html>
03 <head>
04  <meta charset="UTF-8">
05  <title>break_2</title>
06 </head>
07 <body>
08 <?php
```

```
09  for($i=1;$i<=2;$i++)
10   {
11    for($j=1;$j<=4;$j++)
12     {
13      if($j==3)
14       {
15        echo " 迴圈停止 <br>";
16        break ;
17       }
18      echo "j->".$j."<br>";
19     }
20     echo "i->".$i."<br>";
21   }
22   echo " 結束執行 ";
23 ?>
24 </body>
25</html>
```

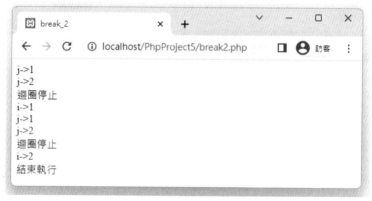

【圖 19、break 於巢狀迴圈小圈內進行中斷】

再請您觀察 continue 中斷巢狀迴圈內小圈的執行狀況（檔案名稱：
「PhpProject5」資料夾內「continue2.php」）：

```
01<!DOCTYPE html>
02<html>
03 <head>
04  <meta charset="UTF-8">
05  <title>conitue_2</title>
06 </head>
07 <body>
08 <?php
09  for($i=1;$i<=2;$i++)
10   {
11    for($j=1;$j<=4;$j++)
12     {
13      if($j==3)
```

```
14        {
15          echo " 迴圈停止 <br>";
16          continue;
17        }
18        echo   "j->".$j."<br>";
19      }
20      echo "i->".$i."<br>";
21    }
22    echo " 結束執行 ";
23 ?>
24 </body>
25</html>
```

【圖 20、continue 於巢狀迴圈小圈內進行中斷】

PHP 允許您於 break 或著 continue 後面加上數字，代表您想要中斷幾層的迴圈。例如我們的範例是 2 層迴圈，因此您可以使用「break 2」或著「continue 2」方式中斷 2 層迴圈。首先請您觀察 break 如何中斷巢狀迴圈內兩層迴圈語法架構的執行狀況（檔案名稱：「PhpProject5」資料夾內「break3.php」）：

```
01<!DOCTYPE html>
02<html>
03 <head>
04   <meta charset="UTF-8">
05   <title>break_3</title>
06 </head>
07 <body>
08 <?php
09  for($i=1;$i<=2;$i++)
10    {
11      for($j=1;$j<=4;$j++)
12        {
```

```
13      if($j==3)
14       {
15        echo "迴圈停止 <br>";
16        break 2 ;
17        }
18      echo "j->".$j."<br>";
19      }
20      echo "i->".$i."<br>";
21    }
22   echo "結束執行";
23 ?>
24 </body>
25</html>
```

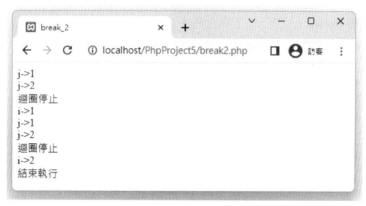

【圖 21、break 如何中斷巢狀迴圈內兩層迴圈語法架構】

再請您觀察 continue 如何中斷巢狀迴圈內兩層迴圈語法架構的執行狀況（檔案名稱：「PhpProject5」資料夾內「continue3.php」）：

```
01<!DOCTYPE html>
02<html>
03 <head>
04  <meta charset="UTF-8">
05  <title>continue_3</title>
06 </head>
07 <body>
08 <?php
09  for ($i=1;$i<=2;$i++)
10   {
11    for($j=1;$j<=4;$j++)
12     {
13      if ($j==3)
14       {
15        echo "迴圈停止 <br>";
16        continue 2;
17        }
```

```
18      echo  "j->".$j."<br>";
19      }
20    echo "i->".$i."<br>";
21    }
22  echo " 結束執行 ";
23 ?>
24 </body>
25</html>
```

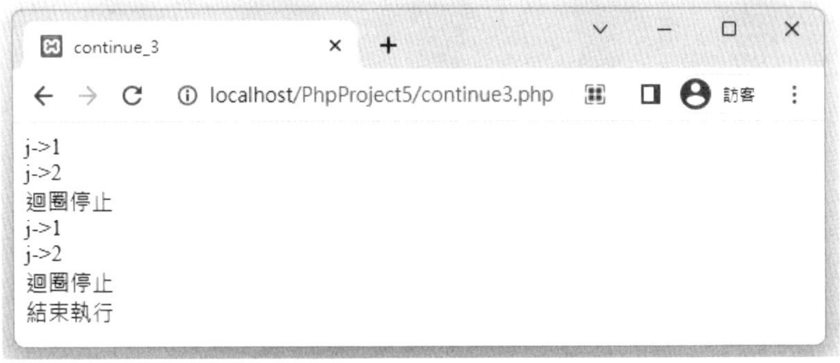

【 圖 22、continue 如何中斷巢狀迴圈內兩層迴圈語法架構 】

5-3 陣列規劃與存取

當我們知道如何用迴圈跑出多筆資料後，這些資料要如何儲存呢？假設我現在要輸入五個同學 3 個科目成績，要建立 15 個變數嗎？ PHP 網頁設計師光是記住哪些變數記錄哪一個同學的哪一個成績頭就昏了，但「陣列」可解決這個問題。

《 5-3-1 》陣列初始化

當我們有多筆相同資料要儲存時，該怎麼儲存比較方便運用呢？例如現在我們設計一個成績單網頁，要儲存編號 1 到 5 號同學的國文成績，該如何儲存呢？我們可以用一個大箱子內放五個小箱子，這五個小箱子都有一個編號，小箱子分別放這五個同學的國文成績。

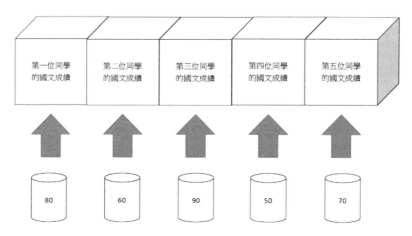

【圖 23、以陣列方式處理五筆資料—以橫式方式表示】

這樣儲存資料就很方便，我們找資料時說明要找大箱子內哪一個編號的小箱子，就可以找出資料。大箱子就是「陣列」，小箱子的編號，就是「索引值」。「索引值」該如何設定呢？ PHP 的索引值可分為整數與文字兩種型態，可讓您靈活地運用存取資料。PHP 可逐一設定陣列元素，也可利用 array( ) 函數建立陣列，建議以 array( ) 函數建立陣列，可避免陣列沒有初始化的風險。

《 5-3-2 》 for 迴圈與簡易規劃陣列

陣列的索引值由 0 開始，陣列名稱後接著中括弧 [ ]，而中括弧內可選擇輸入索引值或空白。如果我們給予索引值，可由以下練習了解陣列如何給值與顯示資料（檔案名稱：「PhpProject5」資料夾內「array1.php」）：

```
01<!DOCTYPE html>
02<html>
03 <head>
04  <meta charset="UTF-8">
05  <title>for 迴圈與簡易規劃陣列 </title>
06 </head>
07 <body>
08 <?php
09  $array1[0] = 80;
10  $array1[1] = 60;
11  $array1[2] = 90;
12  $array1[3] = 50;
13  $array1[4] = 70;
```

```
14  for ($a=0; $a<5; $a++)
15  {
16    echo "$array1[$a] <br>" ;
17  }
18 ?>
19 </body>
20</html>
```

【圖 24、for 迴圈與簡易規劃陣列】

陣列名稱叫做 $array1，這一個陣列從編號（索引值）0 到 4 分別儲存 80、
60、90、50、70 等分數，所以在儲存完資料後緊接著將 $ array1 陣列裡編號（索
引值）為 0 到 4 的資料顯示在網頁上。

《 5-3-3 》 for 迴圈與 array 函數規劃陣列

本節將介紹 array( ) 函數建立整數型態或文字型態的陣列，您可與前述建立陣
列的方式作比較。以 array 方式規劃陣列，設定固定的索引值編號，其格式為

```
陣列名稱 =array(
  索引值 => 欄位的內容
);
```

規劃陣列時若還有第二個欄位內容，請於第一個欄位內容後面加上逗點
「,」。我們可使用以下的例子說明，陣列如何給值與顯示資料，請將這個例
子與 array1.php 做一個比較（檔案名稱：「PhpProject5」資料夾內「array2.
php」）：

```
01<!DOCTYPE html>
02<html>
03 <head>
04  <meta charset="UTF-8">
```

```
05  <title>for 迴圈與 array 函數規劃</title>
06  </head>
07  <body>
08  <?php
09   $array2=array( 80,60,90,50,70);
10   for($a = 0; $a < 5; $a++)
11    echo "$array2[$a] <br>";
12  ?>
13  </body>
14</html>
```

【圖 25、以 array 方式規劃陣列】

這裡給予陣列 5 筆資料，所以 array( ) 函數內放入 5 筆資料，而整數型態索引值一定由 0 開始，所以迴圈由 0 開始執行逐一讀取資料，無須直接指定索引值編號。

5-4 使用 foreach 存取陣列

我們可使用 for 迴圈讀取陣列的內容，但 for 迴圈必須設定起始值與範圍，如果陣列資料屬於變動狀態，很難設定 for 迴圈的起始值與範圍。for 迴圈無法判斷欄位是否有值，需加寫 if 條件判斷式判斷。存取陣列時建議使用 foreach 取代 for 迴圈，當 foreach 開始執行時，陣列內部的指標會自動指向第一個欄位。

foreach 基本的格式如下：

```
   foreach( 陣列名稱 as 變數名稱 )
或
   foreach( 陣列名稱 as 索引值 => 變數名稱 )
```

《 5-4-1 》 foreach 第一種格式

foreach 第一種格式為：foreach(陣列名稱 as 變數名稱)。以 array5.php 為例，以 for 方式顯示資料，語法如下：

```
for ($a=0; $a<5; $a++)
    echo "$chinese[$a] <br>" ;
```

可是如果要使用 foreach 呢？我們來看將 array5.php 修改後的網頁（檔案名稱：「PhpProject5」資料夾內「foreach1.php」）：

```
01<!DOCTYPE html>
02<html>
03 <head>
04  <meta charset="UTF-8">
05  <title>foreach 第一種格式 </title>
06 </head>
07 <body>
08 <?php
09  $array1=array( 80,60,90,50,70);
10  foreach ($array1 as $value1)
11   echo $value1."<br>";
12 ?>
13 </body>
14</html>
```

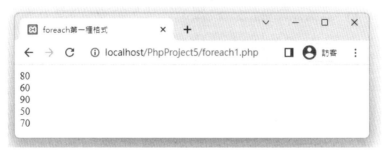

【圖 26、以 array 方式建立陣列，以 foreach 方式處理】

比較一下 for 迴圈與 foreach 語法的差異：

【表 2、for 迴圈與 foreach 語法比較】

for 迴圈	foreach 迴圈
for ($a=0; $a<5; $a++) 　echo "$chinese[$a] " ;	foreach ($chinese as $value1) 　　echo $value1." ";

foreach 語法執行時將陣列的索引值歸零 (指向第一筆記錄)，然後每次執行迴圈時依序將陣列索引值所儲存的內容放入 $value1 變數中，直到陣列裡每一個內容都讀取為止。所以使用 foreach 讀取陣列內容，會比 for 迴圈方便！

文字型態索引值陣列若要以 for 迴圈依序取值，因為索引值不是「整數」，所以無法設計，但 foreach 可以很快速的將所有資料列出（檔案名稱：「PhpProject5」資料夾內「foreach2.php」）：

```
01<!DOCTYPE html>
02<html>
03 <head>
04  <meta charset="UTF-8">
05  <title>文字作為索引值的陣列與 foreach</title>
06 </head>
07 <body>
08 <?php
09  $a["Jan"] = "1 月 ";
10  $a["Feb"] = "2 月 ";
11  $a["Mar"] = "3 月 ";
12  foreach ($a as $value1)
13   echo $value1."<br>";
14 ?>
15 </body>
16</html>
```

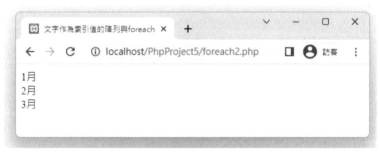

【圖 27、文字作為索引值的陣列，使用 foreach 方式處理】

當我們設計陣列時，若中間有幾個索引值並沒有儲存資料，我們需使用條件判斷式進行判斷，如使用 foreach，那會如何呢？（檔案名稱：「PhpProject5」資料夾內「foreach3.php」）

```
01<!DOCTYPE html>
02<html>
03 <head>
```

```
04  <meta charset="UTF-8">
05  <title>索引值編號任意給，使用 foreach</title>
06  </head>
07  <body>
08  <?php
09  $array3[1] = 80;
10  $array3[3] = 60;
11  $array3[] = 90;
12  $array3[14] = 50;
13  $array3[] = 70;
14  foreach ($array3 as $value1)
15    echo $value1."<br>";
16  ?>
17  </body>
18  </html>
```

【圖 28、索引值編號任意給，使用 foreach 方式處理】

您是否發現 foreach 只將有資料的陣列欄位顯示出來，PHP 網頁語法是否清爽多了呢？只是這裡無法顯示索引值，所以不知道這個成績是哪一個編號的同學所有，那該怎麼辦呢？ foreach 提供了另外一種方式，可讓您抓取每一筆資料的索引值。

《 5-4-2 》 foreach 第二種格式

foreach 第二種格式為 foreach(陣列名稱 as 索引值 => 變數名稱)。我們以前面介紹的 foreach3.php 為例，修改為可利用 foreach 語法顯示索引值（檔案名稱：「PhpProject5」資料夾內「foreach4.php」）：

```
01 <!DOCTYPE html>
02 <html>
03 <head>
04  <meta charset="UTF-8">
```

```
05  <title>foreach 第二種格式 </title>
06  </head>
07  <body>
08  <?php
09  $array3[1] = 80;
10  $array3[3] = 60;
11  $array3[] = 90;
12  $array3[14] = 50;
13  $array3[] = 70;
14  foreach ($array3 as $key1 =>$value1)
15   echo " 座號 ".$key1." 同學的成績為：".$value1."<br>" ;
16 ?>
17 </body>
18</html>
```

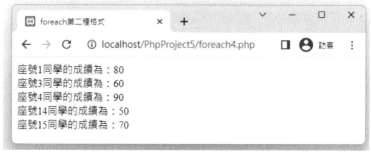

【圖 29、索引值編號任意給，使用 foreach 方式處理，顯示 key 與 value】

請您留意 foreach4.php 內 foreach 語法：

```
14  foreach ($array3 as $key1 =>$value1)
15   echo " 座號 ".$key1." 同學的成績為：".$value1."<br>" ;
```

以 foreach 語法將陣列 $chinese 中資料依序取出，並將索引值存入 $key1 變數，
而內容放到 $value1 變數內。第 15 行將索引值 ($key1) 與內容 ($value1) 顯示。

《 5-4-3 》 表單資料以陣列方式操作

表單網頁設計時，您可能會提供很多的元件給使用者使用，但您必須考慮接
收端 PHP 網頁也得建立很多 $_POST 或 $_GET 陣列變數來接收資料，所以
表單網頁設計時可將多個元件的 name 命名為同名的元件以方便接收。

我們在此以核選框為例，表單上核選框 checkbox 本身就可以提供複選，但如
果選項以分組的方式設計成多組選項讓使用者勾選，接收端 PHP 網頁接收資

料時就可用 foreach 方式處理資料。我們來看以下的表單網頁內核選框如何設計分組（檔案名稱：「PhpProject5」資料夾內「multicheck.html」）：

```html
01<html>
02 <head>
03  <title>分類的核選框</title>
04  <meta charset="UTF-8">
05  <meta name="viewport" content="width=device-width, initial-scale=1.0">
06 </head>
07 <body><div>
08 <form name="form5" method="get" action="multicheck.php">
09 用過哪些作業系統呢：<br>
10 <input type="checkbox" value="win7" name="win[]">win7
11 <input type="checkbox" value="win8" name="win[]" checked>win8
12 <input type="checkbox" value="win10" name="win[]">win10
13 <input type="checkbox" value="win11" name="win[]">win11<br>
14 <input type="checkbox" value="fedora" name="linux[]">fedora
15 <input type="checkbox" value="opensuse" name="linux[]">opensuse
16 <input type="checkbox" value="ubuntu" name="linux[]">ubuntu
17 <input type="submit"><input type="reset">
18 </form>
19 </div>
20 </body>
21</html>
```

【圖 30、提供核選框的表單，這一個範例內核選框以分組的方式接收資訊】

以 Linux 選項為例，您可看到這三個選項的 name 是同名：

```html
14 <input type="checkbox" value="fedora" name="linux[]">fedora
15 <input type="checkbox" value="opensuse" name="linux[]">opensuse
16 <input type="checkbox" value="ubuntu" name="linux[]">ubuntu
```

這幾個選項的 name 都是 linux[ ]，代表這是一個陣列，名稱是 linux，所以這三個選項不論哪一個選項勾選，接收端 PHP 網頁收到的變數名稱為 linux。我們來看接收端 PHP 網頁如何設計（檔案名稱：「PhpProject5」資料夾內「multicheck.php」）：

```
01<!DOCTYPE html>
02<html>
03 <head>
04  <meta charset="UTF-8">
05  <title> 接收分類的核選框 </title>
06 </head>
07 <body>
08 <?php
09  if(isset($_GET['win']))
10   {
11    echo "用過哪一種 Windows 系統："."<br>";
12    foreach ($_GET['win'] as $win)
13     echo $win."<br>";
14   }
15  if(isset($_GET['linux']))
16   {
17    echo "用過哪一種 Linux 系統："."<br>";
18    foreach ($_GET['linux'] as $linux)
19     echo $linux. "<br>";
20   }
21 ?>
22 </body>
23</html>
```

【圖 31、接收分類的核選框】

接收端 PHP 網頁只會接收表單上的兩個資料，一個是 win，一個是 linux，而這兩者都是陣列，卻可傳送網頁上七個 checkbox 元件的核選。所以妥善利用陣列可降低建立大量變數，也可降低錯誤發生的機率。

5-5 範例實作：隨機產生大樂透值

我們在此設計一個隨機產生大樂透數字的網頁，練習迴圈控制、條件分析與陣列存取。大樂透是 1 到 49 整數內取出不重複的 6 個整數，PHP 的亂數函數為 rand( ) 函數，函數內可加入兩個參數，分別為最小值與最大值，例如當我使用 rand(5,12)，代表產生 5 到 12(包含 5 與 12) 之間的整數。因為亂數取值有可能出現重複值，所以這個練習內我們需做條件分析。

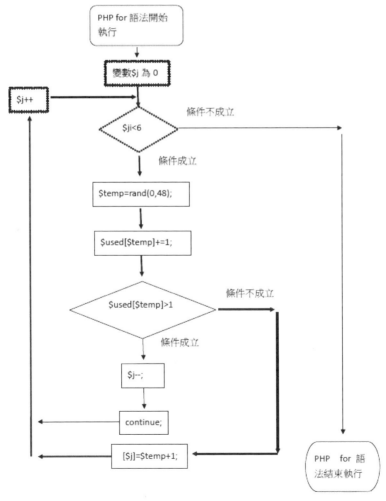

【圖 32、亂數取值與 for 迴圈控制流程】

5-6　結論

透過本章的介紹，可讓大家更熟悉迴圈與陣列，並利用陣列處理同性質的大量資料。使用陣列可降低變數的數量，再搭配 foreach 語法，可降低陣列存取的困難。您也看到 PHP 網頁語法行數愈來愈多，有些語法若經常使用，我們可以將這些語法集中起來，建立自訂函數，就可以減少程式碼，節省 PHP 網頁開發時間。

【重點提示】

1. for 迴圈語法的基本架構為：

```
for ( 變數初始值；變數的判斷式；每執行一次迴圈後變數的變化 ) {
   重覆執行的語法
 }
```

2. while 迴圈語法的基本架構為：

```
while ( 條件判斷 ) {
條件成立時會執行的迴圈語法
}
```

3. do while 迴圈語法的基本架構為：

```
do {
執行的迴圈語法
} while ( 條件判斷 );
```

4. do while 迴圈的 while( ) 這一行有加上分號「 ; 」。

5. break 指令控制迴圈的跳出及用於 switch case 內跳出 case 區塊。

6. continue 指令控制迴圈中止後繼續執行。

7. exit 除了可用於迴圈外，也可用於一般語法內，執行後網頁會停止所有動作。

8. 巢狀迴圈是指像鳥巢似的迴圈架構，大圈包小圈，大圈會等小圈跑完一圈後才會再繼續執行。

9. 巢狀迴圈內如果我們在小圈進行 break 或著 continue，代表中斷小圈的執行，回到大圈後再繼續執行迴圈。

10. PHP 允許您於 break 或著 continue 後面加上數字，代表您想要中斷幾層的迴圈。例如我們的範例是 2 層迴圈，因此您可以使用「break 2」或著「continue 2」方式中斷 2 層迴圈。

11. 宣告陣列若沒有指定索引值編號，資料是由索引值編號 0 開始儲存。

12. 若陣列內任意給索引值編號，XAMPP 以欄位沒有定義的錯誤訊息來處理。

13. 若使用 for 迴圈控制陣列，建議加入條件式分析陣列的某位置是否存在，存在才做進一步動作。

14. 以 array 方式規劃陣列其格式為

```
陣列名稱 =array(
    索引值 => 欄位的內容  // 如果後面還有欄位，請加上逗點「,」
); // 右括弧旁需加上分號「;」
```

15. foreach 基本的格式如下：

    foreach(陣列名稱 as 變數名稱)

    或

    foreach(陣列名稱 as 索引值 => 變數名稱)

【問題與討論】

1. 請說明 for 迴圈內三個參數意義。

2. 當條件不成立時，while 及 do while 迴圈會執行嗎？

3. 當條件成立，希望能中斷網頁的執行，請問該用哪一個中斷指令？

4. 當條件成立，希望能跳出最近的迴圈，請問該用哪一個中斷指令？

5. 當條件成立，希望能中止現在的迴圈而繼續執行下一個迴圈，請問該用哪一個中斷指令？

6. PHP 陣列可否使用文字當作索引值？請舉例。

7. PHP 陣列整數索引值是由哪一個數值開始？

8. foreach 語法如何顯示出索引值？請舉例。

9. 核選框若要以分組方式設計，該如何設計？

10. 若要接收分組的核選框資訊，該如何判斷分析目前接收的資料？

11. 某公司進行客戶滿意度調查，回收問卷後將回答分成十個區塊，發現可用 array 作如此規劃：

    $customer=array(

      1=>20,

      3=>30,

      5=>90,

      8=>55,

      9=>70

      );

    請建立一個安全的陣列讀取資料方式（網頁上不會出現警告訊息），並且計算出平均值是落在哪一個區塊內。

12. 設計兩個下拉式選單，例如旅遊行程安裝，第一個選單選擇完項目後以 get 方式送出資料，第二個選單接收到資料後依第一個選單內容而產生變化，選擇後可以告訴使用者這個旅遊行程的費用（請自行設定）多少：

第一個清單	第二個清單
台北行程	陽明山區踏青泡湯之旅
	故宮之旅
	淡水金山北海岸之旅
桃竹行程	兩蔣園區之旅
	六福村園區之旅
	小人國園區之旅

續表

第一個清單	第二個清單
台中行程	科博館之旅
	大甲鎮瀾宮之旅
	后里月眉之旅

13. 以下有四題單選題，請您嘗試回答：

a. 以下關於 for 迴圈介紹，何者錯誤？

① for 迴圈第一個參數為變數初始值

② for 迴圈第二個參數為變數的判斷式

③ for 迴圈第三個參數為每執行一次迴圈後變數的變化

④ for 迴圈第四個參數為呼叫的函數名稱及回傳的型態

b. php 有哪些迴圈中斷指令？

① exit

② continue

③ break

④ 以上皆是

c. 以下關於陣列說明，何者錯誤？

① 陣列名稱後接著中括弧 [ ]

② 陣列的整數索引值由 1 開始

③ 陣列索引值編號可以用整數做為索引值

④ 陣列索引值編號可以用文字作為索引值

d. 關於 foreach 語法說明，何者正確？

① 因為 for 迴圈無法判斷欄位是否有值，不適合使用於讀取陣列資料

② foreach 可用以下方式設計：foreach(陣列名稱 as 變數名稱)

③ foreach 可用以下方式設計：foreach(陣列名稱 as 索引值 => 變數名稱)

④ 以上皆是

第六章

Session 與 Cookie

網頁執行時如需身份驗證，我們會以表單驗證帳號與密碼，但表單的資料只保存在接收端網頁裡，若使用超連結或網頁轉換的方式轉到其他網頁，就喪失了驗證的功能，若要將變數保留讓其他網頁也可以使用時，就必須使用 Session 與 Cookie。進入本章之前，請您依照 2-1 節完成伺服器的啟動與專案設定，本章範例會放在「PhpProject6」目錄內。

因目前筆者設定 GoogleChrome 為訪客模式，所以無法儲存 Cookie 資料，而 Brave 瀏覽器另設定不儲存任何 Cookie，所以將造成 Session 預設無法執行。

【圖 1、Brave 瀏覽器設定封鎖所有 Cookie】

請留意任何瀏覽器都可以進行Cookie存取控制，只是筆者目前環境如此規畫。所以我們後續 Session 介紹終將會出現 Google Chrome 與 Brave 瀏覽器畫面，而 Cookie 部分將以 Firefox 瀏覽器進行介紹。且因為 php8 預設緩衝區為開啟，所以 session 與 cookie 語法以及之後的 header 可以放在網頁的任意位置而不用擔心無法操作執行。如果是舊版本 php 還請留意 php 語法第一行請加入 ob_start( ) 開啟緩衝區。本章提到的日期時間處理與函數運用將於第八章有更詳細的說明介紹。

6-1 Session

當使用者登入帳號密碼後進入您所設計的網站，網站內需儲存使用者的帳號、密碼、IP 或其他資訊，例如點選哪些項目，或網路購物車內放入多少物品，我們可以使用 Session 來儲存這些資料。Session 將資料儲存於伺服器端與瀏覽器視窗，只要視窗沒有關閉，Session 型態變數均會保留。為了辨識不同的 Session, 每個 Session 都會有一個唯一的編號稱為 session id。

我們可以直接設定 Session 型態變數，PHP8 不允許現有的一般變數註冊為 Session 變數。與 Session 有關的函數很多，以下幾個函數是常用的函數：

【表 1、session 各式函數說明】

函數名稱	說明
session_start ( )	產生 Session ID。【此函數之前不能有任何輸出】
session_id( )	取得 session 的編號。
session_unset( )	釋放所有 Session 變數。
session_destroy ( )	將註銷已登記的 session id，原 Server 上儲存的檔案將被刪除。

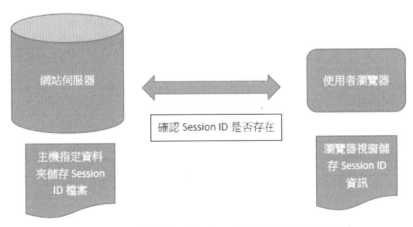

【圖 2、Session 變數傳遞與確認過程】

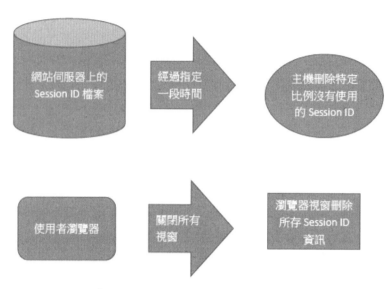

【圖 3、Session 資料自動清除方式】

《 6-1-1 》 Session 變數傳遞

當網頁設定 Session 型態變數前,需在網頁第一行執行 session_start( ) 啟動 Session,執行之前不能有任何輸出。如果 session_start( ) 無法放在第一行,請在第一行輸入 ob_start( ) 以便開啟緩衝區儲存資料。我們來看以下兩個 PHP 網頁是如何傳送資料(檔案名稱:「PhpProject6」資料夾內「session1. php」):

```
01<?php session_start( );  ?>
02<!DOCTYPE html>
03<html>
04 <head>
05  <meta charset="UTF-8">
06  <title>session 變數 </title>
07 </head>
08 <body>
09 <?php
10  $dateTime = new DateTime("now", new DateTimeZone('Asia/Taipei'));
11  echo " 第一個網頁 "."<br>";
12  $_SESSION['server'] = 'apache';
13  $_SESSION['dbserver'] = 'mysql';
14  $_SESSION['time'] = $dateTime->format("Y 年 m 月 d 日 H 時 i 分 s 秒 ");
15  $a=123;
```

```
16  echo '<a href="session2.php">第二頁</a><br>';
17 ?>
18 </body>
19</html>
```

這一個網頁在第 01 行啟動了 Session，如果少了這一行，網頁無法建立 session id，當我們透過超連結開啟其他網頁後，Session 型態變數是不存在的。第 10 行建立一個日期時間物件 $dateTime，$dateTime 日期時間物件的時區為亞洲台北。第 12 行到第 13 行建立兩個 Session 型態變數，$_SESSION['server'] 儲存 apache，而 $_SESSION['dbserver'] 儲存 mysql。第 14 行儲存目前的年月日時分秒資訊於 $_SESSION['time'] 變數內，第 15 行建立一般變數 $a，變數 $a 內容為 123：

```
10  $dateTime = new DateTime("now", new DateTimeZone('Asia/Taipei'));
11  echo "第一個網頁 "."<br>";
12  $_SESSION['server'] = 'apache';
13  $_SESSION['dbserver'] = 'mysql';
14  $_SESSION['time'] = $dateTime->format("Y年m月d日H時i分s秒");
15  $a=123;
```

Session 產生後會在 Server 與瀏覽器視窗做不同處理。session id 內儲存 Session 變數資料以檔案形式儲存於伺服器指定的目錄內。使用者瀏覽器網頁視窗也會儲存 session id 資訊。當瀏覽器提出 Session 服務請求時，同時將資料送至伺服器與瀏覽器，確認 session 是否存在。每一個網頁都要執行 session_start( ) 函數，才能使 Session 於不同網頁頁面傳遞。

PHP 中的 Session 在預設的情況下是以瀏覽器的 Cookie 來傳遞 Session 資料使用，所以 Sessiom 一部分設定與 Cookie 通用。若瀏覽器不允許儲存 Cookie，PHP 可依照設定轉換為 URL 或者表單資料方式將 Session 送至其他網頁內。我們來察看網頁該如何呈現 Session 變數資料（檔案名稱：「PhpProject6」資料夾內「session2.php」）：

```
01<?php session_start( );   ?>
02<!DOCTYPE html>
03<html>
04 <head>
05  <meta charset="UTF-8">
06  <title>session 變數接收</title>
07 </head>
08 <body>
```

```
09 <?php
10  echo " 第二個網頁 "."<br>";
11  if(isset($_SERVER['HTTP_REFERER']))
12    echo " 前一頁為 ".$_SERVER['HTTP_REFERER']."<br>";
13  else
14    echo " 沒有前一頁資訊 ";
15  $dateTime = new DateTime("now", new DateTimeZone('Asia/Taipei'));
16  echo "server：".$_SESSION['server']."<br>";
17  echo "dbserver：".$_SESSION['dbserver']."<br>";
18  echo " 現在時間：".$dateTime->format("Y 年 m 月 d 日 H 時 i 分 s 秒 ")."<br>";
19  echo "session 傳遞時間：".$_SESSION['time']."<br>";
20  echo $a;
21  echo '<a href="session1.php"> 第一頁 </a><br>';
22 ?>
23 </body>
24</html>
```

【圖 4、session 變數與網頁傳遞】

一般變數 $a 不能用這方式傳遞，所以第 20 行將會出現警告訊息。Session 儲存於使用者的瀏覽器視窗，只要不關閉視窗都還保留，如果瀏覽器關閉後再開啟 session2,php，將會出現警告訊息。

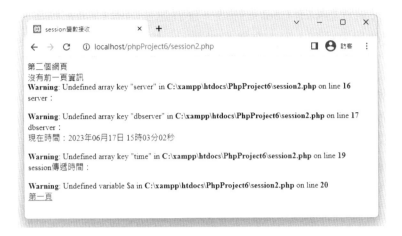

【圖 5、重新開啟視窗且直接開啟 session2.php 得到的警告訊息】

由於 Session 預設以 Cookie 型態進行資料儲存，如果瀏覽器禁止 Cookie 操作，可能將造成 Session 無法運作。

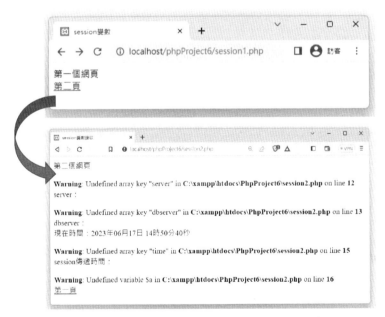

【圖 6、Brave 瀏覽器限制所有 Cookie 儲存也造成 Session 異常】

Session 變數於網頁之間能傳遞的原因是因為產生了 Session ID，內儲存相關 Session 變數資料，預設以 Cookie 方式儲存為檔案放在瀏覽器預設資料夾內。但如果瀏覽器限制 Cookie 存取，那就無法透過 Cookie 檔案方式存取，Session 可改用網址列上附上參數方式進行，使用者端不能儲存但是 Server 的資料還在，就可用這方式避免 Cookie 封鎖後產生的問題。

於啟動 session_start( ) 之前請先做好三項設定，分別是「session.use_trans_sid=1」代表將透過網址列傳遞 Session ID，還有「session.use_only_cookies=0」代表將只開啟基於 cookies 的 session 的溝通方式為否定，還有「session.use_cookies=1」代表開始基於 cookies 的 session 溝通方式。我們來修改這兩個檔案內的 session 設定（檔案名稱：「PhpProject6」資料夾內「session1a.php」）：

```php
01<?php
02 ini_set("session.use_trans_sid",1);
03 ini_set("session.use_only_cookies",0);
04 ini_set("session.use_cookies",1);
05 session_start( );
06?>
07<!DOCTYPE html>
08<html>
09 <head>
10  <meta charset="UTF-8">
11  <title>session 變數 </title>
12 </head>
13 <body>
14 <?php
15  $dateTime = new DateTime("now", new DateTimeZone('Asia/Taipei'));
16  echo " 第一個網頁 "."<br>";
17  $_SESSION['server'] = 'apache';
18  $_SESSION['dbserver'] = 'mysql';
19  $_SESSION['time'] = $dateTime->format("Y 年 m 月 d 日 H 時 i 分 s 秒 ");
20  $a=123;
21  echo '<a href="session2a.php"> 第二頁 </a><br>';
22 ?>
23 </body>
24</html>
```

請留意 session start 之前的設定調整：

```php
01<?php
02 ini_set("session.use_trans_sid",1);
03 ini_set("session.use_only_cookies",0);
04 ini_set("session.use_cookies",1);
05 session_start( );
06?>
```

接收端主要也是於 session id 開啟之前進行設定調整（檔案名稱：
「PhpProject6」資料夾內「session2a.php」）：

```php
01<?php
02 ini_set("session.use_trans_sid",1);
03 ini_set("session.use_only_cookies",0);
04 ini_set("session.use_cookies",1);
05 session_start( );
06?>
07<!DOCTYPE html>
08<html>
09 <head>
10  <meta charset="UTF-8">
11  <title>session 變數接收 </title>
12 </head>
13 <body>
14 <?php
15  echo "第二個網頁 "."<br>";
16  if(isset($_SERVER['HTTP_REFERER']))
17    echo "前一頁為 ".$_SERVER['HTTP_REFERER']."<br>";
18  else
19    echo "沒有前一頁資訊 ";
20  $dateTime = new DateTime("now", new DateTimeZone('Asia/Taipei'));
21  echo "server：".$_SESSION['server']."<br>";
22  echo "dbserver：".$_SESSION['dbserver']."<br>";
23  echo "現在時間：".$dateTime->format("Y 年 m 月 d 日 H 時 i 分 s 秒 ")."<br>";
24  echo "session 傳遞時間：".$_SESSION['time']."<br>";
25  echo $a;
26  echo '<a href="session1a.php">第一頁 </a><br>';
27 ?>
28 </body>
29</html>
```

【圖 7、Brave 瀏覽器變更 Session 傳遞方式】

不預設瀏覽器列傳遞參數方式進行 Session 資料處理的原因是只要伺服器端資料存在，請您拷貝 session2a.php 加上參數，瀏覽器全部關閉再貼上 session2a.php 加上參數的連結，Session 資料仍可接收。

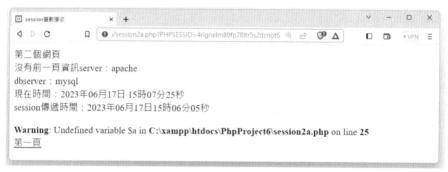

【圖 8、重新開啟視窗且拷貝 session2a.php 加上參數可順利接收 Session 資訊】

《 6-1-2 》 Session 啟動、釋放與註銷

我們來看以下的範例，如何啟動 Session、釋放變數與銷毀 Session（檔案名稱：「PhpProject6」資料夾內「session.php」）：

```
01<?php session_start( );   ?>
02<!DOCTYPE html>
03<html>
04 <head>
05  <meta charset="UTF-8">
06  <title>session 的刪除與銷毀 </title>
07 </head>
08 <body>
09 <?php
10  function show( )
11  {
12   echo "session_id = ".session_id( )."<br>";
13   if (isset($_SESSION['A'])){echo  "A = ".$_SESSION['A']."<br>";}
14   if (isset($_SESSION['B'])){    echo  "B = ".$_SESSION['B']."<br>";    }
15   if (isset($_SESSION['C'])){    echo  "C = ".$_SESSION['C'];    }
16   echo "<p>";
17  }
18  $_SESSION['A']=10;
19  echo "session 變數產生 A 並給值 <br>";
20  show( );
21  $_SESSION['B']=20;
22  $_SESSION['C']=30;
```

```
23  echo "session 變數產生並給值 <br>";
24  show( );
25  unset($_SESSION['B']);
26  echo "session 變數刪除 B<br>";
27  show( );
28  echo "取消所有 session 變數 <br>";
29  session_unset( );
30  show( );
31  echo "銷毀 session<br>";
32  session_destroy( );
33  show( );
34  ?>
35  </body>
36</html>
```

【圖 9、session 變數的啟動與註銷】

這個網頁裡我們做了許多與 Session 有關的動作，請您留意範例中顯示地 session id 名稱與您的不見得相同。我們在第 10 行到第 17 行裡自訂了一個函數，偵測三個 Session 變數 A、B、C 是否存在以及 session_id 的內容：

```
10   function show( )
11   {
12   echo "session_id = ".session_id( )."<br>";
13   if (isset($_SESSION['A'])){echo  "A = ".$_SESSION['A']."<br>";}
14   if (isset($_SESSION['B'])){    echo  "B = ".$_SESSION['B']."<br>";    }
15   if (isset($_SESSION['C'])){       echo  "C = ".$_SESSION['C'];    }
16   echo "<p>";
17   }
```

第 18 行建立 $_SESSION['A'] 後並給值，於第 20 行執行 show( ) 函數：

```
18   $_SESSION['A']=10;
19   echo "session 變數產生 A 並給值 <br>";
20   show( );
```

因為目前只有一個 Session 型態變數，所以 show( ) 這個函數執行後顯示出 sesson id 與這一個 Session 變數內容：

```
session 變數產生 A 並給值
session_id = 3dr02f5pkuaqg77bft1r92qa76
A = 10
```

第 21 行建立 $_SESSION['B'] 後並給值，隨後於第 22 行建立 $_SESSION['C'] 後並給值，於第 24 行執行 show( ) 函數：

```
21   $_SESSION['B']=20;
22   $_SESSION['C']=30;
23   echo "'session 變數產生並給值 <br>'";
24   show( );
```

執行第 24 行 show( ) 函數後顯示出 sesson id 與三個 Session 變數內容：

```
session 變數產生並給值
session_id = 3dr02f5pkuaqg77bft1r92qa76
A = 10
B = 20
C = 30
```

第 25 行執行 unset( ) 函數刪除 $_SESSION['B'] 變數，於第 27 行執行 show( ) 函數：

```
25   unset($_SESSION['B']);
26   echo "session 變數刪除 B<br>";
27   show( );
```

由於 $_SESSION['B'] 變數已被刪除，所以執行第 27 行 show( ) 函數後顯示出
sesson id 與兩個 Session 變數內容：

```
session 變數刪除 B
session_id = 3dr02f5pkuaqg77bft1r92qa76
A = 10
C = 30
```

第 29 行的 session_unset( ) 函數將取消所有 Session 變數，所以執行這一行語
法後網頁上所有 Session 變數均會由記憶體釋放：

```
28   echo "取消所有 session 變數 <br>";
29   session_unset( );
30   show( );
```

由於網頁上所有 Session 變數均會由記憶體釋放，所以執行第 30 行 show( ) 函
數後將只有顯示出 sesson id：

```
取消所有 session 變數
session_id = 3dr02f5pkuaqg77bft1r92qa76
```

雖然我們已經釋放所有的 Session 變數，但 session id 仍然存在，所以我們在
第 32 行利用 session_destroy ( ) 函數將已登記的 session id 銷毀，如此一來就
可完全移除所有 Session 資料。

```
31   echo "銷毀 session<br>";
32   session_destroy( );
33   show( );
```

由於 session id 已經銷毀，所以執行第 32 行 show( ) 函數後將 sesson id 內容為
空白：

```
銷毀 session
session_id =
```

session_destroy ( ) 函數將已登記的 session id 銷毀後，Server 與瀏覽器裡均沒
有紀錄，即便 Session 型態變數仍存在，但變數已經無法在網頁之間傳遞。
例如我們準備了一個 PHP 網頁，session id 在網頁中被銷毀（檔案名稱：
「PhpProject6」資料夾內「session3.php」）：

```
01<?php session_start( );   ?>
```

```
02<!DOCTYPE html>
03<html>
04 <head>
05  <meta charset="UTF-8">
06  <title>session id取消之後？</title>
07 </head>
08 <body>
09 <?php
10  $_SESSION['dbserver']='mysql';
11  if (isset($_SESSION['dbserver']))
12   echo '變數存在 '."<br>";
13  else
14   echo '變數不存在 '."<br>";
15  session_destroy( );
16  echo 'sessiond id銷毀之後 '."<br>";
17  if (isset($_SESSION['dbserver']))
18   echo '變數存在 '."<br>";
19  else
20   echo '變數不存在 '."<br>";
21  echo '<a href="session4.php">變數傳遞接收網頁 </a><br>';
22 ?>
23 </body>
24</html>
```

session3.php 第 01 行執行 session_start( ) 函數建立 session id，並於第 10 行建立 $_SESSION['dbserver'] 變數並給值。第 11 行條件分析得到的結果是變數存在，第 15 行我們進行了 session id 銷毀的動作，第 17 行的條件分析結果顯示變數仍存在，但是否可以傳送呢？請設計 session 變數接收網頁，觀察 session 變數是否可以傳遞（檔案名稱：「PhpProject6」資料夾內「session4.php」）：

```
01<?php session_start( );  ?>
02<!DOCTYPE html>
03<html>
04 <head>
05  <meta charset="UTF-8">
06  <title>session 變數接收 </title>
07 </head>
08 <body>
09 <?php
10  if(isset($_SESSION['dbserver']))
11   echo '變數傳遞成功 '."<br>";
12  else
13   echo '變數傳遞失敗 '."<br>";
14 ?>
15 </body>
16</html>
```

【圖 10、網頁傳遞之前已將 session id 銷毀，所以無法傳遞 Session 型態變數】

Session 型態變數需透過 session id 才可以傳遞到其他頁面，若 session id 不存在，即便 Session 型態變數存在但資料已無法傳遞到其他頁面。

6-2　Cookie

Cookie 是一種檔案，網站伺服器可將資料儲存於使用者的瀏覽器指定目錄內，網站伺服器也可存取這種檔案。Cookie 檔案是以純文字的方式儲存，使用者若找到瀏覽器設定的目錄，即可以使用記事本等工具輕易開啟檔案而看到內容。所以當您想儲存資料時需注意資料的安全性。

Cookie 只有一個名為 setcookie( ) 函數設定 Cookie。setcookie ( ) 函數使用前不能有任何網頁的輸出，所以若與 header( ) 或 session_start( ) 函數合用時，需在網頁第一行加上 ob_start( ) 函數，才可避免錯誤發生。

```
setcookie("Cookie 變數名稱 ","Cookie 變數內容 ","Cookie 變數保存期限 "," 路徑 "," 網域 "," 安全 ")
```

setcookie( ) 內這六個設定說明如下，前面 3 個參數為必要的參數：

【表 3、setcookie( ) 函數內的參數】

設定	說明
變數名稱	Cookie 的變數名稱。
內容	Cookie 型態變數的內容。若我們要移除 Cookie 變數，可將 Cookie 變數內容清空。
保存期限	在保存期限逾時之前有效。如果沒有設定保存期限，當關閉瀏覽器時 Cookie 就會消失。若我們要移除 Cookie 變數，可設定為逾時或時間空白的方式處理。
路徑	Cookie 只有在網站伺服器的指定路徑內有效。這個設定可省略不做，預設值是「/」（網站根目錄）。
網域	Cookie 只在指定網域內有效。這個設定可省略不做，預設值是沒有設定網域。
安全	Cookie 預設以沒有加密的方式傳送。若設定為 1 代表必須以 SSL 方式，以 https 加密方式才能傳送。這個設定可省略不做，預設值為 0，代表沒有加密的方式傳送。

請您注意，setcookie 函數使用前不能有任何網頁的輸出，所以若與 header( ) 或 session_start( ) 函數合用時，需在網頁第一行加上 ob_start( ) 函數，才可避免錯誤發生。

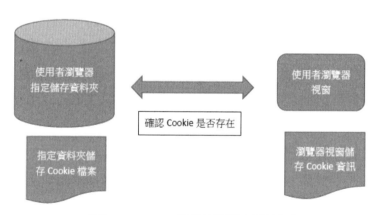

【圖 11、Cookie 變數傳遞與確認過程】

Cookie 變數因 Cookie 經過指定一段時間而逾時、Cookie 變數內沒有資料、該 Cookie 有設定指定的網域內而您沒有依照規定使用、該 Cookie 有設定指定的路徑而您沒有依照規定使用、該 Cookie 有指定加密方式而您沒有依照規定使用、您手動刪除 Cookie 檔案、瀏覽器儲存 Cookie 的空間已滿、瀏覽器調高安全等級等諸多原因而導致 Cookie 變數無法使用，當您不能使用 Cookie

時請您多做確認。

由於本節諸多練習會在不同網頁之間做資料傳遞,為了了解網頁的前一頁是哪一頁,$_SERVER[ ] 型態變數內有一個參數 HTTP_REFERER 記錄了這個網頁的前一頁的網頁名稱,所以本節諸多練習將輸出 $_SERVER['HTTP_REFERER'] 變數內容以了解網頁之間的關係。

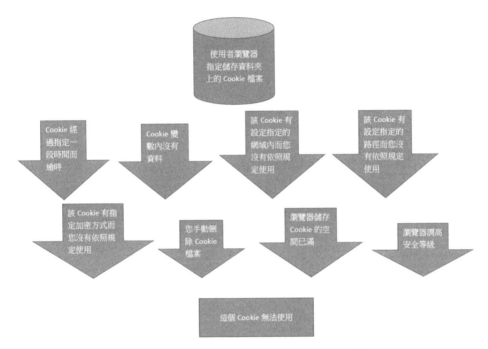

【圖 12、Cookie 變數不能使用的幾個原因】

《 6-2-1 》 Cookie 變數內容保存與期限設定

設定 Cookie 時最重要的是 Cookie 變數名稱、內容與保存期限。保存期限可以是一段時間之後,也可以是固定的時間。在此我們將設計多個網頁,cookie1.php 檔案負責建立 Cookie 變數,使用者可點選連結跳至 cookie2.php;cookie2.php 檔案負責讀取 Cookie 變數內容,使用者可點選連結跳至其他三個頁面;cookie2a.php 檔案將刪除 Cookie 變數內容,使用者可點選連結跳至 cookie2.php;cookie2b.php 檔案將設定 Cookie 變數保存期限逾期,使用者可點選連結跳至 cookie2.php。假設我們設定 Cookie 變數保存期限為現在時間加上 1800 秒，我們來看如何設定 Cookie（檔案名稱：「PhpProject6」資料夾內「cookie1.php」）：

```
01<?php ob_start( );?>
02<!DOCTYPE html>
03<html>
04 <head>
05  <meta charset="UTF-8">
06  <title>儲存 Cookie</title>
07 </head>
08 <body>
09 <?php
10  setcookie ("a", "php", time( )+1800);//1800 代表 1800 秒
11  if(isset($_SERVER['HTTP_REFERER']))
12    echo " 前一頁為 ".$_SERVER['HTTP_REFERER']."<br>";
13  else
14    echo " 沒有前一頁資訊 ";
15 ?>
16  <div><a href="cookie2.php"> 觀看結果 </a></div>
17 </body>
18</html>
```

我們再設計另外一個網頁讀取 Cookie（檔案名稱：「PhpProject6」資料夾內「cookie2.php」）：

```
01<?php ob_start( );?>
02<!DOCTYPE html>
03<html>
04 <head>
05  <meta charset="UTF-8">
06  <title>刪除 Cookie</title>
07 </head>
08 <body>
09 <?php
10  if(isset($_COOKIE["a"]))
11    echo "cookie 內容為 ".$_COOKIE["a"]."<br>";
12  else
13    echo " 沒有資料 <br>";
14  if(isset($_SERVER['HTTP_REFERER']))
15    echo " 前一頁為 ".$_SERVER['HTTP_REFERER']."<br>";
16  else
17    echo " 沒有前一頁資訊 ";
18 ?>
19  <div><a href="cookie1.php"> 建立 cookie</a><br>
20  <a href="cookie2a.php"> 逾時是否清除 cookie</a><br>
21  <a href="cookie2b.php"> 內容沒了是否清除 cookie</a></div>
22 </body>
23</html>
```

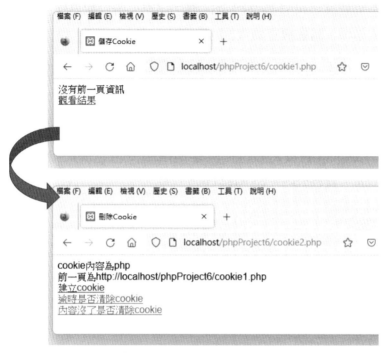

【圖 13、Cookie 變數傳遞】

【圖 14、關閉瀏覽器後再開啟 cookie2.php，只要期限內仍可看到資料】

Cookie 變數儲存於 $_COOKIE[ ] 陣列內，也以檔案方式儲存於使用者電腦內，當我們另開網頁視窗的情況下，只要是在期限內開啟，您可以看到另外一個網頁顯示出 Cookie 內容。

因不同瀏覽器對於 Cookie 的儲存位置與資料處理方式不同，所以 Cookie 資料無法共用，只能匯出匯入的方式使用。如果瀏覽器不允許您儲存 Cookie 或者您將安全性調高，可能造成 Cookie 無法儲存，所以如果您這一頁一直無法出現正確的結果，請您檢查瀏覽器的設定。

如何刪除 Cookie 的內容呢？請選擇兩種方式之一就可將 Cookie 刪除：

1. 保存期限設定為小於現在的時間

2. 內容清空

我們設計一個 php 網頁將 cookie 保存期限小於現在的時間（檔案名稱：「PhpProject6」資料夾內「cookie2a.php」）：

```
01<?php ob_start( );?>
02<!DOCTYPE html>
03<html>
04 <head>
05  <meta charset="UTF-8">
06  <title>刪除 Cookie-1</title>
07 </head>
08 <body>
09 <?php
10  setcookie ("a","php",time( )-1800);
11  if(isset($_SERVER['HTTP_REFERER']))
12   echo "前一頁為 ".$_SERVER['HTTP_REFERER']."<br>";
13  else
14   echo "沒有前一頁資訊 ";
15 ?>
16  <div><a href="cookie2.php">觀看結果 </a></div>
17 </body>
18</html>
```

【圖 15、當 cookie 變數逾時後 cookie 變數被清除 】

cookie2a.php 執行後 cookie 變數將逾時，所以當您返回 cookie2.php 將顯示「沒有資料」。我們設計一個 php 網頁將 cookie 變數內容清空（檔案名稱：「PhpProject6」資料夾內「cookie2b.php」）：

```php
01<?php ob_start( );?>
02<!DOCTYPE html>
03<html>
04 <head>
05  <meta charset="UTF-8">
06  <title>刪除 Cookie-2</title>
07 </head>
08 <body>
09 <?php
10  setcookie ("a","");
11  if(isset($_SERVER['HTTP_REFERER']))
12   echo " 前一頁為 ".$_SERVER['HTTP_REFERER']."<br>";
13  else
14   echo " 沒有前一頁資訊 ";
15 ?>
16  <div><a href="cookie2.php"> 觀看結果 </a></div>
17 </body>
18</html>
```

【圖 16、當 cookie 變數內容清空，cookie 變數被清除 】

《 6-2-2 》 設定 Cookie 固定保存期限

setcookie( ) 函數第三個參數為保存期限，我們可設定為固定的日期時間。

在此我們將設計多個網頁，cookie3a.php 檔案負責顯示 Cookie 變數內容；cookie3.php 檔案建立固定日期時間 cookie 資料。首先請設計一個網頁顯示 Cookie 型態變數內容（檔案名稱：「PhpProject6」資料夾內「cookie3a.php」）：

```
01<?php ob_start( );?>
02<!DOCTYPE html>
03<html>
04 <head>
05  <meta charset="UTF-8">
06  <title>顯示 Cookie</title>
07 </head>
08 <body>
09  <?php
10   if(isset($_COOKIE["a"]))
11    echo "cookie 內容為 ".$_COOKIE["a"]."<br>";
12   else
13    echo "沒有資料 <br>";
14   if(isset($_SERVER['HTTP_REFERER']))
15    echo "前一頁為 ".$_SERVER['HTTP_REFERER']."<br>";
16   else
17    echo "沒有前一頁資訊 ";
18  ?>
19  <div>
20  <a href="cookie3.php"> 建立固定日期時間 cookie 資料 </a>
21  <br></div>
22 </body>
23</html>
```

第 10 行進行條件分析，判斷 $_COOKIE["a"] 變數是否存在，若 $_COOKIE["a"] 變數存在則執行第 11 行敘述顯示 cookie 內容；若不存在則執行第 13 行敘述顯示「沒有資料」：

```
10   if(isset($_COOKIE["a"]))
11    echo "cookie 內容為 ".$_COOKIE["a"]."<br>";
12   else
13    echo "沒有資料 <br>";
```

第 14 行進行條件分析，判斷 $_SERVER['HTTP_REFERER'] 變數是否存在，若 $_SERVER['HTTP_REFERER'] 變數存在代表有前一頁網址資訊，於第 15 行顯示前一頁網址資訊（輸出 $_SERVER['HTTP_REFERER'] 變數內容）；若不存在則執行第 17 行敘述顯示「沒有前一頁資訊」：

```
14   if(isset($_SERVER['HTTP_REFERER']))
```

```
15    echo " 前一頁為 ".$_SERVER['HTTP_REFERER']."<br>";
16    else
17    echo " 沒有前一頁資訊 ";
```

請建立一個 cookie 資料資料保存至 2016 年 10 月 10 日的 php 網頁，您可參考
以下的網頁進行規劃設計，並請留意開啟 cookie3a.php 時輸出的內容（檔案
名稱：「PhpProject6」資料夾內「cookie3.php」）：

```php
01<?php ob_start( );?>
02<!DOCTYPE html>
03<html>
04 <head>
05  <meta charset="UTF-8">
06  <title> 設定特定時間的 Cookie</title>
07 </head>
08 <body>
09 <?php
10 $dateTime = new DateTime("now", new DateTimeZone('Asia/Taipei'));
11 echo " 現在日期 :".$dateTime->format('Y-m-d')."<br>";
12 $dateTime->setDate(2016,10,10);
13 $dateTime->setTime(10,11,12);
14 echo "cookie 到期日為 2016 年 10 月 10 日 ";
15 $today=$dateTime->format('Y-m-d h:i:s');
16 setcookie ("a", "php",strtotime($today));
17 ?>
18 <div><a href="cookie3a.php"> 觀看結果 </a></div>
19 </body>
20</html>
```

【圖 17、當 cookie 變數超過保存期限，cookie 變數被清除】

第 10 行建立了一個 DateTime 型態的物件 $dateTime，時區設定為 Asia/
Taipei。第 11 行執行 $dateTime 物件的 format( ) 方法顯示現在的年月日資訊。
第 12 行執行 $dateTime 物件的 setDate ( ) 方法設定日期為 2016 年 10 月 10 日，
並於第 13 行執行 $dateTime 物件的 setTime ( ) 方法設定時間為 10 點 11 分 12
秒。

第 15 行執行 $dateTime 物件的 format( ) 方法顯示設定好的年月日時分秒資
訊，並將這些資訊儲存於 $today 變數。第 16 行執行 setcookie ( ) 函數，設定
cookie 變數 a 的內容為 php 以及保存期限。由於 $today 變數內容型態為字串，
所以請利用 strtotime( ) 函數將 $today 變數轉換為時間資訊：

```php
09 <?php
10  $dateTime = new DateTime("now", new DateTimeZone('Asia/Taipei'));
11  echo " 現在日期 :".$dateTime->format('Y-m-d')."<br>";
12  $dateTime->setDate(2016,10,10);
13  $dateTime->setTime(10,11,12);
14  echo "cookie 到期日為 2016 年 10 月 10 日 ";
15  $today=$dateTime->format('Y-m-d h:i:s');
16  setcookie ("a", "php",strtotime($today));
17 ?>
```

《 6-2-3 》 Cookie 調整一段日期時間

Cookie 變數除了可以設定固定的日期時間之外，也可以設定固定的一段日期
時間之後逾期。請依照物件導向方式建立一個 cookie 資料資料保存至明天，
您可參考以下的網頁進行規劃設計（檔案名稱：「PhpProject6」資料夾內
「cookie4.php」）：

```php
01<?php ob_start( );?>
02<!DOCTYPE html>
03<html>
04 <head>
05  <meta charset="UTF-8">
06  <title> 設定一段時間的 Cookie</title>
07 </head>
08 <body>
09 <?php
10  $dateTime = new DateTime("now", new DateTimeZone('Asia/Taipei'));
11  echo " 現在日期 :".$dateTime->format('Y-m-d  h:i:s')."<br>";
12  $dateTime->modify('+1 day');
13  $tomorrow=$dateTime->format('Y-m-d h:i:s');
```

```
14   echo "到期日期為 :".$tomorrow."<br>";
15   setcookie ("b", "明天到期",strtotime($tomorrow));
16 ?>
17 <div><a href="cookie4a.php">觀看結果</a></div>
18 </body>
19</html>
```

第 10 行建立了一個 DateTime 型態的物件 $dateTime，時區設定為 Asia/
Taipei。第 11 行執行 $dateTime 物件的 format( ) 方法顯示現在的年月日時分
秒資訊。第 12 行執行 $dateTime 物件的 modify ( ) 方法設定日期為加上一天，
第 13 行執行 $dateTime 物件的 format( ) 方法顯示加上一天後的年月日時分秒
資訊，並將這些資訊儲存於 $tomorrow 變數。第 15 行執行 setcookie ( ) 函數，
設定 cookie 變數 b 的內容為「明天到期」以及保存期限。由於 $tomorrow 變
數內容型態為字串，所以請利用 strtotime( ) 函數將 $tomorrow 變數轉換為時
間資訊：

```
09 <?php
10  $dateTime = new DateTime("now", new DateTimeZone('Asia/Taipei'));
11  echo "現在日期 :".$dateTime->format('Y-m-d  h:i:s')."<br>";
12  $dateTime->modify('+1 day');
13  $tomorrow=$dateTime->format('Y-m-d h:i:s');
14  echo "到期日期為 :".$tomorrow."<br>";
15  setcookie ("b", "明天到期",strtotime($tomorrow));
16 ?>
```

接著請設計一個網頁顯示cookie4.php網頁內 Cookie 型態變數內容（檔案名稱：
「PhpProject6」資料夾內「cookie4a.php」）：

```
01<?php ob_start( );?>
02<!DOCTYPE html>
03<html>
04 <head>
05  <meta charset="UTF-8">
06  <title>顯示 Cookie</title>
07 </head>
08 <body>
09 <?php
10  $dateTime = new DateTime("now", new DateTimeZone('Asia/Taipei'));
11  echo "現在日期 :".$dateTime->format('Y-m-d  h:i:s')."<br>";
12  if(isset($_COOKIE["b"]))
13   echo "cookie 內容為 ".$_COOKIE["b"]."<br>";
14  else
15   echo "沒有資料 <br>";
16  if(isset($_SERVER['HTTP_REFERER']))
17   echo "前一頁為 ".$_SERVER['HTTP_REFERER']."<br>";
```

```
18  else
19    echo " 沒有前一頁資訊 ";
20 ?>
21 <div>
22 <a href="cookie4.php"> 設定一段時間的 Cookie</a></div>
23 </body>
24</html>
```

cookie4a.php 第 10 行建立了一個 DateTime 型態的物件 $dateTime，時區設定為 Asia/Taipei。第 11 行執行 $dateTime 物件的 format( ) 方法顯示現在的年月日資訊。第 12 行執行條件分析，如果 $_COOKIE['b'] 變數存在則第 13 行顯示 $_COOKIE['b'] 變數內容，否則如第 15 行顯示沒有資料。第 16 行針對 $_SERVER['HTTP_REFERER'] 變數是否存在進行分析，該變數主要紀錄是否有上一頁資訊，如果有存在則於第 17 行顯示 $_SERVER['HTTP_REFERER'] 變數內容，若不存在則如第 19 行顯示沒有前一頁資訊：

```
09 <?php
10  $dateTime = new DateTime("now", new DateTimeZone('Asia/Taipei'));
11  echo " 現在日期 :".$dateTime->format('Y-m-d  h:i:s')."<br>";
12  if(isset($_COOKIE["b"]))
13    echo "cookie 內容為 ".$_COOKIE["b"]."<br>";
14  else
15    echo " 沒有資料 <br>";
16  if(isset($_SERVER['HTTP_REFERER']))
17    echo " 前一頁為 ".$_SERVER['HTTP_REFERER']."<br>";
18  else
19    echo " 沒有前一頁資訊 ";
20 ?>
```

《 6-2-4 》 Cookie 變數內容來源

setcookie( ) 內的保存期限可以用變數的方式運用，而 Cookie 變數的內容也可以用變數替代，您可參考以下的網頁進行規劃設計（檔案名稱：「PhpProject6」資料夾內「cookie5.php」）：

```
01<?php ob_start( );?>
02<!DOCTYPE html>
03<html>
04 <head>
05  <meta charset="UTF-8">
06  <title>Cookie 變數的內容由變數取得資料 </title>
07 </head>
08 <body>
09 <?php
```

```
10  $yourname=" 葉建榮 ";
11  setcookie("a","$yourname",time( )+1800);
12  ?>
13  <div><a href="cookie2.php"> 觀看結果 </a></div>
14  </body>
15</html>
```

第 10 行設定 $yourname 變數內容為葉建榮，而變數放在 setcookie( ) 函數第二個參數，也就是 Cookie 變數的內容可由程式流程中由變數取得資料：

```
09  <?php
10  $yourname=" 葉建榮 ";
11  setcookie("a","$yourname",time( )+1800);
12  ?>
```

《 6-2-5 》以陣列存取多筆 Cookie 資料

我們可以設計一個陣列型態的 Cookie 變數儲存多筆 Cookie 資料。在此我們將設計多個網頁，cookie7.php 檔案負責建立 Cookie 變數，使用者可點選連結跳至 cookie8.php；cookie8.php 檔案負責讀取 Cookie 變數內容，使用者可點選連結跳至 cookie7.php 或是 cookie9.php；cookie9.php 檔案將刪除幾個 Cookie 變數內容，使用者可點選連結跳至 cookie7.php 或是 cookie8.php。首先設計儲存 Cookie 的網頁（檔案名稱：「PhpProject6」資料夾內「cookie7.php」）：

```
01<?php ob_start( );?>
02<!DOCTYPE html>
03<html>
04  <head>
05  <meta charset="UTF-8">
06  <title>Cookie 設定綜合練習 </title>
07  </head>
08  <body>
09  <?php
10  $dateTime = new DateTime("now", new DateTimeZone('Asia/Taipei'));
11  $dateTime->modify('+1 day');
12  $tomorrow=$dateTime->format('Y-m-d h:i:s');
13  $dateTime->setDate(2023,10,12);
14  $dateTime->setTime(14,06,50);
15  $testtime=$dateTime->format('Y-m-d h:i:s');
16  $dateTime2 = new DateTime("now", new DateTimeZone('Asia/Taipei'));
17  echo " 現在日期 :".$dateTime2->format('Y-m-d  h:i:s')."<br>";
18  setcookie ("a[0]","1，保存 1800 秒 ", time( )+1800);
```

```
19  setcookie ("a[1]","2,保存到20231012 14:06",strtotime($testtime));
20  setcookie ("a[2]","3,設定保存至明天",strtotime($tomorrow));
21  echo '<a href="cookie8.php">查詢Cookies</a>';
22 ?>
23 </body>
24</html>
```

這一個網頁綜合前述多個 Cookie 的設定，Cookie 變數以陣列設計儲存，接著設計查詢 Cookie 變數的網頁（檔案名稱：「PhpProject6」資料夾內「cookie8. php」）：

```
01<?php ob_start( );?>
02<!DOCTYPE html>
03<html>
04 <head>
05  <meta charset="UTF-8">
06  <title>Cookie設定綜合練習查詢</title>
07 </head>
08 <body>
09 <?php
10  $dateTime2 = new DateTime("now", new DateTimeZone('Asia/Taipei'));
11  echo "現在日期:".$dateTime2->format('Y-m-d  h:i:s')."<br>";
12  if(isset($_SERVER['HTTP_REFERER']))
13   echo "前一頁為".$_SERVER['HTTP_REFERER']."<br>";
14  else
15   echo "沒有前一頁資訊";
16  foreach ($_COOKIE["a"] as $a=>$value1)
17   echo "第".$a."的內容為".$value1."<br>";
18  echo '<a href="cookie7.php">重新建立Cookies</a><br>';
19  echo '<a href="cookie9.php">刪除幾個Cookies</a><br>';
20 ?>
21 </body>
22</html>
```

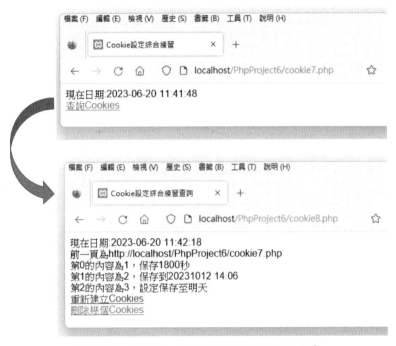

【圖 18、設定 Cookie 變數變動的到期日期】

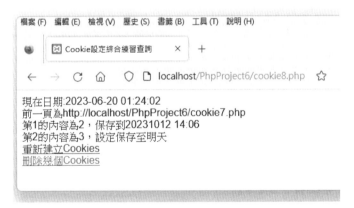

【圖 19、超過 1800 秒後開啟，cookie 變數已經刪除】

因為 Cookie 變數規劃以陣列型式儲存資料，所以 cookie7.php 從第 18 行到第 20 行執行 setcookie( ) 函數儲存 cookie 資料，Cookie 變數就以陣列方式規劃多個儲存格儲存資料：

```
18   setcookie ("a[0]","1,保存1800秒", time( )+1800);
19   setcookie ("a[1]","2,保存到20231012 14:06",strtotime($testtime));
20   setcookie ("a[2]","3,設定保存至明天",strtotime($tomorrow));
```

cookie8.php 檔案以 foreach 迴圈方式顯示陣列的內容,於第 16 行到第 17 行
執行迴圈後依序將陣列的內容傳遞給地 $value1 變數,再顯示在瀏覽器上:

```
16   foreach ($_COOKIE["a"] as $a=>$value1)
17     echo "第".$a."的內容為".$value1."<br>";
```

接著我們來看如何刪除 Cookie 資料(檔案名稱:「PhpProject6」資料夾內
「cookie9.php」):

```
01<?php ob_start( );?>
02<!DOCTYPE html>
03<html>
04 <head>
05  <meta charset="UTF-8">
06  <title>Cookie設定綜合練習刪除</title>
07 </head>
08 <body>
09 <?php
10  if(isset($_SERVER['HTTP_REFERER']))
11    echo "前一頁為".$_SERVER['HTTP_REFERER']."<br>";
12  else
13    echo "沒有前一頁資訊";
14  echo "1-設定保存1800秒,現在減1800秒"."<br>";
15  echo "2-設定保存至2023年10月12日,現在變數內容沒了"."<br>";
16  setcookie ("a[0]","",time( )-1800);
17  setcookie ("a[1]","");
18  echo '<a href="cookie7.php">重新建立Cookies</a><br>';
19  echo '<a href="cookie8.php">查詢Cookies</a><br>';
20 ?>
21 </body>
22</html>
```

6-3 範例實作

假設 session-recevice2.php 或者 cookie-recevice2.php 這兩個網頁必須要經由表
單網頁輸入資料後,建立 session 或 cookie 變數資料才能看到。因此此節我們
將整合表單網頁、條件分析以及 session 或 cookie 功能。因本節尚未說明 php
的 header( ) 函數轉換網頁,所以會使用到 Java Script 語法進行網頁的轉換。

《 6-3-1 》 表單傳遞與 Session 控制

請先規劃網頁的傳遞流程再來設計網頁。一開始 form1.php 網頁進行表單輸入資料，送出後交給 session-recevice1.php 網頁接收，該網頁分析表單網頁是否輸入資料及是否經過表單網頁，若表單網頁有輸入資料則建立session變數，否則返回表單網頁。

session 變數建立後可選擇進入下一頁 session-recevice2.php，而 session-recevice2.php 必須分析 session 變數是否存在，若不存在代表沒有建立，代表沒有經過 session-recevice1.php 網頁，而 session-recevice1.php 內建立 session 變數的條件就是必須經過表單網頁輸入資料，所以如果 session-recevice2.php 分析 session 變數不存在將會返回 form1.php 表單網頁。

session-recevice2.php 網頁按下連結後就可進入 session-recevice3.php 網頁進行登出作業，session-recevice3.php 網頁內將 session 變數資料清除後將轉換到 form1.php 網頁。考慮到有些使用者不會點選連結方式登出，我們也可設計 session-recevice2.php 網頁停止載入（頁面改成別的網頁）時自動轉換到 session-recevice3.php 網頁進行登出作業。

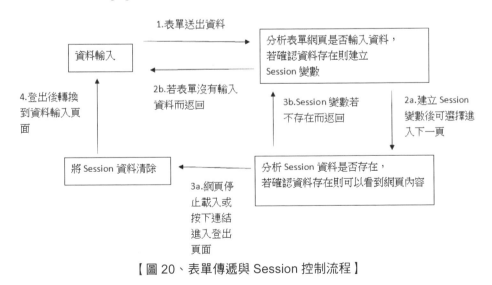

【圖 20、表單傳遞與 Session 控制流程】

《 6-3-2 》 表單傳遞與 cookie 控制

請先規劃網頁的傳遞流程再來設計網頁。一開始 form2.php 網頁進行表單輸入資料，送出後交給 cookie-recevice1.php 網頁接收，該網頁分析表單網頁是否輸入資料及是否經過表單網頁，若表單網頁有輸入資料則建立 cookie 變數，否則返回表單網頁。cookie 變數建立後可選擇進入下一頁 cookie-recevice2.php，而 cookie-recevice2.php 必須分析 cookie 變數是否存在，若不存在代表沒有建立，代表沒有經過 cookie-recevice1.php 網頁，而 cookie-recevice1.php 內建立 cookie 變數的條件就是必須經過表單網頁輸入資料，所以如果 cookie-recevice2.php 分析 cookie 變數不存在將會返回 form2.php 表單網頁。

cookie-recevice2.php 網頁按下連結後就可進入 cookie-recevice3.php 網頁進行登出作業，cookie-recevice3.php 網頁內將 cookie 變數資料清除後將轉換到 form2.php 網頁。考慮到有些使用者不會點選連結方式登出，我們也可設計 cookie-recevice2.php 網頁停止載入（頁面改成別的網頁）時自動轉換到 cookie-recevice3.php 網頁進行登出作業。

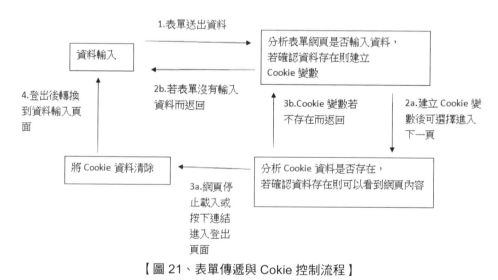

【圖 21、表單傳遞與 Cokie 控制流程】

6-4 結論

由於 session、cookie 與 header 三個函數於執行之前不得有任何輸出，所以我們得設定系統緩衝區開關。session 與 cookie 可讓不同網頁之間做資料傳遞，session 資料儲存於頁面與伺服器，當所有網頁關閉或伺服器清除資料就會清除 session 資料。cookie 資料儲存於使用者端電腦，當保存期限到期或變數內容清空，就會清除 cookie 資料。

css 與 Java Script 都可以寫成獨立檔案的方式呼叫使用，那 PHP 是否可以這樣做呢？如果可以，那我們就可以將多個 PHP 網頁內共同的語法或共用的函數獨立為檔案，更方便管理 PHP 專案，下一章將為各位介紹如何引用 PHP 檔案與利用 header( ) 快速的進行網頁的轉換與運用。

【重點提示】

1. session 將資料儲存於伺服器端與瀏覽器視窗。

2. 為了辨識不同的 session, 每個 session 都會有一個唯一的編號稱為 session id。

3. PHP8 已不允許現有的一般變數註冊為 session 變數。

4. session_unset( ) 函數作用為「釋放所有變數」。

5. session_destroy( ) 函數作用為「將已登記的 session id 註銷」。

6. session_start( ) 函數作用為「啟動 session」。

7. session_start( ) 函數與 setcookie( ) 函數之前不能有任何輸出。

8. session 儲存於使用者的瀏覽器視窗。

9. session_destroy ( ) 函數將已登記的 session id 銷毀後，Server 與瀏覽器裡均沒有紀錄，即便 session 型態變數仍存在，但變數已經無法在網頁之間傳遞。

10. cookie 是一種能夠讓網站伺服器將資料儲存或讀取在使用者的瀏覽器指定目錄內的技術。

11. setcookie( ) 函數內有六個參數，分別為："cookie 變數名稱 "、"cookie 內容 "、" 保存期限 "、" 路徑 "、" 網域 "、" 安全 "。

12. 不同瀏覽器對於 cookie 的儲存位置與資料處理方式不同，所以 cookie 資料無法共用，只能匯出匯入的方式使用。

13. 如果瀏覽器不允許您儲存 cookie 或者您將安全性調高，可能造成 cookie 無法儲存。

14. cookie 的內容到期後自然就會清除。

15. 請將 cookie 保存期限設定為小於現在的時間或者內容清空，就可將 cookie 刪除。

16. setcookie( ) 函數內的路徑與網域、安全連線是非必要的設定，如果要設定，需依照順序設定，如果內容空白，也必須留下一對雙引號。

【問題與討論】

1. 設計一個網頁，當使用者按下重新整理，會顯示「請勿重複開啟」訊息。

2. 設計一個網頁，當使用者兩小時內重複開啟，會顯示「兩小時候請再開啟」訊息。

3. 請設計以下的網頁：

sessionform1.htm	讓使用者輸入帳號及密碼
sessionform1.php	接收表單傳遞過來的帳號及密碼，並產生兩個 Session 變數
sessionform2.php	判斷是否有 sessionform1.php 產生的 Session 變數，有則顯示「OK」，沒有則顯示「Cancel」
sessionform3.php	銷毀 session 變數及 session id，並加上 session2.php 連結，以確認 session 是否清除

4. 請設計以下的網頁：

cookieform1.htm	讓使用者輸入帳號及密碼
cookieform1.php	接收表單傳遞過來的帳號及密碼，並產生兩個 cookie 變數
cookieform2.php	判斷是否有 cookieform1.php 產生的 cookie 變數，有則顯示「OK」，沒有則顯示「Cancel」
cookieform3.php	銷毀 cookie 變數，並加上 cookieform2.php 連結，以確認 Cookie 是否清除

5. 以下幾種是否為網頁間資料分享的方法：a.表單 b.網址 URL 參數 c.Cookies d.Session

6. 請查閱你的 php.ini 內 session id 儲存的位置

7. Server 上 session 檔案保存期限是由哪些設定決定？

8. 不同瀏覽器可以共用 cookie 嗎？

9. 如何讓 cookie 變數失效？

10. 如何讓 seesion 變數失效？

11. 設計兩個下拉式選單，例如旅遊行程安裝，第一個選單選擇完項目後以 get 方式送出資料，第二個選單接收到資料後依第一個選單內容而產生變化，選擇後可以告訴使用者這個旅遊行程的費用（請自行設定）多少：

第一個清單	第二個清單
台北行程	陽明山區踏青泡湯之旅
	故宮之旅
	淡水金山北海岸之旅
桃竹行程	兩蔣園區之旅
	六福村園區之旅
	小人國園區之旅
台中行程	科博館之旅
	大甲鎮瀾宮之旅
	后里月眉之旅

第七章

PHP 檔案引用上傳與 header 函數

我們設計網頁時，如有些語法經常使用，我們可以建立自訂函數的方式處理，可是，如果多個網頁使用相同語法呢？或者進行網站開發時，希望將網頁切割成多個區塊，交給不同伙伴進行開發呢？這時我們就得思考，如何引用 PHP 檔案。

除了引用 PHP 檔案外，我們也可利用 PHP 的 header( ) 函數進行網頁轉向與重新載入網頁等功能，也可利用 header( ) 函數處理檔案下載或瀏覽，讓 PHP 於圖檔、PDF、檔案下載等增添更多元的功能。進入本章之前，請您依照 2-1 節完成伺服器的啟動與專案設定，本章範例會放在「PhpProject7」目錄內。本章提到的日期時間處理與函數運用將於第八章有更詳細的說明介紹。

7-1 ▷ PHP 檔案引用

PHP 引 用 檔 案 的 方 式 有 四 種 ：include( )、require( )、include_once( ) 與 require_once( )。這四種引用檔案的函數使用時機或無法引用檔案時的錯誤處理方式不同，當您想要把網頁拆解成多個部分引用檔案時要多留意這些差異。

《 7-1-1 》 include 與 require

我們想要引用的檔案，是學校的地址、電話與網頁的著作權宣告，因為這個網頁固定放在網頁的下方，所以希望這些資訊放在一個獨立的檔案，讓很多檔案均可引用。首先，我們先設計這個被引用的檔案（檔案名稱：「PhpProject7」資料夾內「copyright1.php」）：

```
01<?php
02  echo "學校地址：PHP 縣 MySQL 路 8 號 "."<br>";
03  echo "學校電話：456789"."<br>";
04  echo "本網頁所有資料屬於學校所有，請勿盜用。"."<br>";
05?>
```

我們來瞧瞧如何引用檔案，首先使用 include 的方式。include 的格式為：

```
include(" 引用檔案路徑與名稱 " );
```

include 範例如下（檔案名稱：「PhpProject7」資料夾內「include1.php」）：

```
01<!DOCTYPE html>
02<html>
03 <head>
04  <meta charset="UTF-8">
05  <title>include1</title>
06 </head>
07 <body>
08  <table width="100%" border="1">
09  <tr><td>網頁內容：</td></tr>
10  <tr><td>
11  <?php include("copyright1.php"); ?>
12  </td></tr>
13  </table>
14  <div>試試看會如何顯示</div>
15 </body>
16</html>
```

【圖 1、以 include 方式引用檔案】

請您察看原始碼，您會發現 copyright1.php 在瀏覽器上顯示的內容會嵌入 include1.php 內。

【圖 2、檢視以 include 方式引用檔案的原始碼】

另外一種引用的方式為 require，其格式為：

```
require(" 引用檔案路徑與名稱 " );
```

require 範例如下（檔案名稱：「PhpProject7」資料夾內「require1.php」）：

```
01<!DOCTYPE html>
02<html>
03 <head>
04  <meta charset="UTF-8">
05  <title>require1</title>
06 </head>
07 <body>
08  <table width="100%" border="1">
09  <tr><td> 網頁內容：</td></tr>
10  <tr><td>
11  <?php require("copyright1.php"); ?>
12  </td></tr>
13  </table>
14  <div> 試試看會如何顯示 </div>
15 </body>
16</html>
```

【圖 3、以 require 方式引用檔案】

請您察看原始碼，您會發現 copyright1.php 在瀏覽器上顯示的內容會嵌入 require1.php 內。

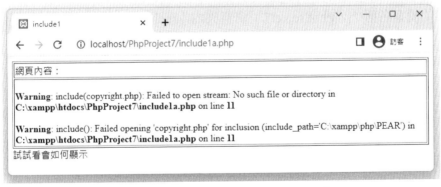

【圖 4、檢視以 require 方式引用檔案的原始碼】

《 7-1-2 》 若引用的檔案錯誤或異常

include 與 require 乍看之下幾乎相同,我們改為引用 copyright.php 檔案,且實際上這個檔案不存在,include 或 require 將找不到檔案,那網頁會如何呈現呢?

【圖 5、當 include( ) 函數發生錯誤時】

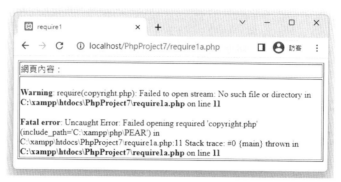

【圖 6、當 require( ) 函數發生錯誤時】

include( ) 函數發生錯誤時將產生警告訊息後忽略錯誤繼續執行網頁其他語法，可是 require( ) 函數發生錯誤時將產生警告訊息後停止執行 PHP 程式，所以後續的網頁資料將不會顯示。

網頁引用時很難預測何時發生意外，而 include 或者 require 發生意外時均會顯示系統資訊，這對網站管理者而言是很不安全的作法。我們可透過 @ 符號抑止系統錯誤訊息產生，再利用條件式分析方式執行 echo 指令顯示我們設定好的資訊。include1.php 檔案請另存為 include2.php，並請依照以下範例進行修改，請留意現在沒有 copyright1.php 檔案，請讓 include( ) 函數執行時產生錯誤（檔案名稱：「PhpProject7」資料夾內「include2.php」）：

```
01<!DOCTYPE html>
02<html>
03 <head>
04  <meta charset="UTF-8">
05  <title>include2</title>
06 </head>
07 <body>
08  <table width="100%" border="1">
09  <tr><td> 網頁內容：</td></tr>
10  <tr><td>
11  <?php
12   if (!(@include("copyright.php")))
13    echo "<u><i> 網頁引用產生狀況 !</i></u>";
14  ?>
15  </td></tr>
16  </table>
17  <div> 試試看會如何顯示 </div>
18 </body>
19</html>
```

【圖 7、當 include( ) 函數發生錯誤時，我們抑止系統錯誤訊息產生】

@ 符號將抑止系統錯誤訊息產生，而 ! 代表得到相反結果，也就是 include("copyright1.php") 指令不能執行這個情況成立時，將執行 echo 指令。接著請修改 require1.php 檔案請另存為 require2.php，並請依照以下範例進行修改，請留意現在沒有 copyright1.php 檔案，請讓 require( ) 函數執行時產生錯誤（檔案名稱：「PhpProject7」資料夾內「require2.php」）：

```
01<!DOCTYPE html>
02<html>
03 <head>
04  <meta charset="UTF-8">
05  <title>require2</title>
06 </head>
07 <body>
08 <table width="100%" border="1">
09 <tr><td>網頁內容：</td></tr>
10 <tr><td>
11 <?php
12   if(!(@require("copyright.php")))
13     echo "<u><i>網頁引用產生狀況！</i></u>";
14 ?>
15 </td></tr>
16 </table>
17 <div>試試看會如何顯示</div>
18 </body>
19</html>
```

【圖 8、當 require( ) 函數發生錯誤時，我們抑止系統錯誤訊息產生】

require( ) 函數發生錯誤時將產生警告訊息後停止執行 PHP 程式，所以後續的
網頁資料將不會顯示。然而 require( ) 函數前加上 @ 符號將產生其他錯誤訊息，
後續網頁將停止執行。

《 7-1-3 》 require_once 與 include_once

因 PHP 不允許相同名稱的函數被重複宣告，若在迴圈內引用檔案就不能使
用 include 或者 require 的方式，否則將產生錯誤的情形。假設我們做了一個
簡單的計算式函數，等一下要被引用（檔案名稱：「PhpProject7」資料夾內
「average2.php」）：

```
01<?php
02  function checknum($a,$b)
03  {
04    return $a+$b;
05  }
06?>
```

接者我們設計一個 for 迴圈，重複引用這個檔案，這兒我們以 include 的方式
引用（檔案名稱：「PhpProject7」資料夾內「include3.php」）：

```
01<!DOCTYPE html>
02<html>
03 <head>
04  <meta charset="UTF-8">
05  <title>for 迴圈內使用 include</title>
06 </head>
07 <body>
08  <table width="100%" border="1">
09  <tr><td>
10  <?php
11   for ($i=0; $i<=2;$i++)
12     include("average2.php");
13  ?>
14  </td></tr><tr><td>
15  <?php
16   echo "總和為 ".checknum(20,50);
17  ?>
18  </td></tr>
19  </table>
20 </body>
21</html>
```

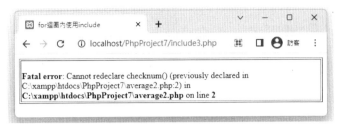

【圖 9、for 迴圈內使用 include 引用檔案時的錯誤訊息】

您會得到錯誤的訊息：

```
Fatal error: Cannot redeclare checknum() (previously declared in
C:\xampp\ht docs\PhpProject7\average2.php:2) in
C:\xampp\htdocs\PhpProject7\average2.php on line 2
```

若改為 require 是否也是如此呢（檔案名稱：「PhpProject7」資料夾內「require3.php」）？

```
01<!DOCTYPE html>
02<html>
03 <head>
04　<meta charset="UTF-8">
05　<title>for 迴圈內使用 require</title>
06 </head>
07 <body>
08　<table width="100%" border="1">
09　<tr><td>
10　<?php
11　　for ($i=0; $i<=2;$i++)
12　　require("average2.php");
13　?>
14　</td></tr>
15　<tr><td>
16　<?php
17　　echo " 總和為 ".checknum(20,50);
18　?>
19　</td></tr>
20　</table>
21 </body>
22</html>
```

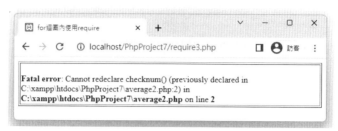

【圖 10、for 迴圈內使用 require 引用檔案時的錯誤訊息】

因為您將引用的語法放在迴圈內，造成了函數重複宣告，所以我們若要在迴圈內重複呼叫函數，就必須使用 include_once 或 require_once 這兩種方式，請將網頁內「include」改為「include_once」後另存新檔測試（檔案名稱：「PhpProject7」資料夾內「include_once.php」）：

```
01<!DOCTYPE html>
02<html>
03 <head>
04  <meta charset="UTF-8">
05  <title>for 迴圈內使用 include_once</title>
06 </head>
07 <body>
08  <table width="100%" border="1">
09  <tr><td>
10  <?php
11   for ($i=0; $i<=2;$i++)
12     include_once("average2.php");
13  ?>
14  </td></tr><tr><td>
15  <?php
16   echo " 總和為 ".checknum(20,50);
17  ?>
18  </td></tr>
19  </table>
20 </body>
21</html>
```

【圖 11、for 迴圈內使用 include_once 引用檔案】

《 7-1-4 》 引用檔案的風險

被 PHP 引用的檔案副檔名不見得是 php，您也可以命名為其他副檔名，例如 .inc，但是如果這些副檔名若未設定可讓 Apache Server 解析，使用者可以很輕易地察看檔案內容。請將 copyright1.php 改為 copyright.inc，或請參考以下的網頁（檔案名稱：「PhpProject7」資料夾內「copyright.inc」）：

```
01<?php
02 echo "學校地址：PHP 縣 MySQL 路 6 號 "."<br>";
03 echo "學校電話：456789"."<br>";
04 echo "本網頁所有資料屬於學校所有，請勿盜用。"."<br>";
05?>
```

請將 require1.php 另存新檔為 require4.php，語法修改後如下（檔案名稱：「PhpProject7」資料夾內「reuire4.php」）：

```
01<!DOCTYPE html>
02<html>
03 <head>
04  <meta charset="UTF-8">
05  <title>require4</title>
06 </head>
07 <body>
08  <table width="100%" border="1">
09 <tr><td>網頁內容：</td></tr>
10   <tr><td>
11   <?php require("copyright.inc"); ?>
12   </td></tr>
13  </table>
14  <div>試試看會如何顯示</div>
15 </body>
16</html>
```

【圖 12、以 require 方式引用非 php 檔案】

當您執行 copyright.inc，您會發現到網頁上執行顯示 PHP 原始碼。為了避免使用者在瀏覽器上察看了檔案的內容，建議副檔名使用 .php 較為安全。

【圖 13、網頁上顯示 php 網頁原始碼】

7-2 header( ) 函數運用

前面介紹了如何引用檔案的方法，我們就可以將諸多網頁會共用的語法放在外部檔案內，就不需一直重複同樣的語法編輯修改。PHP 網頁接收到訊息後。會做條件判斷與各種迴圈處理，也會引用相關檔案，如果我們想要傳遞訊息給瀏覽器，請瀏覽器做回應，那該怎麼做呢？ PHP 提供了 header( ) 函數，這個函數會傳送訊息給瀏覽器，所以瀏覽器也會依據訊息做回應。可以透過 header( ) 函數作哪些事情呢？ header( ) 函數可協助網址轉換、網頁重整、定義網頁內容、設定瀏覽器暫存區、處理檔案下載或瀏覽等事情。

由於 PHP8 環境已經開啟系統緩衝區，所以 head() 函數前面可以有各種網頁資料輸出。

《 7-2-1 》 網址轉換

我們可利用 header( ) 函數執行網址轉換的動作，header( ) 函數執行網址轉換語法如下：

```
header("Location:http:// 網址 ");
```

我們希望使用者開啟這個網頁時，能轉到 google 網頁（檔案名稱：
「PhpProject7」資料夾內「header1.php」）：

```
01<!DOCTYPE html>
02<html>
03 <head>
04  <meta charset="UTF-8">
05  <title>轉換網址</title>
06 </head>
07 <body>
08 <?php
09  header("Location: http://www.google.com");
10 ?>
11 </body>
12</html>
```

《 7-2-2 》網頁重讀與設定秒數後轉換

假設我的網站搬家了，我希望使用者知道新的網址，那我可以讓網頁停留一
段時間後轉移到新的網址。header( ) 函數可執行讓網頁停留一段時間後轉換
網址的動作。

header( ) 函數執行讓網頁停留一段時間後轉換網址的語法如下：

```
header('refresh: 秒數 ; url=" 網址 "');
```

以下的網頁將於 20 秒過後跳至 google 首頁（檔案名稱：「PhpProject7」資料
夾內「header2.php」）：

```
01<!DOCTYPE html>
02<html>
03 <head>
04  <meta charset="UTF-8">
05  <title>網頁 20 秒後將轉移至 google</title>
06 </head>
07 <body>
08 <?php
09  header('refresh:20; url="http://www.google.com"');
10  echo "20 秒後連結 google";
11 ?>
12 </body>
13</html>
```

《 7-2-3 》 header( ) 函數固定時間轉換與倒數計時 ————

由於 header( ) 函數在伺服器端執行，所顯示的時間為伺服器執行時的時間，我們無法要求這個函數於網頁上顯示剩下的秒數，這部分需要搭配 Java Script 語法。透過 Java Script 語法於瀏覽器頁面上每隔一秒鐘顯示剩下秒數。請修改 header2.php 為 header3.php，再請參考以下範例進行修改（檔案名稱：「PhpProject7」資料夾內「header3.php」）：

```
01<!DOCTYPE html>
02<html>
03 <head>
04  <meta charset="UTF-8">
05  <title>網頁每隔 20 秒向 server 讀取資料 </title>
06 </head>
07 <body>
08  <div id="show"></div>
09  <div id="time1"></div>
10  <script>
11   var time2=20;
12   timecount();
13   var ti2;
14   function timecount()
15    {
16     if(time2!=0)
17      {
18       time2-= 1;
19       nowtime = new Date();
20       ti2=nowtime.getHours()+":"+nowtime.getMinutes();
21       ti2=ti2+":"+nowtime.getSeconds();
22       document.getElementById("show").innerHTML = "-" + time2 + " 秒 ";
23       document.getElementById("time1").innerHTML = "show:" + ti2;
24      }
25     setTimeout("timecount()",1000);
26    }
27  </script>
28  <?php
29  header('refresh:20; url="http://www.google.com"');
30    echo "20 秒後連結 google";
31  $dateTime = new DateTime("now", new DateTimeZone('Asia/Taipei'));
32  echo " 現在時間：".$dateTime->format("h:i:s");
33 ?>
34 </body>
35</html>
```

【圖 14、利用 header( ) 使網頁重新讀取，並顯示倒數計時秒數】

第 08 行於網頁上設定一個 div 區塊，id 為 show；第 09 行於網頁上設定一個 div 區塊，id 為 time1。第 11 行設定 time2 變數內容為 20，這一個變數代表總秒數，第 12 行執行 java script 的 timecount( ) 函數，第 13 行宣告一個變數 ti2：

```
08   <div id="show"></div>
09   <div id="time1"></div>
10   <script>
11    var time2=20;
12    timecount();
13    var ti2;
```

進到 timecount( ) 函數後於第 16 行判斷 time2 變數是否不等於 0，當 time2 變數不等於 0 時執行第 18 行到第 23 行的語法，緊接者執行 setTimeout( ) 函數。setTimeout( ) 函數可設定固定毫秒 (1/1000 秒) 執行哪一個函數，我們於第 25 行的 setTimeout( ) 函數要求每 1 秒執行 timecount( ) 函數：

```
14    function timecount()
15     {
16      if(time2!=0)
17       {
18        time2-= 1;
19        nowtime = new Date();
20        ti2=nowtime.getHours()+":"+nowtime.getMinutes();
21        ti2=ti2+":"+nowtime.getSeconds();
22        document.getElementById("show").innerHTML = "-" + time2 + " 秒 ";
23        document.getElementById("time1").innerHTML = "show:" + ti2;
24       }
25     setTimeout("timecount()",1000);
26    }
```

《 7-2-4 》 HTTP 認證

　PHP 的 HTTP 認證只能在 PHP 以 Apache 模組方式運行時才有效，這項功能不適用於以 CGI 模式執行，也不適用於 IIS Server。PHP 可使用 header( ) 函數向瀏覽器送出「Authentication Required」資訊，就會彈出一個輸入視窗。當使用者輸入帳號與密碼後，PHP 將預定義變數 PHP_AUTH_USER 和 PHP_AUTH_PW 分別被設定為帳號與密碼。設計這個網頁時不需要有 html 標籤，NetBeans 內請選擇「PHP File」而非「PHP Web Page」，我們來瞧瞧基本的HTTP 驗證（檔案名稱：「PhpProject7」資料夾內「auth.php」）：

```
01<?php
02 header("Content-type: text/html; charset=UTF-8");
03 if (empty($_SERVER['PHP_AUTH_USER']))
04  {
05   header('WWW-Authenticate: Basic realm="Please input"');
06   header('HTTP/1.0 401 Unauthorized');
07   echo ' 請輸入正確的帳號及密碼，不可以取消！';
08   exit;
09  }
10 else
11  {
12   echo " 帳號是 ".$_SERVER['PHP_AUTH_USER']."<br>";
13   echo " 密碼是 ".$_SERVER['PHP_AUTH_PW']."<p>";
14   $username="php";
15   $yourpass="mysql" ;
16   if(($_SERVER['PHP_AUTH_USER'] != $username) or
17       ($_SERVER['PHP_AUTH_PW'] !=$yourpass))
18    {
19     echo " 登入失敗，請開啟新的瀏覽器重新登入 ";
20    }
21   else
22    {
23     echo " 登入成功 ..... ";
24    }
25  }
26?>
```

【圖 15、執行 auth.php 網頁時出現的 HTTP 認證畫面】

所謂的 HTTP 認證指在開啟網頁之前就先進行認證，如認證通過方可進行網頁瀏覽或執行其他功能，例如下載壓縮檔或轉換網址。第 02 行設定網頁編碼為 utf8。第 03 行檢查是否輸入帳號。如果變數是空的執行第 04 到第 09 行，如果不是空的執行第 11 到第 25 行：

```
01 <?php
02  header("Content-type: text/html; charset=UTF-8");
03  if (empty($_SERVER['PHP_AUTH_USER']))
04  {
09  }
10 else
11  {
25  }
26?>
```

第 05 到 06 行執行兩行 header( ) 函數顯示 HTTP 認證視窗。如果按下 [取消] 則出現第 07 行訊息。第 12 到第 13 行顯示輸入的帳號及密碼。第 14 到第 15 行定義正確的帳號及密碼，日後介紹資料庫連線語法後可由資料庫讀取使用者帳號密碼資料。

```
01<?php
02 header("Content-type: text/html; charset=UTF-8");
03 if (empty($_SERVER['PHP_AUTH_USER']))
04  {
05   header('WWW-Authenticate: Basic realm="Please input"');
06   header('HTTP/1.0 401 Unauthorized');
07   echo '請輸入正確的帳號及密碼，不可以取消 !';
08   exit;
```

```
09  }
10 else
11  {
12   echo "帳號是 ".$_SERVER['PHP_AUTH_USER']."<br>";
13   echo "密碼是 ".$_SERVER['PHP_AUTH_PW']."<p>";
14   $username="php";
15   $yourpass="mysql" ;
25  }
26?>
```

第 16 到第 17 行檢查輸入的帳號及密碼是否正確，如果不正確執行第 19 行要求關閉原視窗，然後開啟新的瀏覽器重新登入。輸入正確由第 23 行顯示登入成功：

```
16   if (($_SERVER['PHP_AUTH_USER'] != $username) or
17       ($_SERVER['PHP_AUTH_PW'] !=$yourpass))
18   {
19    echo "登入失敗，請開啟新的瀏覽器重新登入 ";
20    }
21   else
22    {
23     echo "登入成功 ....." ;
24    }
```

HTTP 認證在網頁開啟之前啟動，當網頁開啟後就無法再次啟動 HTTP 認證，必須關閉瀏覽器視窗再開啟網頁才會產生 HTTP 認證功能。

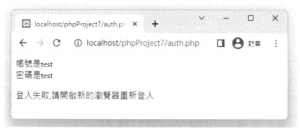

【圖 16、HTTP 認證登入失敗，若要再做認證請重新開啟瀏覽器】

【圖 17、HTTP 認證選擇取消出現的提示文字】

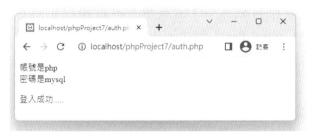

【圖 18、HTTP 認證成功後出現的訊息】

《 7-2-5 》 圖片瀏覽與下載

php 可透過 header( ) 函數使 php 檔案成為圖片展示，設計這個網頁時不需要有 html 標籤，NetBeans 內請選擇「PHP File」而非「PHP Web Page」，請參考以下範例設計（檔案名稱：「PhpProject7」資料夾內「header5.php」）：

```
01<?php header('Content-type: image/jpeg');
02  $im = imagecreatefromjpeg("Fanaw2020.jpg");
03  imagejpeg($im);
04  imagedestroy($im);
05?>
```

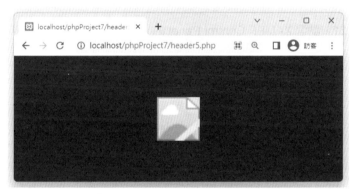

【圖 19、chrome 內異常畫面】

【圖 20、Firefox 內異常畫面】

由於 XAMPP 預設沒有載入 GD 函式庫，所以預設是無法處理圖檔。請您點選 XAMPP Control Panel 的 Apache 的 Config 的 php.ini，再請您找到「;extension=gd」這一行敘述，再請您去除「;」，也就是成為「extension=gd」，再請您儲存。

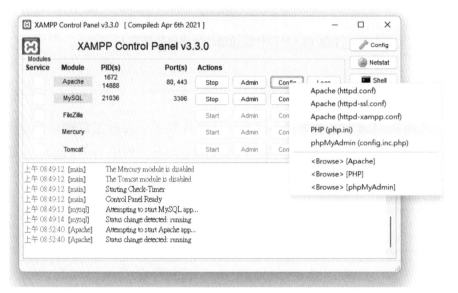

【圖 21、點選 XAMPP Control Panel 的 Apache 的 Config 的 php.ini】

【圖 22、找到 extension=gd，接著請將前方的 ; 去除】

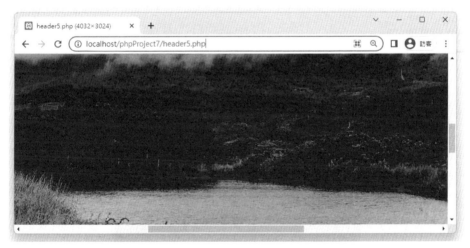

【圖 23、請儲存 php.ini 檔案】

再請您點選 XAMPP Control Panel 的 Apache 的 Stop 鈕關閉服務後再按下
Start 鈕開啟服務，您就可以看到這個 php 檔案內容其實是一張圖片。

【圖 24、這是一張 4032X3024 的圖片檔案】

第 01 行執行 header( ) 函數定義這個檔案 (php 檔) 是「image/pjpeg」類型，
第 02 行指從專案資料夾內「Fanaw2020.jpg」檔案建立一個新的圖形變數，
我們定義為 $im。第 03 行執行 imagejpeg( ) 函數將 $im 變數以 jpg 檔輸出，
最後於第 04 行銷毀 $im 變數。所以我們可以使用 PHP 方式呈現圖檔。您可
於瀏覽器「檢視」功能表發現「原始檔」無法選擇，這是為什麼呢？因為這
是一張圖片。

這有什麼好處呢？PHP 檔案內我們可以加入 cookie 或 session 判斷，也可加入 IP 限制或記錄，對圖檔讀取就可多了不少的功能。也可加入「新增資料到資料庫」功能，了解有哪些朋友要察看這一張圖片。

由於前面的網頁是以 php 檔案儲存，但以 jpg 形式呈現，所以我們可將 header5.php 以 <img> 標籤方式呈現縮圖（檔案名稱：「PhpProject7」資料夾內「header6.html」）：

```
01<!DOCTYPE html>
02<html>
03 <head>
04  <title>檢測縮圖</title>
05  <meta charset="UTF-8">
06  <meta name="viewport" content="width=device-width, initial-scale=1.0">
07 </head>
08 <body>
09  <div>
10   <img src = "header5.php" alt=" 看不到 " width="100" height="90" border="0">
11  </div>
12 </body>
13</html>
```

【圖 25、檢測縮圖】

《 7-2-6 》pdf 檔案瀏覽與下載

php 檔案可設定直接線上閱讀 PDF 檔案,而不要出現下載訊息。設計這個
網頁時不需要有 html 標籤,NetBeans 內請選擇「PHP File」而非「PHP Web
Page」,請參考以下範例設計(檔案名稱:「PhpProject7」資料夾內「header7.
php」):

```
01<?php header('Content-Type: application/pdf');
02   echo file_get_contents('security.pdf'); ?>
```

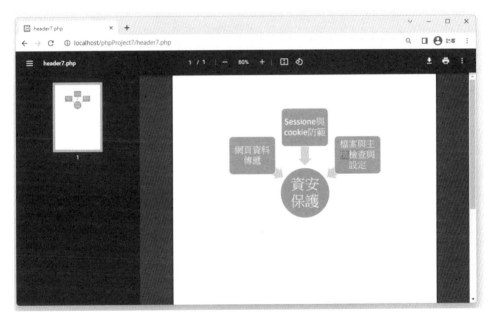

【 圖 26、PHP 檔案內直接開啟 PDF 文件 】

您可利用「header('Content-Type: application/pdf')」定義網頁為 pdf 格式。利
用「echo file_get_contents('pdf 檔案 ');」語法閱讀 pdf 檔案。header( ) 函數可
做多轉檔案格式的轉換,官方文件請參考:http://www.iana.org/assignments/
media-types/ 。而於以下網址有做相當好的整理:http://en.kioskea.net/contents/
courrier-electronique/mime.php3

php 檔案可設定直接下載 pdf 檔案。您可利用以下語法定義下載的檔案名稱
「header('Content-Disposition: attachment;filename=" 下載的檔案名稱 "');」,

接著利用以下語法讀取指定的檔案內容「readfile(' 讀取資料的檔案名稱 ');」。

設計這個網頁時不需要有 html 標籤，NetBeans 內請選擇「PHP File」而非「PHP Web Page」，請參考以下範例設計（檔案名稱：「PhpProject7」資料夾內「header8.php」）：

```
01<?php
02 header('Content-type: application/pdf');
03 header('Content-Disposition: attachment; filename="downloaded.pdf"');
04 readfile('security.pdf');
05?>
```

【圖 27、開啟網頁出現檔案下載訊息】

第 02 行告訴瀏覽器這個網頁將以 PDF 檔案類型開啟，第 03 行告訴瀏覽器檔案的檔名為 download.pdf，而第 04 行執行讀取檔案函數，讀取的檔案是 abc.pdf。由此例可知，透過 header( ) 函數不僅能直接提供檔案下載，也可於下載時異動檔名，使下載的檔案名稱與主機上的名稱不一致，可避免使用者想要繞過 php 檔而直接下載的風險。

以 php 檔案方式開啟或下載檔案的好處是可在 php 檔案內加入若干權限限制，例如 session 與 cookie 判斷、IP 判斷、資料庫資料判斷等機制，也可於 php 檔案內作各式統計，例如訪客 IP 與時間、訪客帳號等資訊。

<table>
<tr><td>7-3</td><td></td></tr>
</table>

7-3 檔案上傳前準備

檔案上傳指使用者可利用瀏覽器將檔案傳送到主機所指定的目錄內。但由於 http 通訊協定對於檔案上傳並無嚴謹的設定，加上 utf8 編碼與 windows 環境並無法相容，所以檔案上傳前需作系統調整與確認，才可讓使用者順利傳送資料到主機。

《 7-3-1 》 PHP 於檔案上傳設定確認

檔案由表單送出後將由 PHP 接收處理，請您先確認 PHP 設定檔（php.ini）各種設定，以做為日後上傳的準備。首先，請您確認 php.ini 內是否允許檔案上傳。請您確認「file_uploads」是否為「On」

```
file_uploads = On
```

再來請您確認「upload_tmp_dir」暫存資料夾的位置，理論上 Linux 環境會預設為「/tmp」，而這一個資料夾為系統預設暫存資料之用，您可不用調整。

```
upload_tmp_dir ="/tmp"
```

Windows 環境若沒有設定，檔案會暫存於系統預設資料夾內，建議您可更改至其他資料夾，例如「C:\temp」。不論 Windows 或 Linux 環境，請留意該資料夾必須真的存在且必須能寫入資料。

```
upload_tmp_dir ="C:/temp"
```

最後請您設定「upload_max_filesize」可接受上傳檔案大小。這裡不建議設定太大，畢竟網頁資料傳輸必須透過 http 通訊協定傳送，apache 設定也會影響檔案傳輸效能，建議設定為 10-15MB 之間就可以。

```
upload_max_filesize = 15M
```

《 7-3-2 》 Apache 設定與檔案上傳

Apache 設定會影響到檔案上傳嗎？當使用者在表單上送出檔案後，使用者端就開始透過 http 通訊協定將資料送至主機上，當主機收到資料後，就會由 PHP 作分析判斷檔案大小後，將資料暫存於暫存資料夾內，再由暫存資料夾移到指定的資料夾內。

當使用者透過 http 通訊協定將資料送至主機上時，如果資料很快送至主機，主機就可中斷此次服務，可是如果資料遲未送完，主機該如何確認呢？網頁主機無法確認使用者是否一直保持連線，還是現在已經斷線，http 通訊協定不像 ftp 通訊協定會作資料傳輸確認，所以主機在預設的時間內若得不到使用者端完整的回應，他會以 time out 逾時來處理回應給使用者。所以前一節建議您不需把檔案上傳的大小設定太大，若網路頻寬不足，檔案上傳大小設定值設定很大也是無法於時間內傳遞完成。

Apache 設定檔（httpd.conf）內可設定主機傳送及接收的等待時間，以「秒」為單位，預設為 300 秒。假如貴單位的網路頻寬較小，使用者常抱怨等待一段時間後出現逾時的回應，建議可將此時間延長。但不建議將時間設定太大，以免 Apache 每一個服務都在等待，這會造成系統負擔加重。

```
Timeout 300
```

7-4 檔案上傳

檔案上傳的表單需做以下三個設定：

1. 表單必須以「post」方式傳送資料。

2. <form> 標籤內要加入「enctype="multipart/form-data"」屬性才可送出資料。

3. 負責傳送資料的 <input> 標籤必須設定「type="file"」，網頁上將會出現「瀏覽」鈕，就可選擇要上傳的資料。

請您要設定檔案上傳後儲存目錄的權限。這個目錄可以不在網頁目錄範圍內，但如果不在網頁目錄範圍內，則將無法由網頁瀏覽。本章預設上傳資料為網站專案目錄內「upload」資料夾，請您於網站專案目錄內新增「upload」資料

夾並作權限設定調整。各種準備工作就緒後，我們可以開始準備設計網頁上
傳表單網頁及接收資料了。

《 7-4-1 》 檔案上傳與接收

請您設計以下的表單網頁（檔案名稱：「PhpProject7」資料夾內「upload.
html」）：

```
01<!DOCTYPE html>
02<html>
03 <head>
04  <title>檔案上載</title>
05  <meta charset="UTF-8">
06  <meta name="viewport" content="width=device-width, initial-scale=1.0">
07 </head>
08 <body><div>
09  <form  action="upload.php" method="post" enctype="multipart/form-data">
10  選擇檔案：<input name="userfile" type="file"><br>
11   <input type="submit" value="送出">
12  </form>
13 </div></body>
14</html>
```

請您留意表單網頁第 09 行到第 12 行網頁標籤語法。第 09 行表示這是一
個傳遞資料的表單網頁，所以 <form> 標籤內有「enctype="multipart/form-
data"」屬性。第 10 行檔案上傳的標籤名字為「userfile」，標籤必須設定
「type="file"」。請嘗試設計接收資料的 PHP 網頁（檔案名稱：「PhpProject7」
資料夾內「upload.php」）：

```
01<!DOCTYPE html>
02<html>
03 <head>
04  <meta charset="UTF-8">
05  <title>檔案上傳處理</title>
06 </head>
07 <body>
08 <?php
09  $uploaddir="./upload/";
10  $tmpfile=$_FILES["userfile"]["tmp_name"];
11  $file2=$_FILES["userfile"]["name"];
12  if(move_uploaded_file($tmpfile,$uploaddir.$file2))
13   {
14   echo "上傳成功<br>";
15   echo "檔案名稱：".$_FILES["userfile"]["name"]."<br>";
```

```
16    echo "檔案類型:".$_FILES["userfile"]["type"]."<br>";
17    echo "檔案大小:".$_FILES["userfile"]["size"]."<br>";
18    }
19  else
20    {
21    echo "上傳失敗!<br> ";
22    echo "檔案名稱:".$_FILES["userfile"]["name"]."<br>";
23    echo "檔案類型:".$_FILES["userfile"]["type"]."<br>";
24    echo "檔案大小:".$_FILES["userfile"]["size"]."<br>";
25    echo "失敗原因:". $_FILES['userfile']['error']."<br>";
26    }
27 ?>
28 </body>
29</html>
```

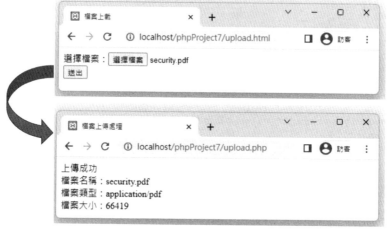

【圖 28、檔案上傳成功資訊】

【圖 29、檔案上傳失敗資訊:沒有挑選檔案就送出】

檔案上傳後會系統會產生 $_FILES 陣列形式變數，該陣列由兩維資料所組成，第一維是表單網頁 file 標籤名稱，第二維則是檔案相關資訊。請查閱表 1 所列資訊：

【表 1、$_FILES 陣列形式變數】

$_FILES 陣列形式變數	說明
$_FILES[' 表單傳遞變數 ']['tmp_name']	Server 端暫存檔名
$_FILES[' 表單傳遞變數 ']['name']	檔案正式名稱
$_FILES[' 表單傳遞變數 ']['type']	檔案資料型態
$_FILES[' 表單傳遞變數 ']['size']	檔案大小，單位為 bytes
$_FILES[' 表單傳遞變數 '][' error ']	檔案上傳時錯誤代碼

儲存上傳目錄的變數於第 09 行設定為 $uploaddir 變數，內容為「./upload」；儲存暫存檔檔案名稱的變數於 10 行設定為 $tmpfile 變數，內容為「$_FILES["userfile"]["tmp_name"]」；儲存檔案名稱的變數於 11 行設定為 $file2 變數，內容為「$_FILES["userfile"]["name"]」：

```
09   $uploaddir="./upload/";
10   $tmpfile=$_FILES["userfile"]["tmp_name"];
11   $file2=$_FILES["userfile"]["name"];
```

接著於 12 行執行 move_uploaded_file( ) 函數，move_uploaded_file( ) 函數內需放入兩個參數，其結構為「move_uploaded_file(暫存檔案名稱 , 儲存檔案的位置及檔名)」。第 12 行語法為「move_uploaded_file($tmpfile,$uploaddir.$file2)」，上傳後暫存檔案 $tmpfile 傳遞至 $uploaddir 目錄內，檔名為 $file2。函數可執行則接著執行第 14 行到第 17 行之間的語法，相反地若函數不能執行則執行第 21 行到 25 行的錯誤訊息：

```
12   if(move_uploaded_file($tmpfile,$uploaddir.$file2))
13   {
14     echo "上傳成功 <br>";
15     echo "檔案名稱：".$_FILES["userfile"]["name"]."<br>";
16     echo "檔案類型：".$_FILES["userfile"]["type"]."<br>";
17     echo "檔案大小：".$_FILES["userfile"]["size"]."<br>";
18   }
19   else
20   {
21     echo "上傳失敗 !<br> ";
```

```
22    echo "檔案名稱:".$_FILES["userfile"]["name"]."<br>";
23    echo "檔案類型:".$_FILES["userfile"]["type"]."<br>";
24    echo "檔案大小:".$_FILES["userfile"]["size"]."<br>";
25    echo "失敗原因:". $_FILES['userfile']['error']."<br>";
26    }
```

若順利上傳我們可顯示檔案名稱、檔案類型與檔案大小。若不能執行,則會顯示出失敗原因。$_FILES[' 表單傳遞變數 '][' error '] 會顯示出代碼,而系統預設代碼分類如表 2 所列:

【表 2、$_FILES 陣列形式變數錯誤代碼】

錯誤代碼	系統參數	說明
0	UPLOAD_ERR_OK	正常
1	UPLOAD_ERR_INI_SIZE	大小超過 php.ini 內設定 upload_max_filesize
2	UPLOAD_ERR_FORM_SIZE	大小超過表單設定 MAX_FILE_SIZE
3	UPLOAD_ERR_PARTIAL	上傳不完整
4	UPLOAD_ERR_NO_FILE	沒有檔案上傳
6	UPLOAD_ERR_NO_TMP_DIR	暫存資料夾不存在
7	UPLOAD_ERR_CANT_WRITE	上傳檔案無法寫入
8	UPLOAD_ERR_EXTENSION	上傳停止

請將「upload.html」另存新檔為「upload2.html」,再將表單「form action=" upload.php" 」改為「form action=" upload2.php" 」,並請您將「upload.php」另存為「upload2.php」後嘗試加入檔案上傳錯誤訊息的顯示(檔案名稱:「PhpProject7」資料夾內「upload2.php」):

```
01<!DOCTYPE html>
02<html><head>
03<meta charset="UTF-8">
04<title> 檔案上傳處理 </title>
05</head><body>
06 <?php
07 $uploaddir="./upload/";
08 $tmpfile=$_FILES["userfile"]["tmp_name"];
09 $file2=$_FILES["userfile"]["name"];
10 if(move_uploaded_file($tmpfile,$uploaddir.$file2)){
11    echo "上傳成功 <br>";
12    echo "檔案名稱:".$_FILES["userfile"]["name"]."<br>";
```

```
13    echo "檔案類型：".$_FILES["userfile"]["type"]."<br>";
14    echo "檔案大小：".$_FILES["userfile"]["size"]."<br>";
15    }
16 else
17  {
18   echo "上傳失敗！<br> ";
19   switch ($_FILES["userfile"]["error"])
20    {
21    case 1:
22     echo "失敗原因：大小超過 php.ini 內設定 ";
23     echo "upload_max_filesize"."<br>";
24     break;
25    case 2:
26     echo "失敗原因：大小超過表單設定 ";
27     echo "MAX_FILE_SIZE"."<br>";
28     break;
29    case 3:
30     echo "失敗原因：上傳不完整 "."<br>";
31     break;
32    case 4:
33     echo "失敗原因：沒有檔案上傳 "."<br>";
34     break;
35    case 6:
36     echo "失敗原因：暫存資料夾不存在 "."<br>";
37     break;
38    case 7:
39     echo "失敗原因：上傳檔案無法寫入 "."<br>";
40     break;
41    case 8:
42     echo "失敗原因：上傳停止 "."<br>";
43     break;
44    }
45   }
46 ?>
47</body></html>
```

【圖 30、失敗原因：沒有檔案上傳】

《 7-4-2 》中文名稱檔案上傳

請上傳中文檔名的檔案至系統內，例如現在上傳一個檔名為「池上富興濕地 .jpg」圖片檔上傳至系統內。於 PHP8 系統內可順利上傳至主機上，開啟儲存上傳資料的資料夾時檔名是正常的，但如果是小於 PHP8 的環境中文檔案名將會是亂碼。

【圖 31、表單上傳中文檔案】

【圖 32、中文檔案檔名可正常顯示】

《 7-4-3 》 自訂錯誤訊息顯示函數 ————————————

因檔案上傳失敗的代號與欲顯示的文字訊息經常使用，所以請嘗試將上傳失
敗的代號與欲顯示的文字訊息語法儲存為 php 檔案以供檔案上傳 PHP 檔使用
（檔案名稱：「PhpProject7」資料夾內「errorreport.php」）：

```php
01  <?php
02  function errorreport($a)
03    {
04    switch ($a)
05      {
06      case 1:
07       echo " 失敗原因：大小超過 php.ini 內設定 ";
08       echo "upload_max_filesize"."<br>";
09       break;
10      case 2:
11       echo " 失敗原因：大小超過表單設定 ";
12       echo "MAX_FILE_SIZE"."<br>";
13       break;
14      case 3:
15       echo " 失敗原因：上傳不完整 "."<br>";
16       break;
17      case 4:
18       echo " 失敗原因：沒有檔案上傳 "."<br>";
19       break;
20      case 6:
21       echo " 失敗原因：暫存資料夾不存在 "."<br>";
22       break;
23      case 7:
24       echo " 失敗原因：上傳檔案無法寫入 "."<br>";
25       break;
26      case 8:
27       echo " 失敗原因：上傳停止 "."<br>";
28       break;
29      }
30    }
31  ?>
```

《 7-4-4 》 特定檔案上傳 ————————————

請將「upload2.html」另存新檔為「upload3.html」，再將表單「form action="
upload2.php"」 改 為「form action=" upload3.php"」， 並 請 您 將「upload2.
php」另存為「upload3.php」後並請參考以下的範例進行修改，嘗試設計只能
上傳 jpg 特定檔案（檔案名稱：「PhpProject7」資料夾內「upload3.php」）：

```
01<!DOCTYPE html>
02<html>
03 <head>
04  <meta charset="UTF-8">
05  <title>圖檔上傳處理</title>
06 </head>
07 <body>
08 <?php
09  include("errorreport.php");
10  $uploaddir="./upload/";
11  $tmpfile=$_FILES["userfile"]["tmp_name"];
12  $file2=$_FILES["userfile"]["name"];
13  if($_FILES["userfile"]["type"] == "image/jpeg")
14   {
15    if(move_uploaded_file($tmpfile,$uploaddir.$file2))
16     {
17      echo "上傳成功<br>";
18      echo "檔案名稱:".$_FILES["userfile"]["name"]."<br>";
19      echo "檔案類型:".$_FILES["userfile"]["type"]."<br>";
20      echo "檔案大小:".($_FILES["userfile"]["size"] / 1024) . " Kb<br>";
21     }
22    else
23     {
24      echo "上傳失敗!<br> ";
25      errorreport($_FILES["userfile"]["error"]);
26     }
27   }
28  else
29   {
30    echo $_FILES["userfile"]["type"];
31    echo "不允許接收的檔案";
32   }
33 ?>
34 </body>
35</html>
```

【圖 33、上傳非指定特定檔案】

與 upload3.php 不同的地方為這一個檔案多增加一層 if( ) 條件判斷式,判斷檔案類型是否為「image/ jpeg」:

```
13  if($_FILES["userfile"]["type"] == "image/jpeg")
14  {
```

如果上述條件不成立,就會執行第 29 行到第 32 行語法顯示出「不允許接收的檔案」訊息:

```
28  else
29  {
30   echo $_FILES["userfile"]["type"];
31   echo "不允許接收的檔案 ";
32  }
```

7-5　範例實作

於本章節內我們嘗試將網頁轉換與表單做一個整合性的運用。請您設計一個表單網頁,假設帳號為 php,而密碼為 mysql,若使用者輸入正確的資料則轉換至 success.php,若輸入不正確的資料則轉換至 failed.php。

之前的章節內我們建立了名片管理系統的各式網頁,名片可否透過數位相機或掃描器等設備拍照掃描,再上傳到指定目錄內,接著再將圖片檔名及路徑儲存到資料庫內。該如何規劃設計呢?

7-6　結論

這一章說明了 php 網頁的引用、php 網頁與圖檔以及文件的轉換、php 網頁接收資料後的處置,下一章將為各位介紹 php 的日期與自訂函數。

【重點提示】

1. PHP 引用檔案的方式有四種：include( )、require( )、include_once( ) 與 require_once( )

2. include( ) 會產生警告後忽略錯誤繼續執行網頁其他語法，可是 require( ) 遇到錯誤時會產生錯誤而停止執行 PHP 程式，所以後續的網頁資料將不會顯示。

3. 因 PHP 不允許相同名稱的函數被重複宣告，若在迴圈內引用檔案就不能使用 include 或者 require 的方式，否則將產生錯誤的情形。

4. 被 PHP 引用的檔案副檔名不見得是 php，您也可以命名為其他副檔名，例如 .inc，但是如果這些副檔名若未設定可讓 Apache Server 解析，使用者可以很輕易地察看檔案內容。

5. header( ) 函數要執行重新整理網頁的語法為「header("refresh: 秒數 ")」。

6. header( ) 函數若要執行轉換網頁，語法為「header("Location:http:// 網址 ")」或「header('refresh: 秒數 ; url=" 網址 "')」

7. PHP 的 HTTP 認證只能在 PHP 以 Apache 模組方式運行時才有效，這項功能不適用於以 CGI 模式執行，也不適用於 IIS Server。

8. 檔案上傳前請確認 php.ini 內的幾個設定：
   a. 「file_uploads」是否為「On」。
   b. 確認「upload_tmp_dir」暫存資料夾的位置。

9. 檔案上傳的表單需做以下的設定：
   a. 表單必須以「post」方式傳送資料。
   b. <form> 標籤內要加入「enctype="multipart/form-data"」屬性才可送出資料。
   c. 負責傳送資料的 <input> 標籤必須設定「type="file"」，網頁上將會出現「瀏覽」鈕，就可選擇要上傳的資料。

10. 檔案上傳後會系統會產生 $_FILES 陣列形式變數,該陣列由兩維組成,
第一維是表單網頁 file 標籤名稱,第二維則是檔案相關資訊如下:

$_FILES 陣列形式變數	說明
$_FILES[' 表單傳遞變數 ']['tmp_name']	Server 端暫存檔名
$_FILES[' 表單傳遞變數 ']['name']	檔案正式名稱
$_FILES[' 表單傳遞變數 ']['type']	檔案資料型態
$_FILES[' 表單傳遞變數 ']['size']	檔案大小,單位為 bytes
$_FILES[' 表單傳遞變數 '][' error ']	檔案上傳時錯誤代碼

11. $_FILES[' 表單傳遞變數 '][' error '] 會顯示出代碼,而系統預設代碼分類
如下:

錯誤代碼	系統參數	說明
0	UPLOAD_ERR_OK	正常
1	UPLOAD_ERR_INI_SIZE	大小超過 php.ini 內設定 upload_max_filesize
2	UPLOAD_ERR_FORM_SIZE	大小超過表單設定 MAX_FILE_SIZE
3	UPLOAD_ERR_PARTIAL	上傳不完整
4	UPLOAD_ERR_NO_FILE	沒有檔案上傳
6	UPLOAD_ERR_NO_TMP_DIR	暫存資料夾不存在
7	UPLOAD_ERR_CANT_WRITE	上傳檔案無法寫入
8	UPLOAD_ERR_EXTENSION	上傳停止

【問題與討論】

1. 請說明 include( ) 與 require( ) 函數有何不同

2. 請設計一個網頁,等待五秒後會轉移到老師指定的網站或 Google 網站

3. 請設計一個系統:

   使用者必須透過表單登入,若帳號為 php,密碼為 mysql,就會轉移到
   success.php,若失敗則轉移到 failed.php,若直接開啟 success.php,將直
   接跳到表單網頁。

4. 請設計一個系統：

   使用者必須透過表單登入，產生 session 後，才能看到圖片。

   若直接開啟載入圖片的 PHP 網頁而偵測不到 session，將直接跳到表單網頁。

5. 請設計一個系統：

   使用者必須透過表單登入，產生 session 後，才能看到 PDF 文件。

   若直接開啟載入 PDF 文件的 PHP 網頁而偵測不到 session，將直接跳到表單網頁。

6. 被 PHP 引用的檔案副檔名可命名為其他副檔名（例如 inc），但會有什麼風險呢？

7 檔案上傳失敗會有哪些訊息產生？

8. 上傳前要確認 php.ini 內的哪幾個設定呢？

9. 上傳的表單需做哪些設定？

第八章

日期與函數互動

由於 PHP 早期日期時間的計算是由 Unix 與 C 語言誕生的那一天開始,也就是 1970 年 1 月 1 日經過的秒數,而資料格式為 32 位元的整數,這格式能被表示的最後時間是 2038 年 1 月 19 日 03:14:07,星期二(UTC)。超過此一瞬間,時間將會「繞回」而跳回 1970 年或 1901 年。PHP8 是 64 位元架構,秒數計算為 64 位元整數,秒數容量可達 2900 億年之後。PHP8 環境內可以執行舊的與物件導向的時間計算。之前的 PHP 版本之後一定要改為物件導向方式計算。

前面幾章我們已經有用了不少的系統函數,echo 就是其中一個函數,PHP 提供不少的系統函數可以使用。例如處理日期時間,若我們自己寫相關函數,困難度相當高,但使用系統提供的函數,就可以快速運用、減少程式碼的開發、避免不必要的重複。

您也看到 PHP 網頁語法行數愈來愈多,有些語法若經常重複性使用,其實可以將這些語法集中起來,建立自訂函數,就可以減少程式碼,節省 PHP 網頁開發時間。PHP 提供的函數種類其實很多,很難在本書中全部介紹,所以您可到 http://php.net/quickref.php 查閱,就可以認識 PHP 提供的函數與使用方式。進入本章之前,請您依照 2-1 節完成伺服器的啟動與專案設定,請留意本章範例放在「PhpProject8」目錄內。

8-1 時區調整與格式化參數

PHP 網頁時區在 PHP4 時代不需設定,而 PHP 5 若沒有作設定調整則預設為格林威治時間(與臺灣差八小時),PHP6 預設您一定要在 PHP 網頁內設定時區。

PHP 官方網站上提供了時區資訊,您可在 http://www.php.net/manual/en/timezones.php 看到 PHP 提供的時區分類,共有美洲、亞洲、歐洲等多個群組,在亞洲群組內,您可看到各種不同時區,台灣請挑選「Asia/Taipei」。

《 8-1-1 》 php.ini 內時區設定調整

如果您使用的是 Windows 作業系統,請您搜尋 php.ini 這個檔案,開啟檔案後請點選「編輯」功能表內的「尋找」,請尋找「timezone」。

如果您使用的是 Linux 系列作業系統,請您使用「**find / -name 'php.ini'**」的方式搜尋,若無特殊設定,一般可在 /etc 目錄內找到。若找到的檔案是「/etc/php.ini」,請先切換到 root(請下指定:su)身份後輸入「**vi /etc/php.ini**」。再進入 php.ini 編輯畫面後,請輸入「/」後再請您輸入「timezone」後按下enter。

您會找到以下的字串:

```
[Date]
; Defines the default timezone used by the date functions
;date.timezone =
```

請您將 **;date.timezone** = 前面的 ; 刪除後,在 = 後面加上時區,例如您若設定為台北時間,您應該改為:

```
[Date]
; Defines the default timezone used by the date functions
date.timezone = Asia/Taipei
```

儲存 php.ini 後請重新啟動 Apache 後時區就會改變。

《 8-1-2 》 語法上時區設定調整

PHP 提供的傳統語法上 ini_set( ) 函數設定時區以及 date( ) 與 mktime( ) 兩個函數設定日期時間格式化輸出,這些設定於舊版 PHP 會碰到 2038 年問題,所以日期時間有關的語法建議您開始調整到物件導向語法設計。網頁時區在 PHP4 時代不需設定,而 PHP 5 若沒有作設定調整則預設為格林威治時間(與臺灣差八小時),PHP7 之後預設您一定要在 PHP 網頁內設定時區。請依據 DateTime 類別建立一個 DateTime 型態的物件,而 DateTime 類別的建構子內有兩個參數,第一個是日期時間字串,第二個是時區；時區請依據 DateTimeZone 類別輸入時區名稱建立物件，例如輸入 Asia/Taipei 代表建立亞洲台北時區。若您要規劃設定為台北時間，在此建立一個物件 $dateTime，物件導向語法上時區語法為
$dateTime = new DateTime("now", new DateTimeZone('Asia/Taipei'));

《 8-1-3 》日期時間字串格式化

您必須使用字串格式化方式設定好您想輸出的日期或時間格式，首先介紹與日期有關的格式化參數，請注意大小寫代表的意義不同：

【表 1、與日期有關的參數】

參數	說明
d	小寫 d，代表日期，以數字表示，例如："01" 到 "31"
j	小寫 j，代表日期，以數字表示，但是不足 2 位數不補 0，例如："1" 到 "31"
D	大寫 D，代表星期幾，以 3 個英文字表示，例如：" Sun "
l	小寫 L，代表星期幾，以英文全名表示，例如：" Sunday "
w	小寫 w，以數字表示星期幾，例如：" 0" 到 " 6"
m	小寫 m，代表幾月，例如：" 01" 到 " 12"
n	小寫 n，代表幾月，不足 2 位數不補 0，例如：" 1" 到 "12"
M	大寫 M，代表幾月，以 3 個英文字表示，例如："Oct"
F	大寫 F，代表幾月，以英文全名表示，例如：" October"
Y	大寫 Y，代表西元幾年，以 4 位數表示，例如：" 1999"
y	小寫 y，代表西元幾年，以 2 位數表示，例如："99"
t	小寫 t，代表當月的天數，例如：" 28" 到 " 31"
z	小寫 z，代表一年中的第幾天，例如：" 0" 到 " 365"
L	大寫 L，判斷是否為閏年
W	大寫 W，今天是一年中的第幾週。

接著介紹與時間有關的格式化參數，請注意大小寫代表的意義不同：

【表 2、與時間有關的參數】

參數	說明
h	小寫 h，代表小時，12 小時制，例如：" 01 " 到 " 12 "
g	小寫 g，代表小時，12 小時制不足 2 位數不補 0，例如：" 1 " 到 " 12 "
H	大寫 H，代表小時，24 小時制，例如：" 00 " 到 " 23 "
G	大寫 G，代表小時，24 小時制不足 2 位數不補 0，例如：" 0 " 到 " 23 "
a	小寫 a，"am" 或 "pm"
A	大寫 A，"AM" 或 "PM"
i	小寫 i，代表幾分，例如：" 00 " 到 " 59 "
s	小寫 s，代表幾秒，例如：" 01" 到 " 59 "
T	大寫 T，代表目前設定的時區

《 8-1-4 》 日期 / 時間格式化輸出

日期時間格式化輸出是指「將日期或時間依照我們的要求顯示」，依據 DateTime 類別建立的物件可藉由執行 format( ) 方法的方式進行格式化的輸出。請於網頁上加入兩個時區設定，且於 format( ) 方法內加入年月日時分秒等各種日期時間格式化參數（檔案名稱：「Phpproject8」資料夾內「timezone. php」）：

```
01<!DOCTYPE html>
02<html>
03 <head>
04  <meta charset="UTF-8">
05  <title> 網頁內可設定不同的時區時間顯示 </title>
06 </head>
07 <body>
08 <?php
09 $dateTime1 = new DateTime("now", new DateTimeZone('Asia/Tokyo'));
10  echo " 日本時間 "."<br>";
11  echo $dateTime1->format("H:i:s")."<br>";
12  echo $dateTime1->format("T")."<br>";
13 $dateTime2 = new DateTime("now", new DateTimeZone('Asia/Taipei'));
14  echo " 台灣時間 "."<br>";
15  echo $dateTime2->format("H:i:s")."<br>";
16  echo $dateTime2->format("T")."<br>";
17 ?>
18 </body>
19</html>
```

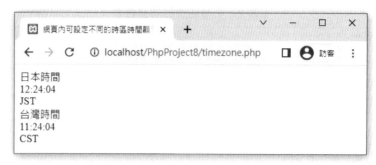

【圖 1、時區設定】

我們可以很方便的於網頁內調整與設定時區,這個練習於日期時間類別物件的 format( ) 方法內使用了以下幾個參數:

1. 參數 H 代表 24 小時制的小時,不足 2 位數補 0。

2. 參數 i 代表分鐘,不足 2 位數補 0。

3. 參數 s 代表秒數,不足 2 位數補 0。

4. 參數 T 代表時區。

我們可將多個與日期有關的參數加入日期時間類別物件的 format( ) 方法內運用,請於日期時間類別物件的 format( ) 方法內加入年月日等各種日期格式化參數(檔案名稱:「Phpproject8」資料夾內「date1.php」):

```
01<!DOCTYPE html>
02<html>
03 <head>
04   <meta charset="UTF-8">
05   <title>年月日表示</title>
06 </head>
07 <body>
08 <?php
09   date_default_timezone_set('Asia/Taipei');
10   $dateTime = new DateTime("now");
11   echo $dateTime->format("Y-m-j")."<br>";
12   echo $dateTime->format("y-n-j")."<br>";
13   echo $dateTime->format("Y-M-j")."<br>";
14   echo $dateTime->format("Y-m-d")."<br>";
15   echo $dateTime->format("Y-F-j")."<br>";
16 ?>
17 </body>
18</html>
```

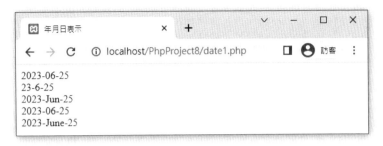

【圖 2、年月日表示】

整理 format( ) 方法內表示年月日的方式如表 3：

【表 3、年月日有關的參數】

參數	說明
Y	大寫 Y，代表西元幾年，以 4 位數表示，例如：" 1999"
y	小寫 y，代表西元幾年，以 2 位數表示，例如："99"
m	小寫 m，代表幾月，例如：" 01" 到 " 12"
n	小寫 n，代表幾月，不足 2 位數不補 0，例如：" 1" 到 "12"
M	大寫 M，代表幾月，以 3 個英文字表示，例如："Oct"
F	大寫 F，代表幾月，以英文全名表示，例如：" October"
d	小寫 d，代表日期，以數字表示，例如：" 01" 到 31"
j	小寫 j，代表日期，以數字表示，但是不足 2 位數不補 0，例如："1" 到 "31"

我們可將多個與時間有關的參數加入日期時間類別物件的 format( ) 方法內運用，請於日期時間類別物件的 format( ) 方法內加入時分秒等各種時間格式化參數（檔案名稱：「Phpproject8」資料夾內「date2.php」）：

```
01<!DOCTYPE html>
02<html>
03 <head>
04   <meta charset="UTF-8">
05   <title> 時分秒表示方式 </title>
06 </head>
07 <body>
08 <?php
09   $dateTime = new DateTime("now", new DateTimeZone('Asia/Taipei'));
10   echo $dateTime->format("g:i:s a")."<br>";
11   echo $dateTime->format("h:i:s A")."<br>";
```

```
12  echo $dateTime->format("G:i:s")."<br>";
13  echo $dateTime->format("H:i:s")."<br>";
14  echo $dateTime->format("T")."<br>";
15 ?>
16 </body>
17</html>
```

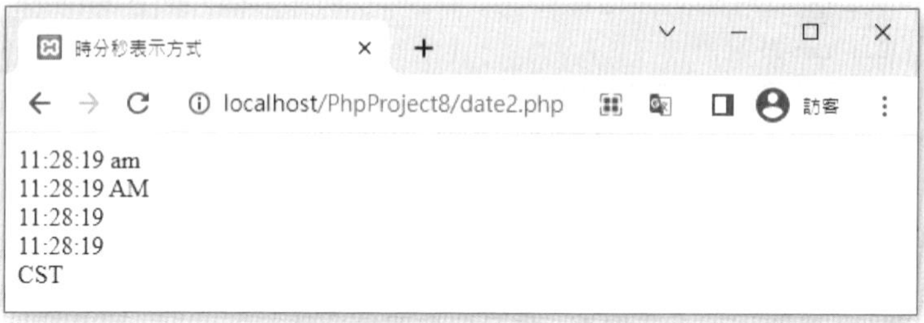

【圖 3、時分秒表示方式】

整理 format( ) 方法內表示時分秒的方式如表 4。

【表 4、時分秒有關的參數】

參數	說明
h	小寫 h，代表小時，12 小時制，例如："01" 到 "12"
g	小寫 g，代表小時，12 小時制不足 2 位數不補 0，例如："1" 到 "12"
H	大寫 H，代表小時，24 小時制，例如："00" 到 "23"
G	大寫 G，代表小時，24 小時制不足 2 位數不補 0，例如："0" 到 "23"
a	小寫 a，"am" 或 "pm"
A	大寫 A，"AM" 或 "PM"
i	小寫 i，代表幾分，例如："00" 到 "59"
s	小寫 s，代表幾秒，例如："01" 到 "59"

我們可將多個和閏年、星期與天有關的參數加入日期時間類別物件的 format( ) 方法內運用，請於日期時間類別物件的 format( ) 方法內加入閏年、星期與天等各種日期時間格式化參數（檔案名稱：「Phpproject8」資料夾內「date3. php」）：

```
01<!DOCTYPE html>
02<html>
03 <head>
```

```
04    <meta charset="UTF-8">
05    <title> 閏年、星期、天表示方式 </title>
06  </head>
07  <body>
08  <?php
09    $dateTime = new DateTime("now", new DateTimeZone('Asia/Taipei'));
10    echo "是否為閏年：".$dateTime->format("L")."<br>";
11    echo " 以英文全名表示星期幾？".$dateTime->format("l")."<br>";
12    echo " 以三個英文表示星期幾?".$dateTime->format("D")."<br>";
13    echo "以數字表示星期幾？".$dateTime->format("w")."<br>";
14    echo "今年第幾週？".$dateTime->format("W")."<br>";
15    echo "當月天數為 ".$dateTime->format("t")."<br>";
16    echo " 一年中第幾天？".$dateTime->format("z")."<br>";
17  ?>
18  </body>
19 </html>
```

【圖 4、閏年、星期與當月天數、一年中第幾天的表示方式】

整理 format( ) 方法內表示閏年、星期與天的方式如表 5。

【表 5、date( ) 內和閏年、星期與天有關的參數】

參數	說明
D	大寫 D，代表星期幾，以 3 個英文字表示，例如：" Sun "
l	小寫 L，代表星期幾，以英文全名表示，例如：" Sunday "
w	小寫 w，以數字表示星期幾，例如：" 0" 到 " 6"
t	小寫 t，代表當月的天數，例如：" 28" 到 " 31"
z	小寫 z，代表一年中的第幾天，例如：" 0" 到 " 365"
L	大寫 L，判斷是否為閏年
W	大寫 W，今天是一年中的第幾週。

系統所提供的顯示星期幾的參數只可以顯示英文的星期資訊，如果要顯示中文的星期資訊，可以使用很多種方式。DateTime 是一個類別，所以我們可以自訂一個類別，透過這個自訂的類別顯示中文的星期資訊，請參考以下的範例（檔案名稱：「Phpproject8」資料夾內「date4.php」）：

```
01<!DOCTYPE html>
02<html>
03 <head>
04  <meta charset="UTF-8">
05  <title>閏年、星期、天表示方式</title>
06 </head>
07 <body>
08 <?php
09  class DateTimeTaipei extends DateTime
10   {
11    public function format($format)
12     {
13      $english = array(
14      'Monday', 'Tuesday', 'Wednesday', 'Thursday',
15      'Friday', 'Saturday', 'Sunday');
16      $chinese = array(
17      '週一', '週二', '週三', '週四',
18      '週五', '週六', '週日');
19      return str_replace($english,$chinese,parent::format($format));
20     }
21    }
22  $dateTime = new DateTimeTaipei("now", new DateTimeZone('Asia/Taipei'));
23  echo " 以中文表示星期幾？ ".$dateTime->format("l")."<br>";
24 ?>
25 </body>
26</html>
```

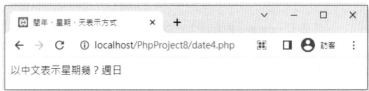

【圖 5、以中文表示星期幾】

第 09 行建立一個繼承 DateTime 類別的子類別，名為 DateTimeTaipei。規畫屬於自己的 format 方法，第 13 行到 15 行規畫建立一個名為 english 陣列，內容為英文的周幾的描述；第 16 行到 18 行規畫建立一個名為 chinese 陣列，內容為中文的周幾的描述。第 19 行回傳 str_replace() 函數執行結果。str_

replace( ) 函數內有三個參數，第一個參數為您要尋找的資料群，這裡我們設
定為在 english 陣列內尋找；第二個參數為您要替換的資料群，這裡我們設定
為在 chinese 陣列內尋找；第三個參數為您要尋找的字串，這裡我們設定為在
父類別 (DateTime) 的 format 動作內尋找您所傳遞進來的參數：

```
09  class DateTimeTaipei extends DateTime
10  {
11   public function format($format)
12    {
13     $english = array(
14     'Monday', 'Tuesday', 'Wednesday', 'Thursday',
15     'Friday', 'Saturday', 'Sunday');
16     $chinese = array(
17     '週一', '週二', '週三', '週四',
18     '週五', '週六', '週日');
19     return str_replace($english,$chinese,parent::format($format));
20    }
21  }
```

《 8-1-5 》設定日期時間與調整

請設計一個網頁，顯示固定的日期、明天、上一個月、明年、下一個小時、
下一周與下一分鐘的年月日時分秒資訊，請參考以下的網頁進行設計（檔案
名稱：「Phpproject8」資料夾內「showdatetime.php」）：

```
01<!DOCTYPE html>
02<html>
03 <head>
04  <meta charset="UTF-8">
05  <title>modify-1</title>
06 </head>
07 <body>
08 <?php
09 $dateTime = new DateTime("now", new DateTimeZone('Asia/Taipei'));
10 $dateTime->setDate(2023,10,12);
11 $dateTime->setTime(13,06,50);
12 echo "2023 年 10 月 12 日是週幾呢？是 ".$dateTime->format('l');
13 echo "<br> 今天是：".$dateTime->format('Y-m-d h:i:s');
14 $dateTime->modify('+1 day');
15 echo "<br> 明天是：".$dateTime->format('Y-m-d h:i:s');
16 $dateTime->modify('-1 month');
17 echo "<br> 上一個月是：".$dateTime->format('Y-m-d h:i:s');
18 $dateTime->modify('+1 year');
19 echo "<br> 明年是：".$dateTime->format('Y-m-d h:i:s');
20 $dateTime->modify('+1 hour');
21 echo "<br> 下一個小時為：".$dateTime->format("Y-m-j h:i:s");
```

```
22  $dateTime->modify('+1 week');
23  echo "<br>下一周為：".$dateTime->format("Y-m-j h:i:s");
24  $dateTime->modify('+1 min');
25  echo "<br>下一分鐘為：".$dateTime->format("Y-m-j h:i:s");
26  ?>
27  </body>
28</html>
```

【圖 6、指定特定日期與調整日期時間】

第 09 行建立了一個 DateTime 型態的物件 $dateTime，時區設定為 Asia/
Taipei。第 10 行執行 $dateTime 物件的 setDate ( ) 方法設定日期為 2023 年 10
月 12 日，並於第 11 行執行 $dateTime 物件的 setTime ( ) 方法設定時間為 13
點 6 分 50 秒。第 12 行代表顯示 2023 年 10 月 12 日這一天是周幾，而第 13
行代表輸出設定好日期時間的年月日時分秒資訊：

```
09  $dateTime = new DateTime("now", new DateTimeZone('Asia/Taipei'));
10  $dateTime->setDate(2023,10,12);
11  $dateTime->setTime(13,06,50);
12  echo "2023 年 10 月 12 日是週幾呢？是 ".$dateTime->format('l');
13  echo "<br>今天是：".$dateTime->format('Y-m-d h:i:s');
```

第 10 行及第 11 行設定日期時間為 2023 年 10 月 12 日 13 點 06 分 50 秒，第
14 行執行 $dateTime 物件的 modify( ) 方法調整日期時間，而這一行調整日期
時間的參數為「+1 day」，代表往前移動一天，所以第 15 行調整後的日期時
間為 2023 年 10 月 13 日 13 點 06 分 50 秒：

```
14  $dateTime->modify('+1 day');
15echo "<br>明天是：".$dateTime->format('Y-m-d h:i:s');
```

第 14 行調整後的日期時間為 2023 年 10 月 13 日 13 點 06 分 50 秒，第 16 行
執行 $dateTime 物件的 modify( ) 方法調整日期時間，而這一行調整日期時間
的參數為「-1 month」，代表退後一個月，所以第 16 行調整後的日期時間為
2023 年 09 月 13 日 13 點 06 分 50 秒：

```
16  $dateTime->modify('-1 month');
17 echo "<br>上一個月是：".$dateTime->format('Y-m-d h:i:s');
```

第 16 行調整後的日期時間為 2023 年 09 月 13 日 13 點 06 分 50 秒，第 18 行
代表往前移動一年，第 20 行代表往前移動一個小時，第 22 行代表往前移動
一個禮拜，而第 24 行代表往前移動一分鐘，再請您自行計算移動後的日期時
間。

```
18  $dateTime->modify('+1 year');
19  echo "<br>明年是：".$dateTime->format('Y-m-d h:i:s');
20  $dateTime->modify('+1 hour');
21  echo "<br>下一個小時為：".$dateTime->format("Y-m-j h:i:s");
22  $dateTime->modify('+1 week');
23  echo "<br>下一周為：".$dateTime->format("Y-m-j h:i:s");
24  $dateTime->modify('+1 min');
25  echo "<br>下一分鐘為：".$dateTime->format("Y-m-j h:i:s");
```

我們也可以在 DateTime 類別建立的物件之 modify( ) 方法內加入 first、last、
this、next 等詞彙調整為特定的日期，請參考以下的網頁進行設計（檔案名稱：
「Phpproject8」資料夾內「showdatetime2.php」）：

```
01 <!DOCTYPE html>
02 <html>
03 <head>
04  <meta charset="UTF-8">
05  <title>modify-2</title>
06 </head>
07 <body>
08 <?php
09  $dateTime = new DateTime("now", new DateTimeZone('Asia/Taipei'));
10  echo "<br>今天是：".$dateTime->format('Y-m-d h:i:s');
11  $dateTime->modify('first day of this month');
12  echo "<br>first day of then month is：";
13  echo $dateTime->format('Y-m-d h:i:s');
14  $dateTime->modify('last day of this month');
15  echo "<br>last day of this month is：";
16  echo $dateTime->format('Y-m-d h:i:s');
17  $dateTime->modify('first day of next month');
18  echo "<br>first day of next month is：";
```

```
19   echo $dateTime->format('Y-m-d h:i:s');
20   $dateTime->modify('first day of last month');
21   echo "<br>first day of last month is：";
22   echo $dateTime->format('Y-m-d h:i:s');
23   $dateTime->modify('fifth month');
24   echo "<br>first day of next month is：";
25   echo $dateTime->format('Y-m-d h:i:s');
26   ?>
27   </body>
28</html>
```

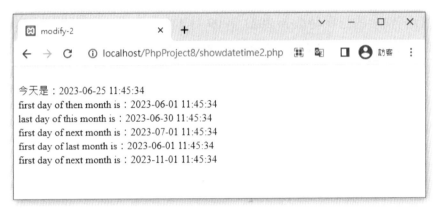

【圖 7、調整為特定的日期】

第 09 行建立了一個 DateTime 型態的物件 $dateTime，時區設定為 Asia/ Taipei。第 10 行執行 $dateTime 物件的 format( ) 方法顯示 Y、m、d、h、i、s 六個日期時間參數資訊：

```
09   $dateTime = new DateTime("now", new DateTimeZone('Asia/Taipei'));
10   echo "<br>今天是："  .$dateTime->format('Y-m-d h:i:s');
```

第 11 行執行 $dateTime 物件的 modify( ) 方法調整日期時間，而這一行調整日期時間的參數為「first day of this month」，代表這個月的第一天：

```
11   $dateTime->modify('first day of this month');
12   echo "<br>first day of then month is："  ;
13   echo $dateTime->format('Y-m-d h:i:s');
```

第 14 行執行 $dateTime 物件的 modify( ) 方法調整日期時間，而這一行調整日期時間的參數為「last day of this month」，代表這個月的最後一天：

```
14  $dateTime->modify('last day of this month');
15  echo "<br>last day of this month is：";
16  echo $dateTime->format('Y-m-d h:i:s');
```

第 17 行執行 $dateTime 物件的 modify( ) 方法調整日期時間，而這一行調整日期時間的參數為「first day of next month」，代表下個月的第一天：

```
17  $dateTime->modify('first day of next month');
18  echo "<br>first day of next month is：";
19  echo $dateTime->format('Y-m-d h:i:s');
```

第 20 行執行 $dateTime 物件的 modify( ) 方法調整日期時間，而這一行調整日期時間的參數為「first day of last month」，代表上個月的第一天：

```
20  $dateTime->modify('first day of last month');
21  echo "<br>first day of last month is：";
22  echo $dateTime->format('Y-m-d h:i:s');
```

第 23 行執行 $dateTime 物件的 modify( ) 方法調整日期時間，而這一行調整日期時間的參數為「fifth month」，代表往後挪五個月：

```
23  $dateTime->modify('fifth month');
24  echo "<br>first day of next month is：";
25  echo $dateTime->format('Y-m-d h:i:s');
```

《 8-1-6 》字串轉日期時間型態資料

我們可以從表單網頁輸入日期時間資料，表單輸入的元件可以挑選 text 或著 date，date 是 html5 新增的表單元件（檔案名稱：「Phpproject8」資料夾內「strtotime1.html」）：

```
01<!DOCTYPE html>
02<html>
03 <head>
04  <title> 輸入日期資料後轉為年月日時分秒做比較 </title>
05  <meta charset="UTF-8">
06  <meta name="viewport" content="width=device-width, initial-scale=1.0">
07 </head>
08 <body>
09  <div> 可以比較 text 與 date 的差別 </div>
10   <form action="strtotime1.php" method="post" >
```

```
11     以 text 型態輸入 <br>
12     輸入第 1 段時間 :<input type="text" name="date1"><br>
13     輸入第 2 段時間 :<input type="text" name="date2"><br>
14     以 date 型態輸入 <br>
15     輸入第 3 段時間 :<input type="date" name="date3"><br>
16     輸入第 4 段時間 :<input type="date" name="date4"><br>
17     <input type="submit">    
18       <input type="reset">
19     </form>
20 </body>
21</html>
```

【圖 8、表單內的 date 型態元件】

接收表單資料後接著要進行格式轉換，否則資料為字串型態，不是日期時間
型態（檔案名稱：「Phpproject8」資料夾內「strtotime1.php」）：

```
01<!DOCTYPE html>
02<html>
03 <head>
04  <meta charset="UTF-8">
05  <title> 接收日期資料 </title>
06 </head>
07 <body>
```

```php
08 <?php
09 date_default_timezone_set('Asia/Taipei');
10 $date1=isset($_POST['date1'])?$_POST['date1']:'2023/10/21';
11 $date2=isset($_POST['date2'])?$_POST['date2']:'2023/10/28';
12 $date3=isset($_POST['date3'])?$_POST['date3']:'2023/10/21';
13 $date4=isset($_POST['date4'])?$_POST['date4']:'2023/10/28';
14 echo "<br>date1 型態:<br>";
15 var_dump($date1);
16 if(strtotime($date1))
17  {
18     $dateTime1 = strtotime($date1);
19     echo "<br>dateTime1 型態:<br>";
20     var_dump($dateTime1);
21     echo '轉換後日期<br>';
22     $dateTime1 = date('Y-m-d',$dateTime1);
23     echo "第 1 個日期為 ".$dateTime1."<br>";
24  }
25 else
26     echo '<br>第 1 個轉換日期失敗';
27 echo "<hr>date2 型態:<br>";
28 var_dump($date2);
29 if(strtotime($date2))
30  {
31     $dateTime2 = strtotime($date2);
32     echo "<br>dateTime2 型態:<br>";
33     var_dump($dateTime2);
34     echo '轉換後日期<br>';
35     $dateTime2 = date('Y-m-d',$dateTime2);
36     echo "第 2 個日期為 ".$dateTime2."<br>";
37  }
38 else
39   echo '<br>第 2 個轉換日期失敗';
40 echo "<hr>date3 型態:<br>";
41 var_dump($date3);
42 if(strtotime($date3))
43  {
44     $dateTime3 = strtotime($date3);
45     echo "<br>dateTime3 型態:<br>";
46     var_dump($dateTime3);
47     echo '轉換後日期<br>';
48     $dateTime3 = date('Y-m-d',$dateTime3);
49     echo "第 3 個日期為 ".$dateTime3."<br>";
50  }
51 else
52   echo '<br>第 3 個轉換日期失敗';
53 echo "<hr>date4 型態:<br>";
54 var_dump($date4);
55 if(strtotime($date4))
56  {
57    $dateTime4 = strtotime($date4);
58    echo "<br>dateTime4 型態:<br>";
59    var_dump($dateTime4);
60    echo '轉換後日期<br>';
```

```
61    $dateTime4 = date('Y-m-d',$dateTime4);
62    echo "第 4 個日期為 ".$dateTime4."<br>";
63    }
64  else
65    echo '<br>第 4 個轉換日期失敗 ';
66  ?>
67  </body>
68 </html>
```

第 09 行將時區設定為亞洲台北時區，第 10 到 13 行為接收資料的判斷，如果沒有資料則分別預設為 2023/10/21 與 2023/10/28 兩個日期：

```
09  date_default_timezone_set('Asia/Taipei');
10  $date1=isset($_POST['date1'])?$_POST['date1']:'2023/10/21';
11  $date2=isset($_POST['date2'])?$_POST['date2']:'2023/10/28';
12  $date3=isset($_POST['date3'])?$_POST['date3']:'2023/10/21';
13  $date4=isset($_POST['date4'])?$_POST['date4']:'2023/10/28';
```

第 15 行的輸出可以看到傳遞過來的表單控制項都是字串型態的資料，雖然 $date3 與 $data4 是 date 表單控制項產生的資料，可是網頁傳遞過程中他是當成字串資料。

第 16 行判斷字串是否可以轉換為日期時間型態，如果可以轉換就可以在第 18 行進行轉換，所以第 20 號就可看到資料已經轉換為日期時間型態。轉換之後仍須設定格式才可以顯示，所以第 22 行設定格式為 Y-m-d：

```
14  echo "<br>date1 型態 :<br>";
15  var_dump($date1);
16  if(strtotime($date1))
17    {
18      $dateTime1 = strtotime($date1);
19      echo "<br>dateTime1 型態 :<br>";
20      var_dump($dateTime1);
21      echo '轉換後日期 <br>';
22      $dateTime1 = date('Y-m-d',$dateTime1);
23      echo "第 1 個日期為 ".$dateTime1."<br>";
24    }
25  else
26      echo '<br>第 1 個轉換日期失敗 ';
```

【圖 9、表單輸入資料後可看見資料分屬字串與日期時間物件型態】

8-2 自訂函數

除了上述介紹關於日期／時間函數外，我們在前面章節裡介紹了 isset( ) 函數判斷表單傳遞的 $_GET 或 $_POST 系統陣列變數是否存在。如果我們要的功能是系統沒有提供的，或者我們想要把常用的語法集中起來，那就得建立自訂函數。

《 8-2-1 》 自訂函數：沒有傳入與傳回值

當我們呼叫函數時，沒有將資料傳入函數內，也沒有將資料傳送回去，這樣的函數，該如何規劃呢？首先，我們先來瞧瞧這一種類型自訂函數的格式：

```
function 函數名稱 ( )
{
  函數內容 ;
}
```

例如希望網頁上顯示「網頁內容與圖片均屬版權所有，不得盜用」，而這一段文字若放在函數內，我們可用呼叫函數的方式在網頁上顯示該段文字（檔案名稱：「Phpproject8」資料夾內「function01.php」）：

```
01<!DOCTYPE html>
02<html>
03 <head>
04  <meta charset="UTF-8">
05  <title> 自訂函數：沒有傳入也沒有送出 </title>
06 </head>
07 <body>
08 <?php
09   function gotofunction( )
10     {
11     echo " 歡迎來到池上，體驗不同的風景生活 ";
12     }
13 ?>
14 <table width="100%" border="0">
15  <tr><td>
16   <img src="Fanaw2020.jpg" width="50%" height="50%">
17  </td></tr>
18  <tr><td><?php gotofunction( ); ?></td></tr>
19 </table>
20 </body>
21</html>
```

【圖 10、自訂函數：沒有傳入也沒有傳回】

您會看到網頁表格內會有文字。我們來看第 09 行到第 12 行的語法：

```
08 <?php
09   function gotofunction( )
10     {
11     echo " 歡迎來到池上，體驗不同的風景生活 ";
12     }
13 ?>
```

第 09 行代表一個叫做 gotofunction( ) 自訂函數，自訂函數內不論行數有多少行，都必須加上大括弧 { }，而這個叫做 gotofunction( ) 自訂函數內只做一件事情，那就是 echo，我們來看第 18 行的內容：

```
14 <table width="100%" border="0">
15 <tr><td>
16   <img src="Fanaw2020.jpg" width="50%" height="50%">
17 </td></tr>
18 <tr><td><?php gotofunction( ); ?></td></tr>
19 </table>
```

我們在表格內呼叫 php 語法，所以您會看到 <?php ?> 這樣的敘述。而 <?php ?> 內的語法是什麼呢？執行 gotofunction( ) 函數。因為要執行 gotofunction( ) 函數，所以請記得加上分號「；」。

《 8-2-2 》 自訂函數：有傳入沒有傳回值

呼叫函數時會將資料傳入函數內，但沒有將資料傳送回去，這樣的函數，該
如何規劃呢？首先，我們先來瞧瞧這一種類型自訂函數的格式：

```
function 函數名稱 ( 接收資料的變數 )
{
  函數內容 ;
}
```

接收資料的變數於 PHP8 內可進行型態宣告，例如依據今天日期的不同，顯
示今天是週幾等資訊，那該怎麼做呢？（檔案名稱：「Phpproject8」資料夾
內「function02.php」）

```
01<!DOCTYPE html>
02<html>
03 <head>
04  <meta charset="UTF-8">
05  <title> 自訂函數：沒有傳入也沒有送出 </title>
06 </head>
07 <body>
08 <?php
09  function week($dateweek)
10   {
11    switch($dateweek)
12     {
13      case 0:
14       echo " 今天是週日，放假嚕～ "."<br>";
15       break;
16      case 1:
17       echo " 今天是週一，今天要上課～ "."<br>";
18       break;
19      case 2:
20       echo " 今天是週二，還是要上課～ "."<br>";
21       break;
22      case 3:
23       echo " 今天是週三，今天要補習～ "."<br>";
24       break;
25      case 4:
26       echo " 今天是週四，剩下兩天上課～ "."<br>";
27       break;
28      case 5:
29       echo " 今天是週五，下課就可以 Happy ～ "."<br>";
30       break;
31      case 6:
32       echo " 今天是週六，睡飽飽看電影～ "."<br>";
33       break;
```

```
34      }
35    }
36 ?>
37 <table width="100%" border="0">
38 <tr><td> 現在主機時間：</td></tr>
39 <tr><td>
40 <?php
41  $dateTime = new DateTime("now", new DateTimeZone('Asia/Taipei'));
42  week($dateTime->format("w"));
43 ?>
44 </td></tr>
45 </table>
46 </body>
47</html>
```

【圖 11、自訂函數：有傳入但沒有送出 】

這一個練習您會看到網頁將顯示主機今天是周幾，然後顯示相關資訊。PHP
語法內第 10 行到第 35 行內設計一個函數：

```
09   function week($dateweek)
10   {
......
35   }
```

這裡指寫了一個叫做 week( ) 自訂函數，這個自訂函數接收了一個參數，自
訂了 $dateweek 變數接收資料，接收資料後再進行 switch case 條件判斷，那
$dateweek 變數來源是？我們來瞧瞧網頁裡哪一行語法裡呼叫 week( ) 函數：

```
41  $dateTime = new DateTime("now", new DateTimeZone('Asia/Taipei'));
42  week($dateTime->format("w"));
```

第 41 行依據 DateTime 類別設定好時區為 Asia/Taipei 的日期時間物件
$dateTime，第 42 行執行 $dateTime 物件的 format 方式以 w 參數格式化輸出
日期時間資料，再將格式化輸出日期時間資料送至 week( ) 函數內。

《 8-2-3 》 自訂函數：有傳入有傳回值

呼叫使用函數時會將資料傳入函數內，但希望函數將計算結果傳送回去，這樣的函數，該如何規劃呢？首先我們先來瞧瞧這一種類型自訂函數的格式：

```
function 函數名稱 ( 接收資料的變數 )
{
  函數內容 ;
  return 欲傳回的變數 ;
}
```

我們設計了一個表單，將三個科目成績輸入後，希望告訴我們平均成績，那該怎麼做呢？請先設計表單網頁（檔案名稱：「Phpproject8」資料夾內「function03.html」）：

```
01<!DOCTYPE html>
02 <html>
03  <head>
04   <title> 輸入三個科目成績 </title>
05   <meta charset="UTF-8">
06   <meta name="viewport" content="width=device-width, initial-scale=1.0">
07   <script>
08    function check( )
09     {
10      if(document.form1.c1.value=="")
11       {
12        window.alert(' 請輸入資料 ');
13        document.form1.c1.focus( );
14        return  false;
15       }
16      else if(document.form1.c2.value=="")
17       {
18        window.alert(' 請輸入資料 ');
19        document.form1.c2.focus( );
20        return false;
21       }
22      else if(document.form1.c3.value=="")
23       {
24        window.alert(' 請輸入資料 ');
25        document.form1.c3.focus( );
26        return false;
27       }
28      else
29       return true;
30     }
31    function check1(obj)
32     {
33      var re=/^[0-9]*$/;
```

```
34      if (!re.test(obj.value))
35       {
36        alert(" 不能有特殊符號 ");
37        obj.value="";
38        obj.focus( );
39        return false;
40       }
41     }
42  </script>
43  </head>
44  <body><div>
45  <form name="form1" method="post" action="fun3.php" onSubmit="return check( )">
46  國文成績：
47  <input type="text" name="c1" maxlength="3" size="3" onkeyup="check1(this)">
48  <br>英文成績：
49  <input type="text" name="c2" maxlength="3" size="3" onkeyup="check1(this)">
50  <br>數學成績：
51  <input type="text" name="c3" maxlength="3" size="3" onkeyup="check1(this)">
52  <br><input type="submit">
53  </form>
54  </div></body>
55  </html>
```

為了降低 PHP 程式的負擔，所以這個練習裡我們也於表單網頁上加入驗證語法。第 45 行表單執行事件送出資料之前，會先執行 check( ) 函數，若 check( ) 函數傳回 true 代表可送出資料，若 check( ) 函數傳回 false 代表不可以送出資料：

```
45  <form name="form1" method="post" action="fun3.php" onSubmit="return check( )">
```

check( ) 函數將依序判斷這份文件（document）內名為 form1 的 c1、c2 及 c3 所輸入的內容是否為空白，若條件成立代表沒有輸出資料，因此將於網頁上彈出訊息（執行 window.alert( ) 函數）框後再返回沒有輸入資料的 c1、c2 或 c3 表單內單行文字框元件（執行 focus( ) 函數使元件得到滑鼠或鍵盤控制權），並傳回 false。若表單上三個欄位均有輸入資料，則傳回 true 代表可傳回資料：

```
10      if(document.form1.c1.value=="")
11       {
12        window.alert(' 請輸入資料 ');
13        document.form1.c1.focus( );
14        return   false;
15       }
16      else if(document.form1.c2.value=="")
17       {
18        window.alert(' 請輸入資料 ');
```

```
19      document.form1.c2.focus( );
20      return false;
21    }
22   else if(document.form1.c3.value=="")
23   {
24    window.alert(' 請輸入資料 ');
25    document.form1.c3.focus( );
26    return false;
27   }
28   else
29    return true;
```

這個練習限制資料必須為整數型態，如果不在表單進行過濾分析，後端 PHP
網頁將會接收到非整數型態資料，PHP 檢查資料若發現型態不合再返回表單，
如此流程反而會讓使用者不便。所以這個練習裡我們於 c1、c2、c3 三個單行
文字框元件裡偵測鍵盤放開時也就是於 onkeyup( ) 事件觸發時執行 check1( ) 函
數，而呼叫函數時將執行這個函數的元件當作參數（也就是小括弧裡的 this）
進行傳遞：

```
46 國文成績：
47 <input type="text" name="c1" maxlength="3" size="3" onkeyup="check1(this)">
48 <br> 英文成績：
49 <input type="text" name="c2" maxlength="3" size="3" onkeyup="check1(this)">
50 <br> 數學成績：
51 <input type="text" name="c3" maxlength="3" size="3" onkeyup="check1(this)">
```

check1 ( ) 函數將進行資料檢驗，第 33 行建立一個正規表示式為 re，re 測試
obj 是否符合正規表示式，若不符合則彈跳出訊息後將 obj.value 設定為空值，
並使 obj 得到滑鼠鍵盤控制權後再傳回 false：

```
31   function check1(obj)
32   {
33    var re=/^[0-9]*$/;
34    if (!re.test(obj.value))
35     {
36     alert(" 不能有特殊符號 ");
37     obj.value="";
38     obj.focus( );
39     return false;
40    }
41   }
```

第 33 行是正規表示式，將該行正規表示式拆解後可依序解釋其用途如下表：

【表 6、整數資料驗證】

驗證語法	說明
^	字串頭
[0-9]	代表 0 至 9 這幾個字元
*	代表 0 或多個
$	字串尾

【圖 12、輸入資料若非整數時顯示的訊息】

當表單資料送出後，PHP 如何處理資料呢？（檔案名稱：「Phpproject8」資料夾內「fun3.php」）

```
01<!DOCTYPE html>
02<html>
03 <head>
04  <meta charset="UTF-8">
05  <title> 自訂函數：有傳入也有送出 </title>
06 </head>
07 <body>
08 <table width="100%" border="1">
09 <tr><td> 平均成績：</td></tr>
10 <tr><td>
11 <?php
12 function checknum($class1,$class2,$class3)
13   {
14    $average1=($class1+$class2+$class3)/3;
15    return $average1;
16   }
17 if(isset($_POST['c1']) and is_numeric($_POST['c1']))
18    $class1a=$_POST['c1'];
19 else
20    die("c1 沒有資料或格式不對 ");
21 if(isset($_POST['c2']) and is_numeric($_POST['c2']))
22    $class2a=$_POST['c2'];
23 else
```

```
24    die("c2 沒有資料或格式不對 ");
25  if(isset($_POST['c3']) and is_numeric($_POST['c3']))
26    $class3a=$_POST['c3'];
27  else
28    die("c3 沒有資料或格式不對 ");
29  $average2=checknum($class1a,$class2a,$class3a);
30  echo $average2;
31 ?>
32 </td></tr></table>
33 </body>
34</html>
```

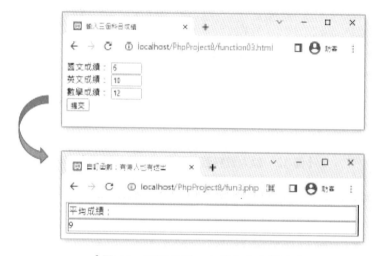

【圖 13、自訂函數：有傳入也有送出】

PHP 的函數在第 12 行至第 16 行：

```
12  function checknum($class1,$class2,$class3)
13    {
14    $average1=($class1+$class2+$class3)/3;
15    return $average1;
16    }
```

您會看到函數自訂了 $class1、$class2、$class3 三個變數接收資料，接收資料後就會把這三個變數加總後除以 3，並將結果傳給 $average1 變數，最後將 $average1 變數傳回，傳回哪裡呢？我們來瞧瞧網頁裡哪一行語法裡呼叫 checknum( ) 函數：

```
27    $average2=checknum($class1a,$class2a,$class3a);
28    echo $average2;
```

請看 27 行的語法,將 \$class1a,\$class2a,\$class3a 三個變數丟給 checknum( ) 函數,而第 12 行 checknum( ) 函數以 \$class1,\$class2,\$class3 三個變數接收並處理好資料後在第 15 行以 \$average1 變數傳回第 27 行,由 \$average2 變數接收。

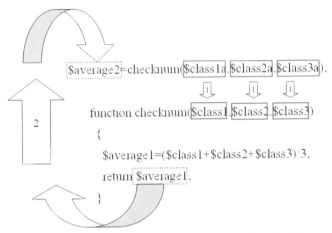

【圖 14、自訂函數:有傳入也有送出的執行流程】

《 8-2-4 》 自訂函數:多個回傳值

假如函數不止傳回一個變數,而是多個變數,那該怎麼辦呢?以上一個例子為例,假設我們希望函數傳回平均成績、國文成績、英文成績、數學成績,那我該怎麼設計呢?在此請您將 function03.html 另存新檔為 function04.html,並將「action=" fun3.php"」改為「action=" fun4.php"」,或請參考檔案名稱:「Phpproject8」資料夾內「function04.html」,接收網頁可以如此設計(檔案名稱:「Phpproject8」資料夾內「fun4.php」):

```
01<!DOCTYPE html>
02<html>
03 <head>
04  <meta charset="UTF-8">
05  <title> 自訂函數:多個回傳值 </title>
06 </head>
07 <body>
08 <table width="100%" border="1">
09 <tr><td> 平均成績:</td></tr>
10 <tr><td>
11 <?php
```

```
12    function checknum($class1,$class2,$class3)
13     {
14      $average1=($class1+$class2+$class3)/3;
15      echo "傳回各科成績與平均成績 "."<br>";
16      return array($class1,$class2,$class3,$average1);
17     }
18    if(isset($_POST['c1']) and is_numeric($_POST['c1']))
19     $class1a=$_POST['c1'];
20    else
21     die("c1 沒有資料或格式不對 ");
22    if(isset($_POST['c2']) and is_numeric($_POST['c2']))
23     $class2a=$_POST['c2'];
24    else
25     die("c2 沒有資料或格式不對 ");
26    if(isset($_POST['c3']) and is_numeric($_POST['c3']))
27     $class3a=$_POST['c3'];
28    else
29     die("c3 沒有資料或格式不對 ");
30    list($a,$b,$c,$d)=checknum($class1a,$class2a,$class3a);
31    echo " 接收多個訊息如下 "."<br>";
32    echo " 國文成績：".$a."<br>";
33    echo " 英文成績：".$b."<br>";
34    echo " 數學成績：".$c."<br>";
35    echo " 平均成績：".$d."<br>";
36    ?>
37    </td></tr></table>
38    </body>
39</html>
```

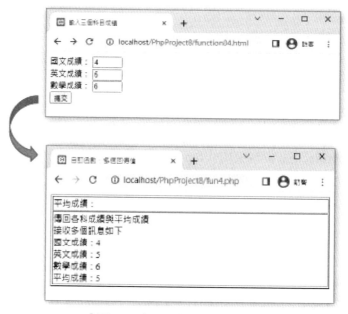

【圖 15、自訂函數：多個回傳值】

PHP 的函數在第 12 行至第 17 行：

```
12    function checknum($class1,$class2,$class3)
13    {
14    $average1=($class1+$class2+$class3)/3;
15    echo "傳回各科成績與平均成績"."<br>";
16    return array($class1,$class2,$class3,$average1);
17    }
```

函數自訂了 $class1、$class2、$class3 三個變數接收資料，接收資料後就會把這三個變數加總後除以 3，最後**以陣列的方式**傳回三科成績與平均值，那會傳回哪裡呢？我們來瞧瞧網頁裡哪一行語法裡呼叫 checknum( ) 函數：

```
30    list($a,$b,$c,$d)=checknum($class1a,$class2a,$class3a);
31    echo "接收多個訊息如下"."."<br>";
32    echo "國文成績:".$a."<br>";
33    echo "英文成績:".$b."<br>";
34    echo "數學成績:".$c."<br>";
35    echo "平均成績:".$d."<br>";
```

第 30 行的語法將 $class1a,$class2a,$class3a 三個變數丟給 checknum 函數，而第 12 行 checknum 函數以 $class1,$class2,$class3 三個變數接收並處理好資料後在第 16 行以陣列 array($class1,$class2,$class3,$average1) 變數傳回。

第 30 行以 list( ) 函數接收資料，list( ) 函數內設定多個變數，第一個變數 $a 對應傳回的 $class1 變數，第二個變數 $b 對應傳回的 $class2 變數，以此類推，接收完資料後就可在第 32 行到第 35 行依序顯示各科成績與平均成績。

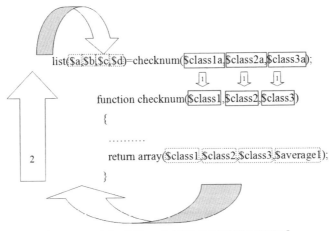

【圖 16、自訂函數：多個回傳值的執行流程】

《 8-2-5 》 函數接收值進一步設定

接收資料時可用陣列收接，接收後再依據陣列索引值逐一進行資料分析處理，另外於 PHP5.6 以上可以於函數內進行不固定接收數量的參數設定，以「...」方式表示，請參考以下的練習（檔案名稱：「Phpproject8」資料夾內「finction03. php」）：

```
01<!DOCTYPE html>
02<html>
03 <head>
04  <meta charset="UTF-8">
05  <title> 自訂函數：可傳遞陣列與不固定接收數量 </title>
06 </head>
07 <body>
08 <?php
09  function takes_array($input)
10  {
11  foreach ($input as $n)
12    { echo ' 參數 :'.$n.'<br>'; }
13  echo '<hr>';
14  }
15  echo ' 傳遞 2 個參數，以陣列方式接收 :<br>';
16  $array1 =  array (80,60);
17  takes_array($array1);
18  echo ' 傳遞 3 個參數，以陣列方式接收 :<br>';
19  $array1 =  array (80,40,30);
20  takes_array($array1);
21  function sum(...$numbers)
22  {
23   $acc = 0;
24   foreach ($numbers as $n)
25    {
26     echo ' 參數 :'.$n.'<br>';
27     $acc += $n;
28    }
29   return $acc;
30  }
31  echo ' 傳遞 4 個參數，以函數接收不固定參數 :<br>';
32  echo sum(1, 2, 3, 4);
33  echo '<hr>';
34  echo ' 傳遞 5 個參數，以函數接收不固定參數 :<br>';
35  echo sum(1, 2, 3, 4,5);
36 ?>
37 </body>
38</html>
```

【圖 17、自訂函數：可傳遞陣列與不固定接收數量】

函數可以設定以陣列或不固定接收數量方式接收不同數量的參數，讓您的程式規劃更有彈性。

8-3 php8 於函數的新增功能

PHP 本身是動態程式語言，變數不需要進行定義，PHP8 強化程式安全性，避免不必要的錯誤產生，所以接收與傳回資料可分別進行型態定義，另外也可透過「declare(strict_types=1);」方式強制規範呼叫函數的網頁文件必須遵守資料型態的定義進行資料的傳送與接收。以下各小節說明除非特別提醒，否則於 PHP5 環境上可能會產生空白畫面的無效操作。

《 8-3-1 》函數接收值型態設定

您若沒有規定接收值型態，當我們想要計算總合的結果時可能就會出現一些狀況，例如以下的練習（檔案名稱：「Phpproject8」資料夾內「function04.php」）：

```
01<!DOCTYPE html>
02<html>
03 <head>
04  <meta charset="UTF-8">
05  <title>自訂函數：沒有規定接收值型態</title>
06 </head>
07 <body>
08 <?php
09  function getTotal($a,$b)
10   {  return $a + $b; }
11  echo "整數與日期文字相加:<br>";
12  echo getTotal("2", "1 week")."<br>";
13  echo "浮點數與浮點數字串相加:<br>";
14  echo getTotal(2.8, "3.2")."<br>";
15  echo "浮點數與整數相加:<br>";
16  echo getTotal(2.5, 1)."<br>";
17 ?>
18 </body>
19</html>
```

【圖 18、自訂函數：沒有規定接收值型態】

我們計算兩個資料相加，第 12 行的 1 week 雖然自動轉換為 1，變成 2 加上 1 成為 3，但系統提出警告；第 14 行的 3.2 自動轉換為浮點數，成為 2.8 加上 3.2，結果為 6；第 16 行為兩個數值相加，成為 3.5。PHP8 可於函數接收值設定型態，計有 int，float，string 和 bool 等型態可以設定，也可以設定為物件或陣列。
若接收資料的變數有設定型態，自訂函數的格式改為以下方式呈現：

```
function 函數名稱 ( 型態宣告 接收資料的變數或者物件或著陣列 )
{
  函數內容；
}
```

如果函數接收時設定型態，例如設定為 int，請查看以下的練習（檔案名稱：
「Phpproject8」資料夾內「function05.php」）：

```
01<!DOCTYPE html>
02<html>
03 <head>
04  <meta charset="UTF-8">
05  <title>自訂函數：規定接收值型態</title>
06 </head>
07 <body>
08 <?php
09  function getTotal(int $a, int $b)
10  {  return $a + $b;  }
11  echo "整數與日期文字相加:<br>";
12  echo getTotal("2", "1 week")."<br>";
13  echo "浮點數與浮點數字串相加:<br>";
14  echo getTotal(2.8, "3.2")."<br>";
15  echo "浮點數與整數相加:<br>";
16  echo getTotal(2.5, 1)."<br>";
17 ?>
18 </body></html>
19
```

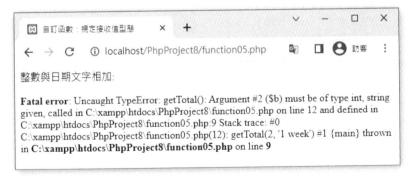

【圖 19、自訂函數：規定接收值型態】

我們計算兩個資料相加，第 12 行的語法不適合，所以系統產生了錯誤。

《 8-3-2 》返回資料型態設定

函數除了接收值可以進行型態的定義外，函數的傳回值也可以進行型態定義，接收與傳回這兩部分不一定同時都要設定型態。若傳回值設定型態，自訂函數的格式改為以下方式呈現：

```
function 函數名稱 ( 型態宣告 接收資料的變數或者物件或著陣列 ): 資料型態
{
   函數內容 ;
   return 欲傳回的變數 ;
}
```

函數除了接收值可以進行型態的定義外，函數的傳回值也可以進行型態定義，請參考以下的練習（檔案名稱：「Phpproject8」資料夾內「function06. php」）：

```
01<!DOCTYPE html>
02<html>
03 <head>
04   <meta charset="UTF-8">
05   <title> 自訂函數：沒有規定傳回值資料型態必須相符 </title>
06 </head>
07 <body>
08 <?php
09  function sum( $a,  $b) : int
10   { return $a + $b; }
11  function sum2( $a,  $b)
12   { return $a + $b; }
13  echo "傳送 4 與 5 到 sum，回傳 int:<br>";
14  echo sum(4, 5)."<br>";
15  echo "傳送 4.4 與 5.5 到 sum，回傳 int:<br>";
16  echo sum(4.4, 5.5)."<br>";
17  echo "傳送 4 與 5 到 sum2，回傳 :<br>";
18  echo sum2(4, 5)."<br>";
19  echo "傳送 4.4 與 5.5 到 sum2，回傳 :<br>";
20  echo sum2(4.4, 5.5)."<br>";
21 ?>
22 </body>
23</html>
```

傳送4與5到sum，回傳int:
9
傳送4.4與5.5到sum，回傳int:
9
傳送4與5到sum2，回傳:
9
傳送4.4與5.5到sum2，回傳:
9.9

【圖 20、自訂函數：自訂函數：沒有規定傳回值資料型態必須相符】

第 09 行規劃的 sum 函數定義了傳回值型態為 int，所以第 14 行傳送了 4 與 5 的加總傳回來的是 9，而第 16 行傳送了 4.4 與 5.5 兩個資料，但因為傳回值設定為 int，所以傳回來的是 9；第 11 行規劃的 sum2 函數並沒有定義傳回值型態，第 20 行傳送了 4.4 與 5.5 兩個資料，所以傳回來的是 9.9。

嚴格模式「declare(strict_types=1);」語法可規範傳回值函數的操作，所以相同的練習若在第 1 行加入嚴格模式，請參考以下的練習（檔案名稱：「Phpproject8」資料夾內「function07.php」）：

```
01<?php declare(strict_types=1);?>
02<!DOCTYPE html>
03<html>
04 <head>
05  <meta charset="UTF-8">
06  <title>自訂函數：沒有規定傳回值資料型態必須相符</title>
07 </head>
08 <body>
09 <?php
10  function sum( $a,  $b) : int
11   { return $a + $b; }
12  function sum2( $a,  $b)
13   { return $a + $b; }
14  echo "傳送 4 與 5 到 sum，回傳 int:<br>";
15  echo sum(4, 5)."<br>";
16  echo "傳送 4.4 與 5.5 到 sum，回傳 int:<br>";
17  echo sum(4.4, 5.5)."<br>";
18  echo "傳送 4 與 5 到 sum2，回傳 :<br>";
19  echo sum2(4, 5)."<br>";
20  echo "傳送 4.4 與 5.5 到 sum2，回傳 :<br>";
```

```
21  echo sum2(4.4, 5.5)."<br>";
22 ?>
23 </body>
24</html>
```

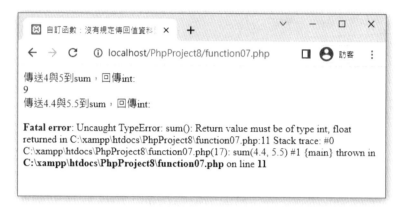

【圖 21、自訂函數：自訂函數：規定傳回值資料型態必須相符】

第 17 行傳送了 4.4 與 5.5 兩個資料，進行加總後實際的結果是 9.9，但因為傳回值設定為 int，所以在嚴格模式下產生了錯誤訊息。

8-4 結論

PHP8 的日期時間的處理可避免 2038 年顯示異常的問題。PHP 本身是動態程式語言，變數不需要進行定義，PHP8 強化程式安全性，避免不必要的錯誤產生，所以接收與傳回資料可分別進行型態定義，另外也可透過「declare(strict_types=1);」方式強制規範呼叫函數的網頁文件必須遵守資料型態的定義進行資料的傳送接收。下一章我們將要討論資料庫。

【重點提示】

1. 網頁時區在 PHP4 時代不需設定，而 PHP 5 若沒有作設定調整則預設為格林威治時間（與臺灣差八小時），PHP7 之後預設您一定要在 PHP 網頁內設定時區，避免誤判。

2. 請在 php.ini 內修改 date.timezone 設定，若是台灣時間請修改為 date.timezone= Asia/Taipei。

3. 每一個 PHP 網頁上可擁有多個時區設定。

4. PHP 可依據 DateTime 類別建立一個 DateTime 型態的物件，而 DateTime 類別的建構子內有兩個參數，第一個是日期時間字串，第二個是時區；時區請依據 DateTimeZone 類別輸入時區名稱建立物件，例如輸入 Asia/Taipei 代表建立亞洲台北時區。若您要規劃設定為台北時間，在此建立一個物件 $dateTime，物件導向語法上時區語法為 $dateTime = new DateTime("now", new DateTimeZone('Asia/Taipei'));

5. PHP 可依據 DateTime 類別建立的物件藉由執行 format( ) 方法的方式進行格式化的輸出。

6. PHP 設定特定的年月日時分秒有兩種方式。第一種是使用 DateTime 類別建立的物件之 setDate( ) 方法設定年月日，再使用 DateTime 類別建立的物件之 setTime( ) 方法設定時分秒。第二種方式使用 DateTime 類別建立的物件之 modify( ) 方法來調整日期時間。

7. PHP 可於 DateTime 類別建立的物件之 modify( ) 方法內加入 first、last、this、next 等詞彙調整為特定的日期。

8. 自訂函數可分沒有傳入與傳回值、有傳入沒有傳回值、有傳入有傳回值與多個回傳值等四種。

9. 接收資料時可用陣列收接，接收後再依據陣列索引值逐一進行資料分析處理，另外於 PHP5.6 以上可以於函數內進行不固定接收數量的參數設定，以「...」方式表示。

10. PHP8 可於函數接收值設定型態，計有 int，float，string 和 bool 等型態可以設定，也可以設定為物件或陣列。若接收資料的變數有設定型態，自訂函數的格式改為以下方式呈現：

```
function 函數名稱 ( 型態宣告 接收資料的變數或者物件或著陣列 )
{
  函數內容；
}
```

11. PHP8 可加入「declare(strict_types=1);」語法進行嚴格模式定義，強制規定這個文件的資料必須配合您所宣告的型態，否則將會出現錯誤訊息，請您留意這一行敘述必須放在第一行。如果您的函數是透過呼叫引用的方式載入，請您留意嚴格模式產生效用的範圍是呼叫函數的網頁，而不是定義函數的網頁。

12. 若傳回值設定型態，自訂函數的格式改為以下方式呈現：

```
function 函數名稱 ( 型態宣告 接收資料的變數或者物件或著陣列 ) : 資料型態
{
函數內容 ;
return 欲傳回的變數 ;
}
```

【問題與討論】

1. 請設計網頁顯示 2023 年 03 月 29 日是禮拜幾。

2. 請設計網頁顯示本週是一年的第幾週。

3. 請設計網頁顯示新加坡 (Asia/Singapore) 與台灣的時間。

4. 請設計網頁顯示年月日時分秒，格式可自由組合。

5. 請設計網頁顯示明年的今日是禮拜幾。

6. 以下有三題與日期時間處理有關的單選題，請您嘗試回答：

　　a. 與日期有關的格式化參數，請問那一個參數是錯的？

　　　　① 大寫 W 代表星期幾

　　　　② 大寫 D 代表星期幾

　　　　③ 小寫 d 代表日期

　　　　④ 大寫 M 代表幾月

　　　　⑤ 以上皆非

　　b. 與時間有關的格式化參數，請問那一個參數是錯的？

　　　　① 大寫 H 代表 24 小時制的小時

　　　　② 小寫 h 代表 12 小時制的小時

　　　　③ 大寫 I 代表幾分

④ 小寫 s 代表幾秒

⑤ 以上皆非

c. 以下 PHP 物件導向語法上日期時間介紹何者為非？

① 依據 DateTime 類別建立日期時間物件

② 物件執行 format( ) 方法進行格式化輸出

③ 物件執行 setDate( ) 方法設定年月日

④ 物件執行 setTime( ) 方法設定時分秒

⑤ 以上皆非

7. 請輸入身高體重，計算是否符合 BMI 標準體重範圍，而 BMI 標準體重範圍是一個自訂函數。

8. 請設計一個網頁，讓使用者輸入 12 個月的溫度，可計算年平均溫度、由大而小排序或由小而大排序，以上三種計算方式請以自訂函數方式處理。

第九章

認識資料庫系統與帳號管理

當您設計一個購物車網頁，客戶的帳號與購物記錄，要儲存在哪裡？當您設計一個討論區，討論的資料要儲存在哪裡？這些都要儲存在伺服器上，儲存在資料庫裡面。

本章將說明如何利用終端機、網頁與 Windows 視窗程式登入 MariaDB/MySQL 系統及基本的資料庫表操作。MariaDB/MySQL 的管理者帳號 root 於 Windows 的 XAMPP 套件以及 Linux 環境內預設是沒有密碼，這是非常危險的一件事情，因此接著本章會介紹如何修改 root 密碼。但是 MariaDB/MySQL 的 root 帳號具有最大的權限，為避免 root 密碼外洩及專案工作上的需要，建議新增帳號以避免使用 root 帳號，所以接著將介紹帳號與權限的建立與刪除。

MySQL 創辦人對於 MySQL 成為 Oracle 的產品後認為逐漸走向封閉，對未來的規劃不清晰，對安全性的問題反應也不夠快速，所以成立了另一個相容於它的分支計劃 - MariaDB，在 MySQL 5.5 之前的版本完全依照 MySQL 的版號演進，不過在 MySQL 5.6 時，MariaDB 加入了自己改善的功能後，就直接把版號改成 10.0.0 起算了。MariaDB 為了相容 MySQL，並讓使用者輕鬆取代現有資料庫的基礎下，所有的操作指令幾乎跟 MySQL 一模一樣，只有底層資料庫引擎不一樣而已。所以本書的資料庫操作方式與指定若沒有特別指定，都適用於 MariaDB 與 MySQL。

9-1 什麼是資料庫系統

如果您第一次聽到「資料庫」這一個名詞，會覺得這是很少碰到的陌生詞彙。其實，日常生活裡我們就有使用到資料庫的觀念，例如您如何紀錄家中的生活開銷？您是不是會將生活開銷分類，例如分成「交通」與「飲食」，每一類別分別紀錄每天的不同開銷？

資料庫的用途，就是讓您「快速且正確的新增、刪除、更新、查詢資料」，所以您可以很快的了解這個月哪一天的消費最高，您也可以很快的知道這個月飲食費總共花了多少錢。良好的資料庫管理，可加快處理的速度。例如學生的成績資料，如果使用紙本，您必須一頁一頁為每一位同學登錄成績，如果要統計一個班或一個年級的平均成績，還有想要知道最高分出現在哪一班，那該怎麼辦呢？如果使用資料庫，就可以很快地統計出所需的資料，而不需逐筆手動紀錄計算。

《 9-1-1 》 什麼是資料庫管理系統

一般提到「MariaDB」或者「MySQL」，其實包含了資料庫管理系統（Data Base Management System，簡稱為 DBMS）與資料庫（DataBase，簡稱為 DB）兩種。那什麼是資料庫管理系統呢？資料庫管理系統是許多程式集合而成，包括管理資料庫、負責資料的存取與控制，及提供使用者連線使用。資料庫管理系統可讓使用者有能力去建立與維護資料庫。MariaDB / MySQL 資料庫管理系統可包含以下九個項目：

1. 管理及公用程式；負責資料庫表的備份與還原、叢集管理。
2. 連接緩衝鋪：提供連結介面，可與其他程式語言溝通。
3. SQL 語法介面：包含 DDL、DML、Stored Procedures、Views、Triggers。
4. 解析器：負責 Query 語法解析處理。
5. 資料庫最佳化：最佳化可避免資料酷表產生損毀意外。
6. 暫存與緩衝區：傳遞資料過大時可能因緩衝區不足而失敗。
7. 可替換的儲存引擎：各種不同的儲存引擎提供不同的存取方式與記錄鎖定方式。
8. 檔案系統：依作業系統的不同，針對不同磁區格式進行資料庫表規劃與存取。
9. 檔案與記錄檔：包含索引資料、記錄檔。

【圖 1、MariaDB / MySQL Server 架構】

　資料庫管理系統內會有多個資料庫，每一個資料庫（Database）由一個或多個資料表 (Table) 組成，每一個資料表則是由一或多筆紀錄 (Record) 所組成，而記錄必須由多個欄位 (Culumn) 組成。而欄位必須設定型態而後儲存資料。

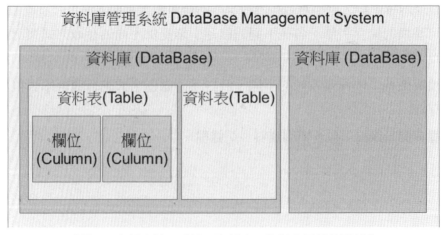

【圖 2、資料庫管理系統、資料庫、資料表及欄位關係】

MariaDB / MySQL 資料庫管理系統內也有一個資料庫叫做「mysql」，這是系統內重要的資料庫，mysql 資料庫內有五個重要的資料表，分別為 user、db、host 以及 tables_priv、columns_priv。user、db、host 主要是過濾使用者是否有「存取某個主機的某個資料庫資料」的權限，這三個資料表間互相交叉對應。而 tables_priv、columns_priv 主要可以使得 MySQL 對個別表格 (table) 或欄 (column) 設定權限。mysql 資料庫請勿刪除，否則會造成資料庫系統無法使用。

《 9-1-2 》 什麼是 SQL?

SQL (Structured Query Language, 結構化查詢語言) 是一種標準的關連式資料庫語言，由 IBM 於 1970 年代所研發出來的。SQL 為用 與關 式資 庫系統對話而使用的語言。目前版本為 1999 年所提出的 SQL/99 或稱 SQL/3，對物件導向 DB 與分散式 DB 有提供支援，並加入了程式設計的功能預存程式 (stored procedure)。

SQL 指令可分為資料定義語言 、資料處理語言、資料查詢語言、資料控制語言、資料管理指令、交易控制指令等六種。

資料定義語言 (Data Definition Language, DDL) 指操作資料庫物件，也就是建立 (Create) 資料庫、刪除 (Drop) 資料庫與更改 (Alter) 資料庫。

資料處理語言 (Data Manipulation Language, DML) 指操作資料表中的資料，也就是新增 (Insert into) 資料、更新 (Update) 資料與刪除 (Delete) 資料。

資料查詢語言 (Data Query Language, DQL) 指查詢資料表中的資料，也就是查詢 (Select) 資料。

資料控制語言 (Data Control Language, DCL) 指處理資料庫中的權限控管，也就是授與 (Grant) 權限、撤銷 (Revoke) 權限、更改密碼 (Alter Password)。

資料管理指令 (Data Administration Commands) 代表資料庫的稽核與分析。

交易控制指令 (Transactional Control Commands) 代表資料庫的交易動作。

9-2 登入資料庫與資料庫表檢視

系統登入方式可分為終端機或者網頁系統。網頁方式可使用 phpMyAdmin，這是一套 MariaDB/MySQL 管理網頁系統，很多整合安裝套件或環境裡會附贈，我們安裝的 XAMPP 就包含了這套系統，您也可由官方網站下載，解壓縮後放在網站目錄下就可以使用。

MariaDB/MySQL 連線時需經過兩道驗證程序，第一道驗證登入帳號的 host、username 與 password，第二道則是依照使用者要求對資料庫及資料表維護權限作驗證。第一道驗證程序是檢查登入帳號的 host、username、password 與 mysql 資料庫內 user 資料表資料是否相同，若相同則進入第二道驗證，否則拒絕登入。第二道驗證程序則依照使用者要求對資料庫表維護權限作確認，確認這個帳號有這個權限，MariaDB/MySQL 可提供多種不同權限給連線登入帳號。

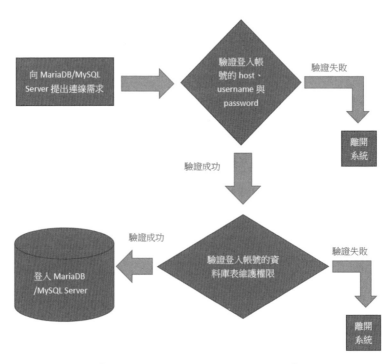

【 圖 3、MariaDB/MySQL 連線驗證 】

不論您是用何種方式與資料庫連線,都必須進行登入。登入時必須輸入 host、username 與 password,而系統一開始只有一個管理者帳號 root。資料庫連線密碼會區分大小寫,並無長度限制,因不同的作業系統處理字元會略有差異,建議第一個字最好是英文,密碼會以 45-bit 加密方式儲存,也就是說當儲存使用者資訊的 user 資料表被竊取,也無法倒推出原始密碼。

我們將嘗試使用終端機及網頁登入到資料庫管理系統裡,終端機部分主要想要了解如何登入到系統內,未來將要進行權限修改與資料匯出入。終端機與網頁登入後將進行五個動作:檢視資料庫清單、挑選資料庫、檢視資料表清單、查詢資料表內欄位、查詢資料表資料內容。

由於 XAMPP 環境所建立的資料庫系統裡 root 並未設定密碼,所以後續帶領您進行 XAMPP 內的資料庫 root 密碼新增修改與設定。後續小節將循序以無密碼再加入密碼的方式以終端機以及網頁方式進行資料庫系統。

《 9-2-1 》終端機開啟與目錄切換

請您開啟檔案總管於上方輸入「cmd」後按下 enter 鍵就可以進入終端機。

【圖 4、Windows 於檔案總管輸入 cmd 以便進入終端機畫面】

開啟終端機程式後請您切換到指定目錄，請您輸入「cd　c:\xampp\mysql\bin」後按下 enter 鍵進入 bin 目錄。

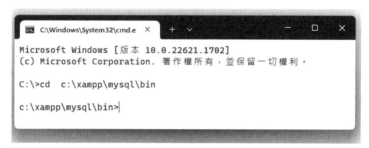

【圖 5、進入 C:\xampp 的 mysql 的 bin 目錄】

《 9-2-2 》 以無密碼方式終端機登入

請您參考 9-2-1 節說明開啟終端機與進行目錄切換，XAMPP 的 MariaDB/ MySQL 系統一開始只有一個管理者帳號root，而目前這個帳號並無設定密碼，所以請輸入「mysql　-uroot」 後按下 enter 鍵。

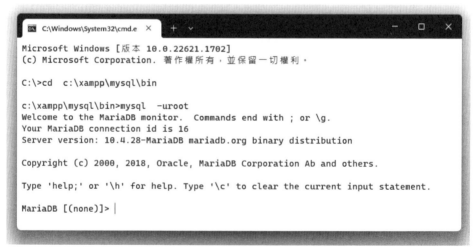

【圖 6、以無密碼方式終端機登入】

《 9-2-3 》 終端機登入後的資料庫表操作

登入系統後操作指令以「;」代表結束，您可按上下鍵查看歷史紀錄。登入系統後將依序進行五個動作檢視資料庫表。第一個動作為「檢視資料庫清單」，請輸入「show databases;」指令後按下 enter 鍵就可了解目前系統內有那些資料庫。

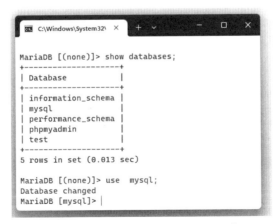

【圖 7、以終端機登入後顯示資料庫清單】

檢視資料庫清單後接著我們要進行的是「挑選資料庫」，挑選資料庫語法為「use 資料庫名稱;」，例如挑選 mysql 資料庫，請輸入「use mysql;」後按下 enter 鍵就可以挑選這個資料庫。

【圖 8、終端機登入後挑選資料庫】

挑選資料庫後接著我們要進行的是「檢視資料表清單」，想了解資料庫內有
那些資料表，請輸入「show tables;」後按下 enter 鍵。

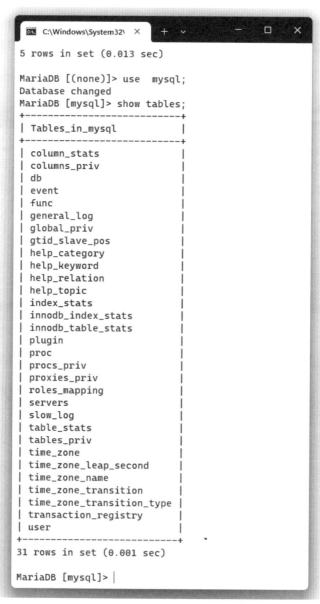

【圖 9、終端機登入後檢視資料表清單】

檢視資料表清單後我們就可以挑選資料表，資料表將會有欄位資訊與資料內容兩種檢視方式。檢視資料表內欄位資訊語法為「show columns from 資料表名稱;」，例如檢視 columns_priv 資料表內欄位資訊，請輸入「 show columns from columns_priv;」。

```
MariaDB [mysql]> show columns from columns_priv;
+-------------+------------------------------------------------+------+-----+-------------------+-----------------------------+
| Field       | Type                                           | Null | Key | Default           | Extra                       |
+-------------+------------------------------------------------+------+-----+-------------------+-----------------------------+
| Host        | char(60)                                       | NO   | PRI |                   |                             |
| Db          | char(64)                                       | NO   | PRI |                   |                             |
| User        | char(80)                                       | NO   | PRI |                   |                             |
| Table_name  | char(64)                                       | NO   | PRI |                   |                             |
| Column_name | char(64)                                       | NO   | PRI |                   |                             |
| Timestamp   | timestamp                                      | NO   |     | current_timestamp() | on update current_timestamp() |
| Column_priv | set('Select','Insert','Update','References')   | NO   |     |                   |                             |
+-------------+------------------------------------------------+------+-----+-------------------+-----------------------------+
7 rows in set (0.005 sec)

MariaDB [mysql]>
```

【圖 10、終端機登入後檢視 columns_priv 資料表內欄位資訊】

檢視資料表內資料需使用 SQL 的 select 語法，基本語法為「select * from 資料表名稱;」，例如檢視 columns_priv 資料表內資料，請輸入「select * from columns_priv;」。執行完各項指令後您可輸入「exit;」指令離開 MySQL 系統。

```
MariaDB [mysql]> select  *  from columns_priv;
Empty set (0.008 sec)

MariaDB [mysql]> exit;
Bye

c:\xampp\mysql\bin>
```

【圖 11、終端機登入後檢視 columns_priv 資料表內資料後離開】

請您參考 9-2-1 節說明開啟終端機與進行目錄切換，當您依照 9-3、9-4 節說明設定密碼，帳號登入時就必須加入密碼才可以登入。以終端機登入 mysql 的語法有兩種，第一種為「**mysql –u 帳號 –p 密碼**」，例如「**mysql –uroot -pphpmysql**」，代表帳號為 root，密碼為 phpmysql，這一種的優點是登入語法可以跟其他指令搭配，只要寫一行指令就可以執行，但缺點就是密碼有外洩的風險。第二種為「**mysql −u 帳號 −p**」，按下 **enter** 鍵後再輸入密碼，這種方式比較安全，但操作上會稍嫌麻煩。本書兩者操作方式均會使用，您也可以變更操作方式。至於 −u 與帳號之間可空格也可不空格，系統並無強制規定，請您選擇一種方式登入至系統。

既然登入時必須輸入 host、username 與 password，上述兩種登入方式只有 username 與 password，而 host 前導符號為 -h，當您沒有輸入 host 代表主機為 localhsot，也就是本機連線是可以省略 host 的輸入。

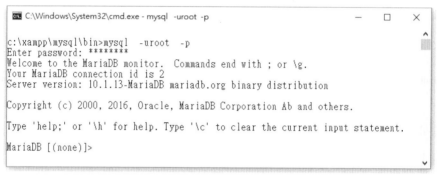

【圖 12、MySQL 系統以有密碼方式終端機登入】

《 9-2-4 》 使用網頁登入 MySQL 系統

XAMPP 預設管理者沒有密碼，所以本節以沒有密碼的方式登入系統，請您點選「XAMPP Control Panel」的「MySQL」旁「Admin」按鈕，第一次將以無密碼方式使用網頁登入系統。

以網頁方式登入系統後將依序進行多個動作檢視資料庫表。第一個動作為「檢視資料庫清單」，網頁左邊是資料庫清單，點選展開後可以挑選資料表，資料庫名稱已列於網頁視窗左方，或者請點選上方「資料庫」選項。挑選資料庫後接著我們要進行的是「檢視資料表清單」，挑選資料庫後可由網頁左方資料庫下看到清單或者右方清單了解資料庫內有哪些資料表。

【圖 13、以網頁登入方式檢視資料庫清單】

檢視資料表清單後我們就可以挑選資料表，資料表將會有欄位資訊與資料內容兩種檢視方式。想知道資料表內欄位資訊，請於挑選資料表後請點選上方的「結構」選項，就可以檢視資料表內欄位資訊。

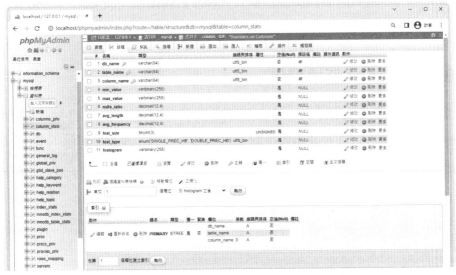

【圖 14、以網頁登人後檢視資料表內結構】

若想知道資料表內資料，請於挑選資料表後請點選上方的「瀏覽」選項，就可以檢視資料表內欄位資訊

【圖 15、以網頁登入後檢視資料表內容】

9-3　資料庫管理者帳號管理

管理者密碼設定可分成兩個部份：root 沒有密碼而欲新增密碼、root 已有密碼而要變更密碼。忘記 root 密碼這部分由於 Windows 環境與 XAMPP 內的設定衝突，所以截稿前尚無法操作執行，root 密碼還請不要忘記，避免後續無法登入的困擾。

《 9-3-1 》 root 新增密碼

請您先確認是否依照 9-2-1 的說明開啟終端機進入 bin 目錄，請執行 mysqladmin 程式設定 root 密碼。設定語法如下，請不要忽略密碼的雙引號：

```
mysqladmin  -u  root  password  "密碼"
```

例如密碼若設定為 phpmysql，請於終端機內輸入：

```
cd  c:\xampp\mysql\bin
mysqladmin -u root password "phpmysql"
```

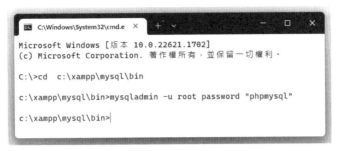

【圖 16、MySQL root 設定密碼】

再請以沒有密碼方式登入,您會看到 MySQL 拒絕登入。

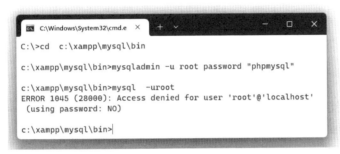

【圖 17、MySQL root 設定密碼後以無密碼方式登入】

這時需要輸入密碼才能登入系統。您可以將密碼放在同一行語法內輸入,語法如下:

```
mysql  -u 帳號  -p 密碼
```

u 與帳號之間可空一格也可以不空格,但是 p 與密碼之間不可以空格。若要以帳號為 root 而密碼為 phpmysql 方式登入,請這樣做:

```
cd  c:\xampp\mysql\bin
mysql  -u root  -pphpmysql
```

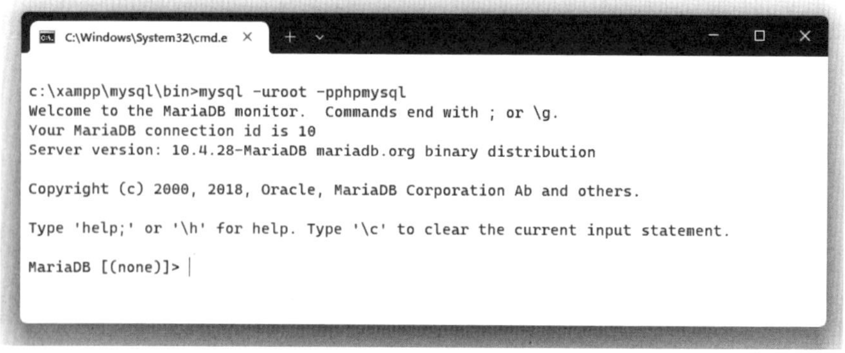

【圖 18、MySQL root 設定密碼後以密碼方式登入 -1】

帳密同一行運作雖然方便，但會有資安風險，您可以選擇第二種方式，按下 enter 後再輸入密碼，語法如下：

```
mysql -u 帳號 -p
```

u 與帳號之間可空一格也可以不空格，若要以帳號為 root 而密碼為 phpmysql 方式登入，請這樣做：

```
cd c:\xampp\mysql\bin
mysql -u root -p
```

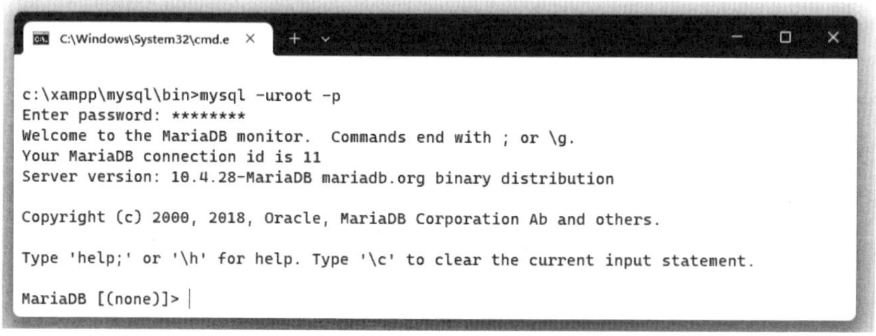

【圖 19、MySQL root 設定密碼後以密碼方式登入 -2】

《 9-3-2 》 變更 root 密碼

請您先確認是否依照 9-2-1 的說明開啟終端機進入 bin 目錄，這一小節介紹若知道 root 舊密碼的情況下，如何作密碼的變更。若要離開終端機畫面則請請輸入「exit;」後按下 enter 鍵離開。

請使用 mysqladmin 進行密碼變更。設定語法如下，建議新密碼加上雙引號框住：

```
mysqladmin  -uroot  -p 舊密碼  password  " 新密碼 "
```

例如原本舊密碼為 phpmysql，新密碼將改為 pcschool，則請於命令提示字元內輸入：

```
cd  c:\xampp\mysql\bin
mysqladmin -uroot -pphpmysql  password  "pcschool"
```

【圖 20、MySQL root 修改密碼】

請以新的密碼登入，登入的語法為：

```
cd  c:\xampp\mysql\bin
mysql -uroot -ppcschool
```

可以登入 MySQL 就代表密碼修改成功。

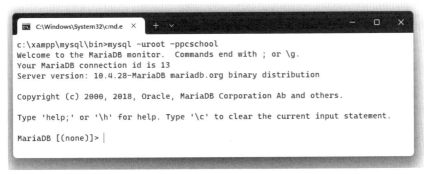

【圖 21、MySQL root 修改密碼後順利登入】

9-4 phpMyAdmin 設定修改與登入

當管理者設定了密碼後，phpMyAdmin 需要做設定檔調整。phpMyAdmin 設定檔案若沒有修改，您將無法透過網頁登入資料庫系統。

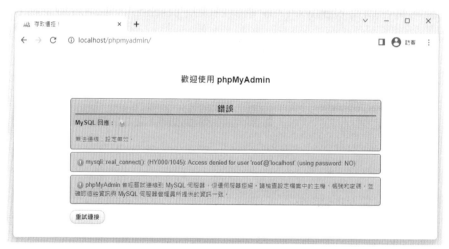

【圖 22、未修改設定檔情況下 phpMyAdmin 無法登入系統】

《 9-4-1 》 phpMyAdmin 設定檔案開啟與調整

您可以點選「XAMPP Control Panel」，再於 Panel 上的 Apache 服務旁點選「Config」鈕，再接著點選「phpMyAdmin(config.inc.php)」而開啟檔案。

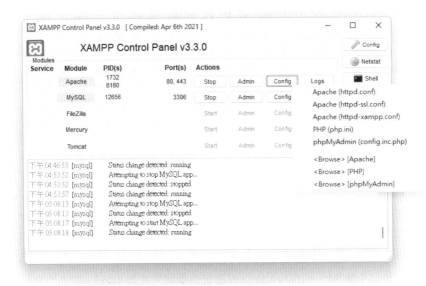

【圖 23、於 XAMPP 控制面板點選 phpMyAdmin 設定檔】

開啟 phpMyAdmin 的 config.inc.php 檔案後請留意第 19 行到 21 行語法。第 19 行語法代表 phpMyAdmin 登入的認證方式，第 20 行語法代表 phpMyAdmin 登入的帳號名稱，而第 21 行語法代表 phpMyAdmin 登入的帳號密碼。

phpMyAdmin 登入的認證方式共有三種類型：config、http、cookie。config 認證方式代表參考 config.inc.php 檔案內容進行系統登入，不會產生輸入帳號密碼的畫面，這是預設的登入方式。cookie 認證方式是於網頁上輸入帳號密碼以進行登入，瀏覽器需開啟 Cookie 功能。http 與 cookie 認證方式所輸入的帳號名稱和密碼都是到資料庫進行資料驗證。

《 9-4-2 》 phpMyAdmin 設定檔案修改與測試

http 認證方式是以彈跳出訊息框方式進行系統登入，請留意這功能將使用 Apache 的 HTTP 認證模組，所以適用 PHP 以 Apache 模組方式執行。不適用於 PHP 以 CGI 模式執行，也不適用於 IIS Server。XAMPP 的 PHP 以 Apache 模組方式執行，所以可以採用 http 認證方式。

phpMyAdmin 的 config.inc.php 檔案第 19 行 $cfg['Servers'][$i]['auth_type'] 語法請修改為 http，代表 phpMyAdmin 將進行 http 認證方式登入：

```
$cfg['Servers'][$i]['auth_type'] = 'http';
```

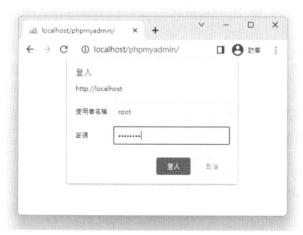

【圖 24、phpMyAdmin 修改登入認證方式為 http】

phpMyAdmin 登入的認證方式改為 http 類型，登入時將會彈跳出對話框，請您於對話框內輸入帳號密碼，資料正確無誤後才可以登入系統。

【圖 25、phpMyAdmin 修改登入認證方式為 http 後的登入畫面】

phpMyAdmin 的 config.inc.php 檔案第 19 行 $cfg['Servers'][$i]['auth_type'] 語法請修改為 cookie，代表 phpMyAdmin 將進行 cookie 認證方式登入：

```
$cfg['Servers'][$i]['auth_type'] = 'cookie';
```

phpMyAdmin 登入的認證方式改為 cookie 類型，登入時請於網頁表單內輸入
帳號密碼，資料正確無誤後才可以登入系統。

【圖 26、phpMyAdmin 修改登入認證方式為 cookie 後的登入畫面】

9-5　使用者帳號管理

資料庫帳號除了 host、username 與 password 三個參數外，還有資料庫表 15
種不同的權限設定，若要使用網頁方式設計調整帳號權限得在不同網頁間切
換，但終端機操作只要一行指令就可以，所以接著將說明終端機登入系統後
如何新增刪除使用者帳號與調整權限。請先以管理者身分登入 MySQL：

```
cd  c:\xampp\mysql\bin
mysql -uroot -ppcschool
```

《 9-5-1 》 新增帳號與權限調整

以管理者 root 身份登入資料庫後，您可以使用「**grant on**」指令新增使用者與權限的調整。當使用者不存在時會建立帳號，若存在則會變更權限。「**grant on**」指令基本設定如下：

```
grant  權限  on 資料庫.資料表  to 帳號@主機  identified  by  '密碼'
```

上述指令我們可用表 1 說明如下：

【表 1、grant on 指令基本設定說明】

項目	說明
權限	您可以設定新使用者的權限等級。權限等級可分成「使用者層級權限」與「管理者層級權限」
資料庫.資料表	設定新使用者可以使用的資料庫名稱，及相關之資料表可用「資料庫名稱.資料表名稱」方式設計。所以若新使用者可以使用全部的資料庫與資料表，請用 *.* 表示。，則表示可使用所有資料庫的所有資料表。
帳號@主機	設定新的使用者的帳號名稱與主機名稱。
密碼	指定使用者所用的密碼。

權限可分為「使用者層級權限」與「管理者層級權限」。「使用者層級權限」如表 2 所列，共有八種：

【表 2、使用者層級權限】

權限	說明
create	建立資料庫及資料表的權限
delete	刪除資料表中資料的權限
execute	可執行程序的權限
index	新增或刪除索引的權限
insert	新增資料至資料表的權限
select	查詢資料表中資料的權限
update	更新資料表中資料的權限
usage	只可連線 mysql 伺服器但不具其他權限

「管理者層級權限」如表 3 所列，共有七種：

【表 3、管理者層級權限】

權限	說明
all	所有權限
alter	調整資料表及欄位和索引的結構
drop	刪除資料庫及資料表的權限
file	讀取或刪除資料庫伺服器上的檔案的權限
process	查看及刪除 mysql 的系統行程的權限
reload	可使用 flush 敘述式
shutdown	關閉 mysql 伺服器

請以 root 身份登入進行以下幾個練習，執行新增帳號或權限調整動作後帳號會立即新增或者權限立即調整，原來的登入視窗可不用關閉，還可繼續輸入不同的資料以便建立帳號。本章會使用到終端機登入資料庫系統，請您先確認是否依照 9-2-1 的說明開啟終端機進入 MySQL 的 bin 目錄。

第一個範例為新增一個使用者帳號為「pcschool」，由 localhost 登入，擁有所有的權限，密碼為「phpmysql」，語法為：

```
grant all privileges on *.* to pcschool@localhost identified by 'phpmysql' ;
```

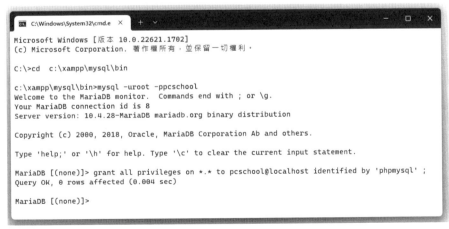

【圖 27、如何設定使用者權限 1】

請登出 phpMyAdmin 後再以 pcschool 帳號登入，這個帳號可以看到所有的資料庫，包含「mysql」資料庫。

【圖 28、給予所有權限的使用者可以看到所有資料庫】

第二個範例為新增一個使用者帳號為「php1」，由 localhost 登入，擁有「board」資料庫上所有的權限，密碼為「mysqlstart1」

```
grant all privileges on board.* to php1@localhost identified by 'mysql
start1' ;
```

請登出 phpMyAdmin 後再以 php1 帳號登入，此時並無「board」資料庫，所以當 php1 登入，會看到什麼畫面呢？

【圖 29、php1 這個帳號只給予 board 資料庫權限，若無 board 資料庫時的畫面】

【圖 30、php1 這個帳號登入後點選資料庫選項後自動「board」】

由於 php1 這個帳號只給予 board 資料庫權限，若系統內無 board 資料庫時則右邊視窗「建立新資料庫」會自動加上「board」而希望您來建立。假設您另外建立資料庫，例如「maiaki」，phpMyAdmin 會給您「#1044 - Access denied for user 'php1'@'localhost' to database 'maiaki'」一個錯誤訊息，通知您因沒有權限所以不可以建立其他名稱資料庫。

【圖 31、php1 這個帳號因沒有權限所以不能建立其他資料庫】

「**grant on**」指令可協助帳號新增權限，若我們新增「maiaki」資料庫的所有權限給 php1，我們再度執行「**grant on**」即可新增權限。

```
grant all privileges on maiaki.* to php1@localhost identified by
'mysqlstart1';
```

不需要重新登入，您可以嘗試用 php1 帳號再次建立資料庫，您可以看到這個帳號可以建立「maiaki」資料庫。

【圖 32、如何設定使用者權限 2 】

【圖 33、php1 這個帳號建立名為 maiaki 的資料庫 】

請以 php1 帳號登入後於左方點選 maiaki 資料庫，再點選右上方的 SQL 選項，

輸入以下的語法後按下「執行」鈕以便建立資料表「db1」與「db2」，稍後

建立新帳號測試是否可讀取 maiaki 資料庫內資料表：

```
create table  db2 (
test1 varchar(10) not null ,
test2 tinyint(3) not null ,
test3 date not null ,
test4 blob not null
```

```
) engine = myisam default charset=utf8;
create table  db1(
test1 varchar(10) not null ,
test2 tinyint(3) not null ,
test3 date not null ,
test4 blob not null
) engine = myisam default charset=utf8;
```

【圖 34、php1 帳號建立 maiaki 資料庫內兩個資料表】

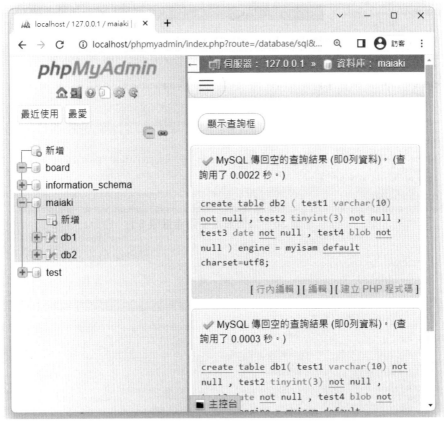

【圖 35、php1 帳號看到 maiaki 資料庫內有兩個資料表】

第三個範例為新增一個使用者帳號為「php2」，由 localhost 登入，擁有
「maiaki」資料庫上「db1」資料表的所有權限，密碼為「mysqlstart2」

```
grant all privileges on maiaki.db1 to php2@localhost identified by
'mysqlstart2';
```

由於 php2 帳號只有 maiaki 資料庫上 db1 資料表的所有權限，所以 php2 帳號
登入後看不到 maiaki 資料庫上 db2 資料表。

【圖 36、如何設定使用者權限 3】

【圖 37、php2 帳號看到 maiaki 資料庫內有一個資料表】

第四個範例為新增一個使用者帳號為「php3」，由 localhost 登入，在所有資料庫上只有 select 權限，密碼為「mysqlstart3」

```
grant  select  on  *.*  to  php3@localhost  identified  by  'mysqlstart3';
```

以 php3 帳號登入系統後，因沒有「新增資料」權限，所以無法新增資料。

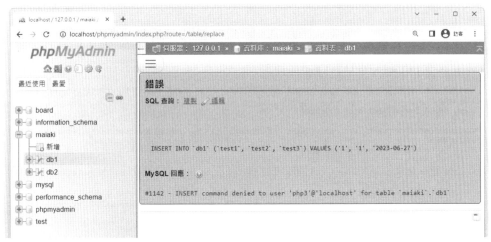

【圖 38、如何設定使用者權限 4】

【圖 39、因 php3 帳號只有 select 權限，所以沒有權限新增資料】

《 9-5-2 》 資源限制

我們也可以在設定帳號權限後針對這個帳號使用 MySQL 進行資源限制。
MySQL 提供如表 4 所列的各種資源限制的方法。

【表 4、MySQL 資源限制】

設定參數	參數說明
max_queries_per_hour	一個帳號每小時可以執行的次數
max_updates_per_hour	一個帳號每小時可以執行的修改次數
max_connections_per_hour	一個帳號每小時可以連結 Server 的次數

請留意資源限制的對象是帳號（account）而不是使用者端（client），且資源限制將以更新的方式增加使用者資源限制。設定之後若要取消資源限制，請將該項資源限制為 0。例如我們限制「php1」這個帳號每一個小時只能執行 3 次，那我們可以這樣執行語法：

```
grant  all  privileges  on  *.*  to  php1@localhost  identified  by  'mysql
start1'  with  max_queries_per_hour 3;
```

一旦一個小時內執行超過 3 次，帳號就不能登入。

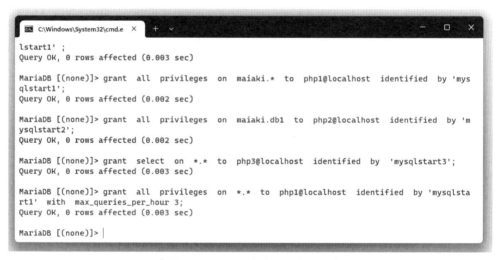

【圖 40、如何設定使用者權限 5】

【圖 41、max_queries_per_hour 限制】

《 9-5-3 》 移除權限與刪除使用者

若要移除帳號權限，請以MySQL管理者root身份登入後，您可以使用「**revoke on**」指令移除使用者權限，而「**revoke on**」指令基本設定如下：

```
revoke  權限  on  資料庫 . 資料表 from 帳號 @ 主機
```

例：取消 php1 在資料庫裡 insert 權限。

```
revoke  insert  on  *.*  from  php1@localhost;
```

您可以嘗試以 php1 帳號登入後發現沒有新增資料動作。如果我們要取消 php1 帳號所有權限呢？請執行以下的語法：

```
revoke  all  on *.* from  php1@localhost;
```

另請將一個小時執行 3 次取消，否則這個帳號得於一個小時後才能執行，依序要執行的變更如下：

```
revoke  insert  on  *.*  from  php1@localhost;
revoke  all  on *.* from  php1@localhost;
grant  all  privileges  on  *.*  to  php1@localhost  identified  by
    'mysqlstart1'  with  max_queries_per_hour 0;
```

您會發現這個帳號雖然看到與他有關聯的資料庫，但其他權限已經移除。

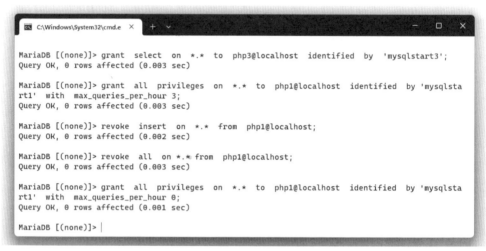

【圖 42、如何設定使用者權限 6】

「**revoke on**」指令只能移除帳號權限，但無法將帳號刪除。若要將帳號刪除，請執行以下步驟：

Step 1　以管理者 root 身份登入 MySQL，若 root 密碼為 phpmysql，請以「mysql –uroot -pphpmysql」」方式登入。

Step 2　執行「**use mysql**」指令使用 mysql 資料庫。

Step 3　執行「**delete from user where user='php3';**」刪除使用者名稱為 php3 的資料。

Step 4　執行「**flush privileges;**」指令使系統重新整理。

Step 5　執行「**exit**」指令離開系統。

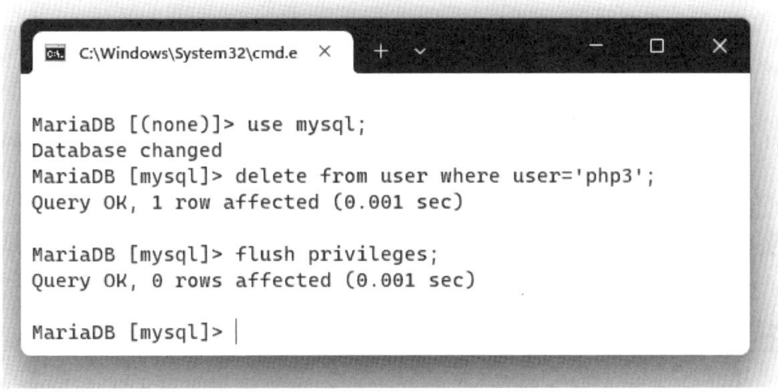

```
MariaDB [(none)]> use mysql;
Database changed
MariaDB [mysql]> delete from user where user='php3';
Query OK, 1 row affected (0.001 sec)

MariaDB [mysql]> flush privileges;
Query OK, 0 rows affected (0.001 sec)

MariaDB [mysql]>
```

【圖 43、刪除使用者指令】

phpMyAdmin

歡迎使用 phpMyAdmin

⚠ 無法登入 MySQL 伺服器

語言 *(Language)*

中文 - Chinese traditional ⌄

登入 🔵

使用者名稱：　php3

密碼：　••••••••••

登入

⚠ mysqli::real_connect(): (HY000/1045): Access denied for user 'php3'@'localhost' (using password: YES)

【圖 44、無法以這個使用者身分登入】

 結論

本章節說明介紹資料庫管理系統概念、登入系統、基本資料庫表操作以及 root 密碼設定。 下一章將更詳細介紹如何建立資料庫表及資料匯出入,我們就可以開始規劃資料庫,以便日後可將 PHP 網頁上的資料存入資料庫。

【重點提示】

1. MySQL 創辦人對於 MySQL 成為 Oracle 的產品後認為逐漸走向封閉,對未來的規劃不清晰,對安全性的問題反應也不夠快速,所以成立了另一個相容於它的分支計劃 - MariaDB,在 MySQL 5.5 之前的版本完全依照 MySQL 的版號演進,不過在 MySQL 5.6 時,MariaDB 加入了自己改善的功能後,就直接把版號改成 10.0.0 起算了。MariaDB 為了相容 MySQL,並讓使用者輕鬆取代現有資料庫的基礎下,所有的操作指令幾乎跟 MySQL 一模一樣,只有底層資料庫引擎不一樣而已。

2. 當我們提 MariaDB 或者 MySQL,其實包含了資料庫管理系統(Data Base Management System,簡稱為 DBMS)與資料庫(DataBase,簡稱為 DB)兩種。

3. 資料庫管理系統可包含管理及公用程式、連接緩衝鋪、SQL 語法介面、解析器、資料庫最佳化、暫存與緩衝區、可替換的儲存引擎、檔案系統、檔案與記錄檔。

4. 資料庫管理系統內會有多個資料庫,每一個資料庫(Database)由一個或多個資料表 (Table) 組成,每一個資料表則是由一或多筆紀錄 (Record) 所組成,而記錄必須由多個欄位 (Column) 組成。而欄位必須設定型態而後儲存資料。

5. mysql 資料庫內有五個重要的資料表,分別為 user、db、host 以及 tables_priv、columns_priv。user、db、host 主要是過濾使用者是否有「存取某個主機的某個資料庫資料」的權限,這三個資料表間互相交叉對應。而

tables_priv、columns_priv 主要可以使得 MySQL 對個別表格 (table) 或欄 (column) 設定權限。

6. 資料庫連線時需經過兩道驗證程序，第一道驗證登入帳號的 host、username 與 password，第二道則是依照使用者要求對資料庫及資料表維護權限作驗證。

7. 資料庫登入第一道驗證程序是檢查登入帳號的 host、username、password 與 mysql 資料庫內 user 資料表資料是否相同，若相同則進入第二道驗證，否則拒絕登入。

8. 資料庫登入第二道驗證程序則依照使用者要求對資料庫表維護權限作確認，確認這個帳號有這個權限，MySQL 可提供了十四種不同權限給連線登入帳號。

9. 以終端機登入的語法有兩種，第一種為「mysql –u 帳號 –p 密碼」，第二種為「mysql –u 帳號 –p」，按下 enter 鍵後再輸入密碼。u 與帳號之間可空格也可不空格，並無強制規定。

10. 設定資料庫內 root 密碼語法為「mysqladmin –uroot password "密碼"」。

11. 修改資料庫內 root 密碼語法為「mysqladmin –uroot -p 舊密碼 password" 新密碼 "」。

12. 登入資料庫系統後可依序進行五個動作了解資料庫表：檢視資料庫清單、挑選資料庫、檢視資料表清單、查詢資料表內欄位、查詢資料表資料內容。

13. phpMyAdmin 登入的認證方式共有三種類型：config、http、cookie。

14. phpMyAdmin 登入的認證方式若為 config 認證方式代表參考 config.inc.php 檔案內容進行系統登入，不會產生輸入帳號密碼的畫面，這是預設的登入方式。

15. phpMyAdmin 登入的認證方式若為 http 認證方式代表以彈跳出訊息框方式進行系統登入，請留意這功能將使用 Apache 的 HTTP 認證模組，所以適用 PHP 以 Apache 模組方式執行。

16. phpMyAdmin 登入的認證方式若為 cookie 認證方式是於網頁上輸入帳號密碼以進行登入,瀏覽器需開啟 Cookie 功能。

17. phpMyAdmin 登入的認證方式若為 http 或者 cookie 方式,所輸入的帳號名稱和密碼都是到資料庫進行資料驗證。

18. 權限可分為「使用者層級權限」與「管理者層級權限」共計 15 項。

19. 新增帳號權限方法為「grant 權限 on 資料庫.資料表 to 帳號@主機 identified by '密碼'」。

20. 移除帳號權限方法為「revoke 權限 on 資料庫.資料表 from 帳號@主機」。

【問題與討論】

1. 請說明資料庫管理系統、資料庫、資料表、欄位、紀錄的關係。

2. 請說明 mysql 資料庫可否刪除

3. 如何登入 MariaDB/MySQL?

4. MariaDB/MySQL 連線時需經過哪些驗證程序?

5. 如何設定 MariaDB/MySQL 內 root 密碼?

6. 如何在知道 root 密碼下修改密碼?

7. 如何以彈跳訊息框方式於 phpMyAdmin 輸入帳號密碼?

8. 如何以網頁表單輸入方式於 phpMyAdmin 輸入帳號密碼?

9. 請嘗試使用終端機及網頁登入到 MariaDB/MySQL 系統裡,登入後依序進行五個動作:檢視資料庫清單、挑選資料庫、檢視資料表清單、查詢資料表內欄位、查詢資料表資料內容。

10. 請列舉四種帳號權限。

11. 請新增一個使用者帳號為「test1」,由 localhost 登入,擁有「phptest」

資料庫上所有的權限，密碼為「testphp1」

12. 請新增一個使用者帳號為「test2」，由 localhost 登入，在所有資料庫上只有 delete 權限，密碼為「testphp2」

13. 請限制「test1」這個帳號每一個小時只能執行 5 次 (由 localhost 登入，密碼為「testphp1」)

14. 請移除「test1」帳號 select 權限。

15. 請刪除「test2」帳號。

第十章

建立資料庫表與資料匯出入

修改了管理者密碼及了解了 MariaDB/MySQL 連線方式後，這一章將了解兩個主題，第一個主題是「建立資料庫與資料表欄位規劃」，第二個主題為「如何匯出入資料」。

MariaDB/MySQL 中每個指令都是以分號來做結束。如果沒有輸入分號，指令不會執行，這也代表著您可以在指令當中換行。SQL 的敘述是不分大小寫的，但資料庫和資料表名稱則有大小寫的差異。建立資料表後就可以逐筆新增資料，但如果在其他機器上已有 MariaDB/MySQL，資料是否需要重新輸入呢？MariaDB / MySQL 支援資料的匯出與匯入作業，讓資料庫方便備份與匯入資料。

資料庫裡的資料是經過日積月纍所形成的珍貴資產，萬一資料因誤刪或電腦硬體出問題而無法挽回，那將是相當慘烈的損失。MariaDB/MySQL 提供的匯出入檔案預設副檔名為 sql，檔案本身並沒有加密，所以請妥善保管您的資料檔案。本章請依照 9-2-1 登入 MySQL 資料庫終端機模式以及請您依 9-2-4 節開啟 phpMyAdmin 網頁系統。

10-1 建立資料庫

我們必須自己建立資料庫，才能在資料庫內建立資料表、建立或者匯入資料。本節將分別以終端機與 phpMyAdmin 網頁兩種登入系統後建立資料庫。

《 10-1-1 》 以指令方式建立資料庫

請以「mysql –u 帳號 –p 密碼」方式登入到系統裡，例如以「mysql –uroot –ppcschool」方式登入到系統。建立資料庫之前可先使用「show databases;」了解系統目前有幾個資料庫。

建立一個資料庫的語法為「create database 資料庫名稱 default character set 編碼;」。欲建立一個名為「test3」的資料庫，請用「create database test3 default character set utf8;」語法建立。我們擬依序建立三個資料庫，請查看以下語法：

```
create database test3 default character set utf8;
create database test4;
create database test5 default character set utf8mb4;
```

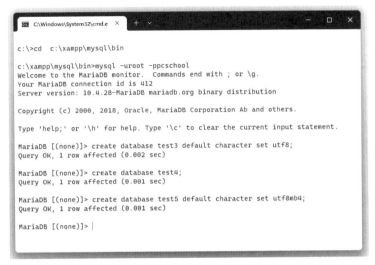

【圖 1、以指令方式建立資料庫】

【圖 2、查看資料庫】

您可以看到 test3 資料庫指定編排為 utf8，而 test5 資料庫指定編碼為 utf8mb4，test4 資料庫沒有指定編碼則預設為 utf8mb4，這與之前資料庫預設為拉丁碼有很大的差別。而 utf8 編碼為何有多種選擇呢？

《 10-1-2 》關於編碼的各種選擇

UTF-8 編碼支援最多四個位元組，但因為 MySQL 最初開發時認為三個位元組就夠用了不需要支援到四個位元組，於是把 utf8 設定為最多支援三個位元組，導致生僻中文字或是 Emoji 表情符號 要存入的時候會產生狀況。

一直到 2010 年才開始著手進行變更，MySQL 推出了一個叫做 utf8mb4 的編碼，後面的 mb4 意思是 most bytes 4，表示支援最多四個位元組啦，這樣就可以順利處理生僻中文字或是 Emoji 表情符號了。

官方推出 utf8mb4(這才是真正的 UTF-8 編碼) 後就將原本的 utf8 改名為 utf8mb3 了，不過後續系統上您要使用 utf8 也是相容，也是代表 utf8mb3 編碼。

請開啟 phpMyAdmin 網頁系統後分別於 test3 與 test4 的 SQL 視窗內輸入以下文字後執行，該段文字也儲存於「sql」資料夾的「編碼測試 .txt」，請開啟該檔案拷貝，針對欄位型態等設定於後續再進行說明：

```
CREATE TABLE string1(
  char1 varchar(20) NOT NULL
);
INSERT INTO string1(char1) VALUES ('😭😊😊😊');
INSERT INTO string1(char1) VALUES ('✗');
INSERT INTO string1(char1) VALUES ('犇');
INSERT INTO string1(char1) VALUES ('奔');
```

因為 test3 資料庫的編碼為 utf8mb3(也就是傳統的 utf8)，新增資料時就產生狀況，而查詢資料時將會發現一些符號不見了。

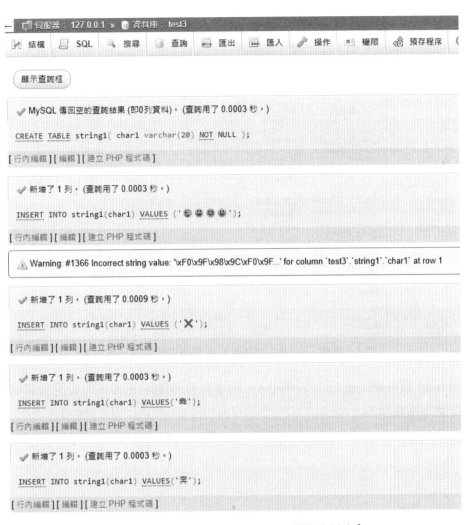

【圖 3、新增表情符號於 utf8mb3 規格資料庫】

【圖 4、查看 utf8mb3 規格資料庫發現表情符號不見了】

由於 test4 資料庫的編碼為 utf8mb4，新增資料時顯示正常，而查詢資料時發現符號正常顯示。

【圖 5、新增表情符號於 utf8mb4 規格資料表】

【圖 6、查看 utf8mb4 規格資料表表情符號正常】

不論 utf8 或 utf8mb4 沒有其他隱藏字元，只是 Microsoft 的諸多產品 (例如 Excel) 能接受的 UTF-8 編碼必須加入 BOM 三個隱藏碼，才可以辨識。於 phpMyAdmin 點選 test3 資料庫後點選 string1 資料表，再請點選「匯出」，格式請選「CSV」，然後請點選「匯出」。匯出下載後再請另存新檔為 test3_string.csv。

伺服器：127.0.0.1 » 資料庫：test3 » 資料表：string1

瀏覽　結構　SQL　搜尋　新增　匯出

匯出模板：

新模板：

模板名稱　模板名稱　　　　　　　　　建立

匯出方式：

○ 快速 - 僅顯示必要的選項
○ 自訂 - 顯示所有可用的選項

格式：

CSV

資料列數：

○ 傾印所有資料列
○ 傾印部份資料列

資料列數：

4

起始列數：

0

匯出

【圖 7、匯出 CSV 格式檔案】

於 phpMyAdmin 點選 test4 資料庫後點選 string1 資料表，再請點選「匯出」，格式請選「CSV」，然後請點選「匯出」。匯出下載後再請另存新檔為 test4_string.csv。若直接使用 excel 開啟都會是亂碼。

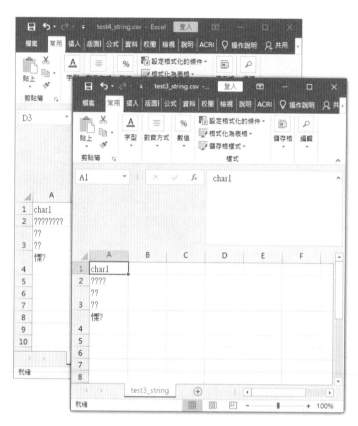

【圖 8、excel 開啟時是亂碼】

您可用 NotePad++ 開啟,發現檔案編碼都是 UTF-8。稍後請點選「編碼」功能表內的「轉成 UTF-8-BOM」,再請點選「檔案」功能表內的「另存新檔」。test3_string.csv 請另存為 test3_string1a.csv,而 test4_string.csv 請另存為 test4_string1a.csv,再請用 excel 開啟。

【圖 9、NotePad++ 開啟時檢視編碼為 utf8 】

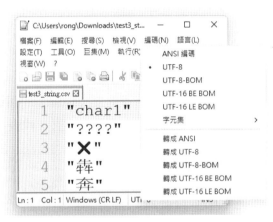

【圖 10、NotePad++ 針對 csv 檔案開啟進行編碼轉換 】

【圖 11、NotePad++ 開啟時檢視編碼為 utf8-bom 】

【 圖 12、excel 開啟時是正常顯示 】

編碼比對我們會碰到 ci 與 bin 的選擇。ci 是指 case-insensitive，代表文本資料比對且不區分大小寫，而 bin 代表 binary value 比對，代表二進位方式比對且會區分大小寫。而 utf8mb4_unicode_ci 與 utf8mb4_general_ci 這兩者的差別是什麼呢？

Unicode 編碼支援擴充字集，只要編碼符合規則就可顯示，於 MySQL 連線校對中 unicode 支援擴充字集而 general 不支援。但相對的由於 general 不支援擴充字集所以速度比較快。所以 utf8mb4_unicode_ci 準確但比較慢，而 utf8mb4_general_ci 速度快但相對不準確。基於能支援最多文字降低錯誤的考量，unicode 比較不會遇到問題。

10-2 欄位資料型態

建立了資料庫之後就可建立資料表，而建立資料表時也必須建立欄位。我們在建立資料表之前，得先了解欄位的資料型態，否則資料表就無法順利的建立。

欄位資料形態可分為幾大類：數字、文字、日期時間、列舉等資料形態。若要建立一個班級資料庫，學號是數字類型，姓名是文字類型，生日是日期類型等，各種不同的資料，就要找出最適合它的資料類型。

《 10-2-1 》 建立資料表的三個原則

資料表規劃欄位時請遵循「單位最小化」、「需計算取得的資料不要成為欄位」以及「一個資料表只能有一個決定其他欄位資料的主索引欄位」這三個原則來規劃欄位。

「單位最小化」是指欄位內容必須是單一內容，例如學生資料表內的「科系班別」就應該要拆為「科系」與「班別」兩個欄位，當「科系」名稱變更 (例如保險學系改為風險管理學系) 或者「班別」名稱變更 (例如 A 改為甲) 時資料修改不容易出錯。

「需計算取得的資料不要成為欄位」代表您可用 MySQL 的函數於查詢時計算取得即可，例如「年齡」就不用成為資料表的欄位，資料表內應該放的是「生日」，生日是固定的，但年齡會每年變動。

「一個資料表只能有一個決定其他欄位資料的主索引欄位」這一點是為了避免日後資料新增、修改與刪除時產生不必要的資料異常，建議您建立欄位時必須思考欄位之間的相依性，一個資料表只能有一個決定其他欄位資料的主索引欄位。如果有兩個以上的欄位可以決定其他欄位資料，建議您區分為兩個資料表。例如圖書館圖書借閱系統，這裡面會有讀者資料與書籍資料，讀者借閱證號碼可決定讀者相關資料，而書籍的條碼可決定書籍相關資料，所以讀者與書籍應該分成兩個資料表。

《 10-2-2 》 資料表欄位：數字型態

數字型態的資料有多個型態可以選擇，數字類型裡標示「L」指的是「整數位數」，最大為 255，也就是設定欄位時，若寫 int 代表依預設值可到 10 位數，若指定寫成 int(8) 則僅顯示 8 位數的數字。數字類型裡標示「D」指的是「小數位數」，除了 decimal(L,D) 型態外，其他的資料型態沒有強制規定要加上 L 或 D。unsigned 屬性代表可設定為正整數，若設定時加上「zerofill」代表表示位數不足補 0，如 int(5) 話，且設為 zerofill，則存 49 這個數字，資料庫會將之存成 00049。

【表 1、數字型態欄位】

類型	範圍	屬性選項
tinyint(L)	-128 到 127，unsigned 狀態則為 0 到 255	unsigned、zerofill
smallint(L)	-32768 到 32767，unsigned 狀態則為 0 到 65535	unsigned、zerofill
mediumint(L)	-8388608 到 8388607，unsigned 狀態則為 0 到 16777215	unsigned、zerofill
int(L)	-2147483648 到 2147483647，unsigned 狀態則為 0 到 4294967295	unsigned、zerofill
bigint(L)	-9223372036854775808 到 9223372036854775807，unsigned 狀態則為 0 到 18446744073709551615	unsigned、zerofill
float(L,D)	最小非零值：±1.175494351E – 38	zerofill
double(L)	最小非零值：±2.2250738585072014E - 308	zerofill
decimal(L,D)	可變範圍；其值的範圍依賴於 L 和 D	zerofill

tinyint 若為正整數型態也只能到 255，所以適合超小數值資料，例如：成績。smallint 就比 tinyint 大多了，正整數型態可到六萬多，所以適合小數值資料，例如：物品價錢。mediumint 的正整數可以計算到 1600 萬左右的數字，適合中型數值，例如：公司銷售金額統計。int 的正整數已經可以用到 42 億左右的數字，您可評估網站資料是否需要用到「億」這樣的單位。如果 int 的範圍還不夠，bigint 的正整數已經可以用到 18 萬兆這麼大的數字，除非您的資料有使用到這麼大的單位，否則建議建立資料表時不要設計成這樣的欄位。

float 能夠記錄小數點，例如成績計算就可用此欄位設計。而 double 和 float 的用途一樣，不過 double 所用掉的空間是 float 的兩倍，除非特別需要高精度或範圍極大的值，一般來說用 float 來儲存資料就夠了。

decimal 類型不同於 float 和 double，其有效的取值範圍由 L 和 D 的值決定。如果改變 L 而固定 D，則其取值範圍將隨 L 的變大而變大。

整數型態的欄位可以加上 auto_increment 屬性。當您為整數型態欄位加上這個屬性後，MySQL 就會每次新增記錄時為這個欄位指定「目前資料表內該欄位最大值」加 1，設定為 auto_increment 屬性欄位通常設定為資料表的主索引。

auto_increment 屬性具有以下的特性：

1. 這個屬性在「NotNull」、「Primary Key」或「Unique」這三種屬性至少具備一種的時候才能使用。

2. 一個資料表只能有一個 auto_increment 屬性。

3. 只有在新增紀錄時，在沒有明確指定數值及沒有指定 Null 值情況下才會自動產生新編號。您可以手動為新紀錄指定數值，只要您指定的數值沒有被用掉就可以。

《 10-2-3 》 資料表欄位：日期時間型態

日期時間型態的欄位可表示年、月、日、時間，在以下的儲存方式介紹裡 Y 代表「年」，YY 代表「2 位數的年」，如 08 年，YYYY 代表「4 位數的年」，如 2008 年，M 代表「月」，D 代表「日」，h 代表「小時」，m 代表「分」，s 代表「秒」。

【表 2、日期時間型態欄位】

類型	儲存方式
date	YYYY-MM-DD
datetime	YYYY-MM-DD hh:mm:ss
timestamp(L)	YYYYMMDDhhmmss
time	hh:mm:ss
year	YYYY

date 類型可儲存日期資料，若欲輸入的日期為「2013 年 10 月 12 日」，以下的輸入方式均可接受：「2013/10/12」、「2013-13-12」、「13/10/12」，只要年月日之間有可以辨識的分隔符號就可以接受，或請依序輸入完整的年月日資料，例如「20131012」則系統也可接受。而 datetime 類型可儲存日期時間資料，若欲輸入的日期時間為「2005 年 1 月 28 日早上 3 點 58 分」，以下的輸入方式均可接受：「2005/01/28 03:58:00」、「2005-1-28 03+58+00」，只要年月日時分秒之間有可以辨識的分隔符號就可以接受，或請依序輸入完整的年月日時分秒資料，例如「20050128035800」則系統也可接受。timestamp 與 datetime 類型相似，但 timestamp 可以設定時間顯示的寬度：

【表 3、timestamp 型態欄位設定】

類型	顯示
timestamp(14)	yyyymmddhhmmss
timestamp(12)	yymmddhhmmss
timestamp(10)	yymmddhh
timestamp(8)	yyyymmdd
timestamp(6)	yymmdd
timestamp(4)	Yymm
timestamp(2)	Yy

time 類型只儲存時間資料，若欲輸入的時間為「15 點 7 分 20 秒」，以下的輸入方式均可接受：「15:07:20」、「15.07.20」、「150720」，只要時分秒之間有可以辨識的分隔符號就可以接受。但若只有輸入「1135」，那麼會被當成「00:11:35」，換言之，若有位數不足的情況下，MySQL 會自動在前方補 0。因此，若是您想輸入 11 時 35 分，那麼，您得寫成「113500」喔！不然，若只寫「1135」則會被當作 11 分 35 秒。year 類型儲存年份的資料。

《 10-2-4 》 資料表欄位：文字型態

字串型態的欄位設定均蠻相似的，這裡先列出基本規格，稍後再做比較。

【表 4、字串型態欄位設定】

類型	儲存範圍	用途
char(L)	1<=L<=255	固定長度字元
varchar(L)	1<= L <=255	變動長度字元
tinytext	255 個字元	微小型字串
text	65535 個字元	小型字串
mediumtext	16777215 個字元	中型字串
longtext	4294967295 個字元	大型字串
tinyblob	不超過 255bytes	微小型 blob
blob	不超過 65KB	小型 blob
mediumblob	不超過 16MB	中型 blob
longblob	不超過 4G	大型 blob

char 是固定長度字元資料型態。char(5) 則只能儲存 5 個字元資料，若超出範圍則無法儲存。char(5)的欄位存入「pcschool」，則只剩下「pcsch」這五個字。如果資料內容少於設定儲存的長度，char 會自動補上空白字元。無論存入的內容長短為何，char 所需的儲存空間都是固定的。使用這種資料型態時請您確定字串不會超過某個範圍，例如 IP 都是固定 15 個位元組，而 varchar 是個長度可變的型態。我們就舉以下的例子，來比較一下這兩者的差異：

【表 5、varchar 與 char 的差異】

字串內容	char(5)	char 空間需求	varchar(5)	varchar 空間需求
''	''	5 bytes	''	1 byte
'abc'	'abc '	5 bytes	'abc'	4 bytes
'abcde'	'abcde'	5 bytes	'abcde'	6 bytes
'abcdefgh'	'abcde'	5 bytes	'abcde'	6 bytes

varchar(5) 的欄位遇到「abcdefg」的字串，那麼該欄位一樣只能存「abcde」，而且，他還要多用一個位元組來儲存資料長度，導致儲存「abcdef」會用到 6 個位元組，乍看之下 varchar 所用的空間大小是「視實際字串長度 +1」，

那不是很占空間嗎？換個角度想，如果儲存「abc」這樣的字串，那麼他會自動縮小所需空間，只要 4 個 bytes 就夠了。varchar 與 char 最多只能設定到 255。

varchar 與各種 text 與 blob 都是長度可變的型態。當資料表中同時選用 char 和這類長度可變的型態時，char 會被自動改為 varchar，除非它的最大儲存長度少於 4。另一方面若資料表中 varchar 欄位的最大儲存長度少於 4 時，其型態也會被自動改為 char。會自動作修改的原因是少於 4 bytes 的欄位在節省空間方面，實在沒多大的效果，不如改為 char 以加快檢索的速度。當資料內容少於最大儲存長度時，varchar 將可以有效地節省空間，這是它最大的優點；檢索時速度較快，則是 char 的優點。

各種 text 欄位類型均適合用來儲存大容量資料，例如討論區、最新消息等等。除了空間大小不一樣，其餘皆相同。blob 類型可以用來儲存二進位的資料，例如圖像、音樂等，而且 blob 裡的資料是有分大小寫的，而 text 裡的資料是不分大小寫。

《 10-2-5 》 資料表欄位：列舉型態

列舉（enumeration）型態可分為 enum 與 set。列舉（enumeration）型態值只能從固定的項目中挑選，不能隨心所欲的存入資料。列舉型態共有兩種欄位格式如下：

【表 6、enum 與 set 的差異】

類型	範圍	用途
enum	最多 65535 個選項	單選選項
set	最多 64 個選項	複選選項

enum 是單選選項，您自己預設一些內容，該欄位只能存入您所設定的內容之一，例如：性別（男、女）、學歷（國中、高中、大學），這些固定且單一答案的選項，都適合用 enum 資料欄位。這種欄位所需空間小，而且不怕使用者亂填資料！因為使用者填寫的資料料若不在選項裡面，那他會當作是

NULL 值，因此，若您的欄位是固定選項、且單一資料，請改用 enum 型態設定。

set 和 enum 的差別，除了容量大小不同外（enum 型態最多可以建立 65535 個不同的選項，而 set 型態只能建立 64 個不同的選項。）另一個差異是它可以複選，也就是同時可以儲存一個以上的資料項，例如：學歷與專長、購物清單。

《 10-2-6 》 資料表欄位：索引

當我們翻閱一本書時，如果您想要找尋的資料分散在書本的不同章節裡，在不傷害書本及沒有紙筆可以記錄下，您會怎麼做呢？我會在書本內該頁加上書籤做紀錄。索引就如同書籤，可讓您加快資料的搜尋。索引主要包含三種：index、 Unique、Primary Key。

資料表欄位若設定為 index，可加快資料搜尋速度，但 index 建立後會占用儲存空間，資料增刪修時會跟著異動。建議設定 index 的欄位長度是越短越好，且設定 index 的欄位長度若是固定長度會比變動長度效率更好。資料表內欄位可依需求設定多個欄位為 index 欄位。

Unique 與 Primary Key 均具有 index 的特性，而兩者與 index 有若干不同的地方。Unique 代表不重複索引或唯一索引，一個資料表內可以有很多個欄位設定為 Unique。而 PrimaryKey 代表主索引，一個資料表只能有一個 PrimaryKey，設定為 PrimaryKey 欄位的資料不能重複且不能空白。

10-3　資料表的儲存引擎

Mariadb/MySQL 資料庫引擎主要有兩種常用的類型：MyISAM 與 InnoDB。MySQL 5.5 版之後以及 Mariadb 預設資料表儲存引擎為 InnoDB，而舊版 MySQL 預設資料表儲存引擎為 MyISAM。

《 10-3-1 》 MyISAM 特點

MyISAM 引擎不支援外鍵功能,也不支援交易功能。由於 MyISAM 忽略了外鍵的限制,不用擔心資料表之間的關係,很適合初學者學習使用。MyISAM 引擎資料表可執行全文檢索功能,但這功能目前不適合中文資料檢索。

MyISAM 引擎執行時整個資料表會鎖住 (Table Lock),因此新增或更新資料速度會較比較緩慢。不支援外鍵功能也代表資料庫設計時您必須留意資料表之間的關係,以避免之後資料異常情形發生 MyISAM 遇到錯誤時必須完整掃瞄後才能重建索引或修正未寫入硬碟的錯誤,修復時間則與資料量的多寡成正比。

《 10-3-2 》 InnoDB 特點

InnoDB 設計資料表時可加入外鍵的設計,資料就可大幅簡化,以避免資料重複。但相對的 InnoDB 引擎資料表資料增減修改時必須遵守原則, 若違反原則將產生錯誤。執行時會鎖住正在編輯的該行資料 (Row Lock),所以在不考慮與其他資料表連結情況下,InnoDB 引擎於大量新增與更新資料速度比 MyISAM 引擎快。

InnoDB 支援交易 (Transaction) 功能,並可藉由交易記錄檔來恢復程式崩潰或非預期結束所造成的資料錯誤。

外鍵 (Foreign key) 是指資料表欄位的資料是來自於另外一個資料表的主鍵資料;交易功能是指具備 ACID 四項特性,可以用來確保資料庫系統的一致性以及正確性,也是資料庫實現並行控制、故障回復控制的基礎。ACID 指 Atomicty(不可分割性)、Consistency(一致性)、Isolation(隔離性)與 Durability(持久性)。

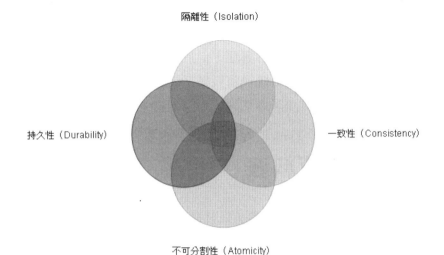

隔離性（Isolation）

持久性（Durability）

一致性（Consistency）

不可分割性（Atomicity）

【圖 13、交易的四大特性】

整理一下兩種資料表引擎的功能與特性如下：

1. InnoDB 結構較為複雜，而 MyISAM 結構較為簡單。
2. InnoDB 的數據完整性是嚴謹的，而 MyISAM 是鬆散的。
3. InnoDB 引擎執行時會鎖住正在編輯的該行資料 (Row Lock)，MyISAM 引擎執行時整個資料表會鎖住 (Table Lock)。
4. InnoDB 有交易機制，而 MyISAM 沒有。
5. InnoDB 可加入外鍵設計，而 MyISAM 沒有。
6. InnoDB 有崩潰恢復機制，而 MyISAM 沒有。
7. MyISAM 有全文檢索功能，而 InnoDB 沒有。

在這些差異中，InnoDB 和 MyISAM 有其獨特的優缺點，您可依照需求選擇合適的資料表引擎。

【表 7、MySQL 資料庫引擎類型】

MyISAM	為 MySQL5.5 版之前 (不含 5.5) 預設的類型 (如果 engine 那一行指令未填寫的話)。沒有外鍵與交易功能，簡單架構而容易管理。
InnoDB	為 MySQL5.5 版之後 (含 5.5) 預設的類型 (如果 engine 那一行指令未填寫的話)。支援交易 (Transaction) 機制、外來鍵 (Foreign Key)、當機復原 (若檔案系統未遭受損壞時使用)。

《 10-3-3 》 資料庫異常處理

MySQL 系統採用 Aria 引擎規劃處理，但於 Windows 環境容易與 innoDB 引擎發生衝突，導致重新啟動系統後資料庫系統很容易損壞而無法啟動。後續建議資料表指定規劃為 MyISAM 引擎，可降低發生問題的風險。

10-4 建立資料表

我們可於 phpMyAdmin 的 SQL 視窗以及建立資料表的引導過程中建立資料表。請先選擇資料庫「test4」，如果資料庫不存在請依照 10-1-1 節建立資料庫。

《 10-4-1 》 於 SQL 視窗建立資料表

建立資料表的指令為「Create Table 資料表名稱 (欄位定義); 」。欄位定義內的資料為「欄位名稱、資料型態、欄位寬度、[Null | NOT Null]、[Default 值]」，欄位間以「,」間隔。請於 SQL 語法的多行文字框內輸入：

```
create table  db3 (
test1 varchar(10) not null ,
test2 tinyint not null ,
test3 date not null ,
test4 blob not null
);
```

【圖 14、於 SQL 視窗中輸入資料建立資料表】

《 10-4-2 》 以網頁方式建立資料表

進入資料庫後可於建立資料表下方輸入資料表名字與欄位數量,再請按下「執行」鈕。按下「執行」鈕後可逐一規劃每一個欄位的名字、類型等項目,再請按下「儲存」鈕建立資料表。

我們可於 test4 資料庫內建立資料表,請先確認是否於 10-1-1 節建立 test4 資料庫,再請依照表 8 建立名為 db4 這個資料表:

【表 8、建立資料表】

欄位名稱	欄位型態	長度
test1	varchar	10
test2	tinyint	3
test3	date	
test4	blog	

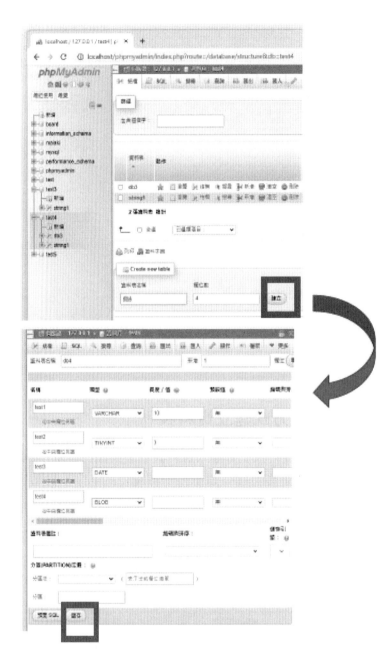

【圖 15、以網頁方式規劃資料表內欄位屬性 】

10-5　資料匯出與匯入

在 PHP 存取資料庫之前，請先規劃好資料庫及資料表。資料表設計建議可依循以下的原則：

1. 資料表內不應該包含多餘或重複的資料，如果您需要反覆輸入相同的資料，代表資料表設計需做調整。

2. 資料表命名應該有意義，不應該是 class1、class2 等方式命名。

3. 資料表需要的儲存空間應該愈小愈好。

4. 建議在正式上線之前先做各種資料的新增刪除更新測試，確保資料在更動時不會產生資料遺失的風險。

建議各位可參考以上的原則來規劃設計您的資料表。資料庫必須有資料才有其意義，資料來源有自行輸入或匯入資料，Mariadb/MySQL 預設匯出入檔案副檔名為 sql，檔案本身編碼必須與資料表設定的編碼相同。檔案本身編碼若與資料表設定的編碼不同，匯出入資料後的操作容易出現亂碼或資料空白的情況。

phpMyAdmin 網頁提供了資料提供了輸入與匯出功能，匯出時有多種檔案格式可以挑選。網頁操作雖然方便，但匯入資料是透過 HTTP 網路通訊協定處理檔案上傳，所以檔案上傳時受到 Apache 與 PHP 設定影響，會有兩個限制：連線時逾 300 秒沒有回應則視為斷線、上傳檔案不能超過 40MB。

另外 phpMyAdmin 網頁只能手動方式備份，無法作排程備份。所以之後我們進行資料匯出入操作將採兩種方式：第一種是採用網頁方式匯出入資料，操作過程中了解 SQL 檔案編碼對匯出入資料的影響，以及大型 SQL 檔案匯入時的狀況。第二種為終端機方式，這是主要匯出入資料使用的方式。

「sql」資料夾內有多個 SQL 檔案，可將多個 SQL 檔案拷貝到「C:\xampp\mysql\bin」目錄內，這幾個檔案將作為資料匯出入練習之用。

《 10-5-1 》以網頁方式登入進行資料輸入

請點選資料庫後再點選右方網頁的「匯入」選項後，選擇檔案進行資料的輸入。請將 list1.sql 輸入到 test5 資料庫內，若沒有資料庫請參考 10-1-1 節建立。

這個檔案內有三個資料表，匯入後可觀察這些資料表有何不同。

list1 資料表預設引擎為 MyISAM 及編碼設定為 utf8mb4，而 list2 資料表預設引擎為 MyISAM 及編碼設定為 utf8，list3 資料表不預設引擎也不設定編碼。

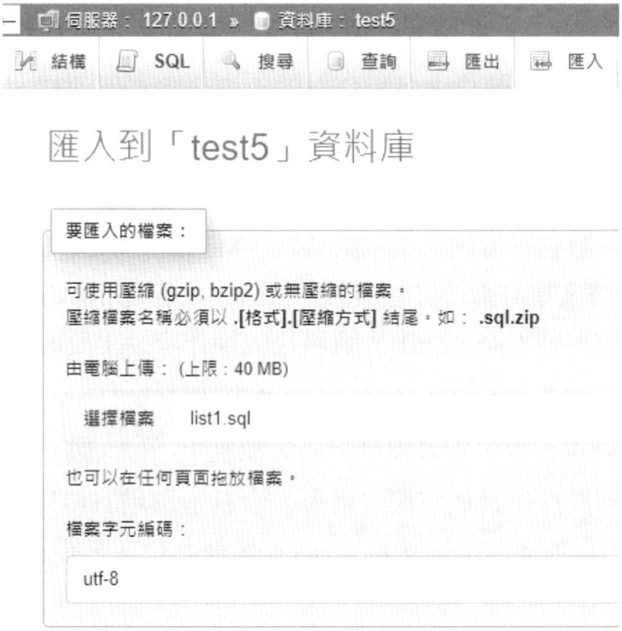

【圖 16、以網頁方式匯入 SQL 語法檔案】

【圖 17、以網頁方式匯入 SQL 語法後查看三個資料表編碼】

請您留意 list3 資料表本來不設定編碼，後被設定引擎為 InnoDB 及編碼設定為 utf8mb4。請將 record.sql 輸入 test5 資料庫，record.sql 這個 SQL 檔案為 126MB，超過系統設定的 40MB，所以進行輸入時將會產生錯誤。

另請匯入 pcschool.sql 檔案至 test5 資料庫內 (資料表來源為「sql」資料夾內的「pcschool.sql」)，稍後的資料匯出將會利用到 test5 資料庫內的資料。

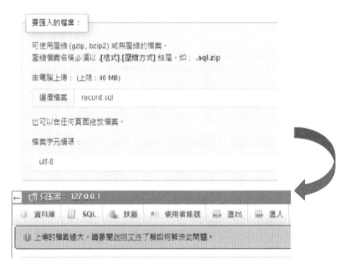

【圖 18、以網頁方式匯入 SQL 語法檔案有容量限制】

《 10-5-2 》 以網頁方式登入進行資料匯出

登入 phpMyAdmin 後請選取欲輸出的資料庫或資料表，接著請選取右邊視窗上方的「匯出」，您可選擇「自訂」進行匯出方式的調整，最後再將選取的資料庫或資料表備份出來。匯出檔案格式共有 CodeGen、CSV、MS Excel 的 CSV 格式、Microsoft Word 2000、JSON、LaTeX、MediaWiki 表、OpenOffice 表格、OpenOffice 檔案、PDF、PHP 陣列、SQL、Texy! 文字、XML 與 YAML。

正在匯出「maiaki」資料庫的資料表

匯出模板：

新模板：　　　　　　　　　　　　　　　　　已有模板：

模板名稱　模板名稱　　（建立）　　　　　　模板： － 選擇模板 － ∨　（更新）（刪除）

匯出方式：

○ 快速－僅顯示必要的選項
◉ 自訂－顯示所有可用的選項

格式：

SQL
CodeGen
CSV
CSV for MS Excel
JSON
LaTeX
MediaWiki Table
Microsoft Word 2000
OpenDocument Spreadsheet
OpenDocument Text
PDF
PHP array
SQL
Texy! text
XML
YAML

【圖 19、phpMyAdmin 內匯出資料的格式】

匯出時可選擇要儲存為檔案或者直接於網頁上顯示。儲存為檔案時也可以選擇不壓縮 (SQL 檔案) 或者 zip 檔案壓縮 (Windows 環境)、gzip 或 bzip 檔案壓縮 (Linux 環境) 方式下載。

輸出：

◉ 重新命名已匯出的資料庫/資料表/欄位

◉ 使用 LOCK TABLES 指令

○ 以文字顯示輸出結果
◉ 將輸出儲存為檔案

檔案名稱模版： ⓘ 　@DATABASE@　　　🔘 Use this for future exports

檔案字元編碼： utf-8 ∨

壓縮： 無 ∨

◉ 將每個資料表匯出為不同的檔案

Skip tables larger than:

The size is measured in MiB.

【圖 20、phpMyAdmin 內匯出資料的輸出設定】

挑選資料表匯出時還有另外的 SQL 格式可以做挑選，您可以挑選「只匯出結構」、「只匯出資料」或者「匯出資料與結構」。您也可以選擇是否要與其他資料庫系統或舊版本 MySQL 最大程度相容，使您下載的 SQL 檔案可用於舊版 MySQL 或其他資料庫。

【圖 21、phpMyAdmin 內匯出資料的 SQL 格式設定】

《 10-5-3 》終端機方式進行資料匯出入之前

phpMyAdmin 雖可備份各種資料庫，但只能手動方式備份，無法作排程備份，而且匯入資料時會有檔案大小限制，Mariadb/MySQL 有提供其他匯出與匯入的指令嗎？

mysqldump 是 Mariadb/MySQL 的終端機匯出指令，而 mysql 是終端機匯入指令，執行 mysqldump 或 mysql 指令時不需登入至 MySQL 終端機操作環境，所以可搭配其他軟體進行定時的備份或還原。

關於終端機開啟與目錄切換等動作請參考 9-2-1 節介紹。匯入資料之前若需刪除原有的資料表，終端機登入系統並挑選資料庫後，可輸入以下指令就可以刪除資料表：

```
drop table 資料表名;
```

網頁部分可於進入資料庫後點選右方的「結構」選項，挑選資料表後按下「刪除」鈕即可刪除資料表。請先依照 10-5-1 節匯入 pcschool.sql 檔案至 test5 資料庫內。

《 10-5-4 》 mysqldump 進行資料表資料匯出

mysqldump 是資料庫內資料匯出的語法，基本的語法結構為

```
mysqldump -u 帳號 -p 密碼 [ 參數 ] 資料庫名稱 [ 資料表名稱 ] > SQL 檔案
```

[參數] 內常用項目如表 9 的介紹：

【表 9、mysqldump 常用參數】

常用參數	說明
--skip-opt	匯出資料時資料將會分行。
--no-data	只匯出資料表結構。
--no-create-info	只匯出資料表內容。
--default-character-set=utf8	設定編碼為 utf8。
--quick	匯出很多資料時可以使用，強制 mysqldump 從伺服器查詢取得記錄後直接輸出而不是取得所有記錄後將它們暫存起來後再做輸出。
--single-transaction	備份 InnoDB 引擎資料表資料。
--flush-logs	把目前 InnoDB 的 Log 匯出， 請搭配 --single-transaction 參數使用。
--master-data	匯出資料的 SQL 語法中加入匯出的時間點，請搭配 --single-transaction 參數使用。
--hex-blob	16 進位方式匯出 blob 類型資料。

匯出「test5」這一個資料庫內所有資料表欄位與內容，請於終端機輸入「**mysqldump -uroot -ppcschool test5 >dump1.sql**」後，接著請以 NotePad++ 開啟 dump1.sql，將可看到所有資料表欄位與內容。

```
C:\Windows\System32\cmd.e    ×    +    ∨                                 —    □    ×

Microsoft Windows [版本 10.0.22621.1702]
(c) Microsoft Corporation. 著作權所有,並保留一切權利。

C:\>cd  c:\xampp\mysql\bin

c:\xampp\mysql\bin>mysqldump  -uroot  -ppcschool test5 >dump1.sql

c:\xampp\mysql\bin>|
```

【圖 22、 執行 mysqldump 語法 -1】

```
C:\xampp\mysql\bin\dump1.sql - Notepad++                                                              —    □    ×
檔案(F)  編輯(E)  搜尋(S)  檢視(V)  編碼(N)  語言(L)  設定(T)  工具(O)  巨集(M)  執行(R)  TextFX  外掛(P)  視窗(W)  ?                          ▾ ▾ ✕
 🗋🗁🗒  📁  🖫  📋  🔍  🗎   C  G   🔤   ⟨⟩  ⟨⟩   🔍  ⟦⟧   📊  📑  📋  🗎  🗎  📂  🗎  🔲  ▶  ◀  🗎  🗎  📋
[dump1.sql ✕]
145         `memo1` char(14) DEFAULT NULL
146    ) ENGINE=InnoDB DEFAULT CHARSET=utf8mb4 COLLATE=utf8mb4_general_ci;
147    /*!40101 SET character_set_client = @saved_cs_client */;
148
149   ┌--
150    -- Dumping data for table `list1`
151   └--
152
153    LOCK TABLES `list1` WRITE;
154    /*!40000 ALTER TABLE `list1` DISABLE KEYS */;
155    INSERT INTO `list1` VALUES ('xE5 xE6 捶 xB8xBA','xE6x89 x81 野蝟  i
156    /*!40000 ALTER TABLE `list1` ENABLE KEYS */;
157    UNLOCK TABLES;
158
159   ┌--
Structured Query Language file          length: 613,453  lines: 366      Ln : 158  Col : 1  Pos : 412,726      Windows (CR LF)    ANSI          INS
```

【圖 23、 mysqldump 後可看到所有資料表結構與內容,中文為亂碼】

中文資料會是亂碼主要原因是匯出的資料欄位中有 blob 類型資料,所以才
會是亂碼呈現。因此匯出資料時請加上「--hex-blob」參數,請於終端機輸入
「**mysqldump -uroot -ppcschool --hex-blob test5 >dump2.sql**」後,接著請
以 NotePad++ 開啟 dump2.sql,就可看到中文可正常顯示。

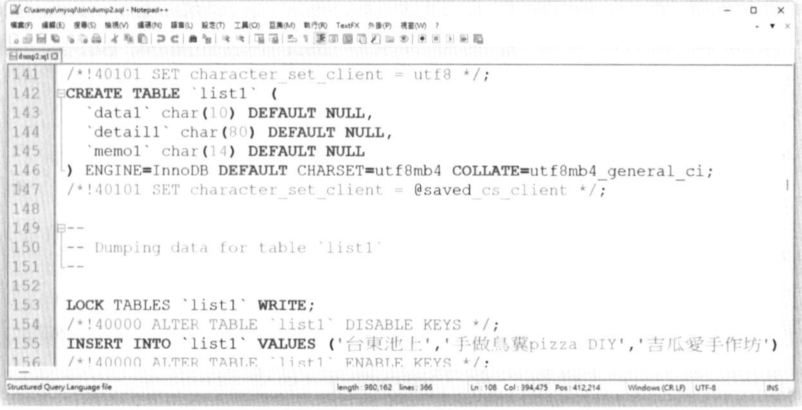

【圖 24、 mysqldump 後可看到所有資料表結構與內容，中文正常顯示】

上述匯出資料的方式，資料表內容不會分行論述，日後維護頗不方便的，因此您可以加上「--skip-opt」參數，讓資料都能逐筆分行列出，多個參數可以加入到同一行語法內使用：「**mysqldump -uroot -ppcschool --skip-opt --hex-blob test5 >dump3.sql**」。

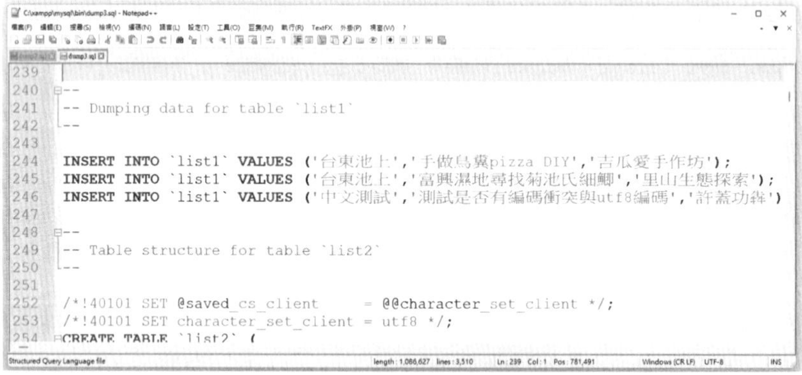

【圖 25、加上「--skip-opt」參數，讓資料都能逐筆分行列出內容】

若只需要匯出一個資料表，請在資料庫名稱後面以空格方式作間隔加上資料表名稱。匯出「test5」這一個資料庫內「list1」資料表，並請加入「--skip-opt」參數使其分行：「**mysqldump -uroot -ppcschool --skip-opt test5 list1 >dump4.sql**」。

【 圖 26、 mysqldump 匯出指定資料表就可匯出該資料表結構與內容 】

若要匯出多個資料表，請在資料庫名稱後面以空格方式作間隔加上資料表名稱即可。我們匯出「test5」這一個資料庫內「customers」與「list1」兩個資料表：「**mysqldump -uroot -ppcschool test5 customers list1 >dump5.sql**」。

```
43
44    LOCK TABLES `customers` WRITE;
45    /*!40000 ALTER TABLE `customers` DISABLE KEYS */;
46    INSERT INTO `customers` VALUES ('ALFKI','Alfreds Futterkiste','Maria Anders'
47    /*!40000 ALTER TABLE `customers` ENABLE KEYS */;
48    UNLOCK TABLES;
49
50    --
51    -- Table structure for table `list1`
52    --
53
54    DROP TABLE IF EXISTS `list1`;
55    /*!40101 SET @saved_cs_client     = @@character_set_client */;
56    /*!40101 SET character_set_client = utf8 */;
57    CREATE TABLE `list1` (
58      `data1` char(10) DEFAULT NULL,
59      `detail1` char(80) DEFAULT NULL,
60      `memo1` char(14) DEFAULT NULL
61    ) ENGINE=InnoDB DEFAULT CHARSET=utf8mb4 COLLATE=utf8mb4_general_ci;
62    /*!40101 SET character_set_client = @saved_cs_client */;
63
64    --
65    -- Dumping data for table `list1`
66    --
67
68    LOCK TABLES `list1` WRITE;
69    /*!40000 ALTER TABLE `list1` DISABLE KEYS */;
70    INSERT INTO `list1` VALUES ('台東池上','手做烏龍pizza DIY','吉蒐愛手作坊'),(
71    /*!40000 ALTER TABLE `list1` ENABLE KEYS */;
72    UNLOCK TABLES;
```

【 圖 27、mysqldump 指定匯出兩個資料表 】

《 10-5-5 》 mysqldump 只匯出資料表結構或內容

資料表結構與內容可分別匯出，若只想匯出資料表結構，請加入「--no-data」參數，匯出「test5」這一個資料庫內所有資料表的結構：「**mysqldump -uroot -ppcschool --no-data test5 >dump6.sql**」。

```
dump6.sql
43
44     DROP TABLE IF EXISTS `duty`;
45     /*!40101 SET @saved_cs_client      = @@character_set_client */;
46     /*!40101 SET character_set_client = utf8 */;
47   ⊟CREATE TABLE `duty` (
48       `EmployeeID` int(11) DEFAULT NULL,
49       `task` varchar(20) DEFAULT NULL
50   └) ENGINE=MyISAM DEFAULT CHARSET=utf8mb4 COLLATE=utf8mb4_general_ci;
51     /*!40101 SET character_set_client = @saved_cs_client */;
52
53   ⊟--
54     -- Table structure for table `employees`
55   └--
56
57     DROP TABLE IF EXISTS `employees`;
58     /*!40101 SET @saved_cs_client      = @@character_set_client */;
59     /*!40101 SET character_set_client = utf8 */;
60   ⊟CREATE TABLE `employees` (
61       `EmployeeID` int(11) DEFAULT NULL,
62       `LastName` varchar(20) DEFAULT NULL,
```

【 圖 28、mysqldump 匯出所有資料表結構 】

若只想匯出特定的資料表結構，除加入「--no-data」參數外，也請在資料庫名稱之後加上資料表名稱即可。匯出「test5」這一個資料庫內「list2」資料表的結構：「**mysqldump -uroot -ppcschool --no-data test5 list2>dump7.sql**」。

```
dump7.sql
22   DROP TABLE IF EXISTS `list2`;
23   /*!40101 SET @saved_cs_client     = @@character_set_client */;
24   /*!40101 SET character_set_client = utf8 */;
25  CREATE TABLE `list2` (
26     `data1` char(10) DEFAULT NULL,
27     `detail1` char(80) DEFAULT NULL,
28     `memo1` char(14) DEFAULT NULL
29   ) ENGINE=MyISAM DEFAULT CHARSET=utf8 COLLATE=utf8_general_ci;
30   /*!40101 SET character_set_client = @saved_cs_client */;
31   /*!40103 SET TIME_ZONE=@OLD_TIME_ZONE */;
32
33   /*!40101 SET SQL_MODE=@OLD_SQL_MODE */;
34   /*!40014 SET FOREIGN_KEY_CHECKS=@OLD_FOREIGN_KEY_CHECKS */;
35   /*!40014 SET UNIQUE_CHECKS=@OLD_UNIQUE_CHECKS */;
36   /*!40101 SET CHARACTER_SET_CLIENT=@OLD_CHARACTER_SET_CLIENT */;
37   /*!40101 SET CHARACTER_SET_RESULTS=@OLD_CHARACTER_SET_RESULTS */;
38   /*!40101 SET COLLATION_CONNECTION=@OLD_COLLATION_CONNECTION */;
39   /*!40111 SET SQL_NOTES=@OLD_SQL_NOTES */;
40
41   -- Dump completed on 2023-06-28 10:24:23
42
```

【圖 29、mysqldump 匯出指定的資料表結構】

若只要匯出資料表的內容，請加入「--no-create-info」參數，匯出「test5」
這一個資料庫內所有資料表的內容：「**mysqldump -uroot -ppcschool --no-create-info --hex-blob test5 >dump8.sql**」。

```
dump8.sql
49   --
50   |
51   LOCK TABLES `job` WRITE;
52   /*!40000 ALTER TABLE `job` DISABLE KEYS */;
53   INSERT INTO `job` VALUES (1,'Tester'),(2,'Accountant'),(11,'Developer'),(4,'
54   /*!40000 ALTER TABLE `job` ENABLE KEYS */;
55   UNLOCK TABLES;
56
57   --
58   -- Dumping data for table `list1`
59   --
60
61   LOCK TABLES `list1` WRITE;
62   /*!40000 ALTER TABLE `list1` DISABLE KEYS */;
63   INSERT INTO `list1` VALUES ('台東池上','手做烏糞pizza DIY','吉瓜愛手作坊'),
64   /*!40000 ALTER TABLE `list1` ENABLE KEYS */;
65   UNLOCK TABLES;
```

【圖 30、mysqldump 匯出所有資料表內容】

上述參數只匯出資料表內容，而每一筆資料並未進行分行，所以還可加
上「--skip-opt」參數，讓資料都能逐筆分行列出：「**mysqldump -uroot
-ppcschool --no-create-info --hex-blob --skip-opt test5 >dump9.sql**」。

```
dump9.sql
139    ---
140    -- Dumping data for table `job`
141    ---
142
143    INSERT INTO `job` VALUES (1,'Tester');
144    INSERT INTO `job` VALUES (2,'Accountant');
145    INSERT INTO `job` VALUES (11,'Developer');
146    INSERT INTO `job` VALUES (4,'Director');
147    INSERT INTO `job` VALUES (5,'Mediator');
148    INSERT INTO `job` VALUES (6,'Proffessor');
149    INSERT INTO `job` VALUES (7,'Programmer');
150    INSERT INTO `job` VALUES (8,'Developer');
151    INSERT INTO `job` VALUES (9,'Tester');
152
153    ---
154    -- Dumping data for table `list1`
155    ---
156
157    INSERT INTO `list1` VALUES ('台東池上','手做烏糞pizza DIY','苦瓜愛手作坊');
158    INSERT INTO `list1` VALUES ('台東池上','富興濕地尋找菊池氏細鯽','里山生態探索');
159    INSERT INTO `list1` VALUES ('中文測試','測試是否有編碼衝突與utf8編碼','許蓋功褘');
160
```

【圖 31、mysqldump 匯出所有資料表內容及分行顯示】

《 10-5-6 》mysql 匯入資料

mysql 是資料庫內資料匯入的語法，基本的語法結構為

```
mysql  -u 帳號  -p 密碼  資料庫名稱 <SQL 檔案
```

匯入資料時需指定資料庫名稱，所以匯入前必須建立資料庫。建立資料庫
的語法請參考 9-2-1 節介紹。請察看「record.sql」檔案，這個 SQL 檔案有
126MB 之多，無法透過 phpMyAdmin 的方式匯入，只能使用終端機的方
式將檔案匯入到系統內，請輸入以下的指令：「**mysql -uroot -ppcschool
test5 < record.sql**」，就可將資料匯入到 test5 資料庫內。匯入後您可利用
phpMyAdmin 察看，這個資料表內有 3,168,676 筆資料。

【圖 32、以 mysql 指令匯入資料後查看資料表行數】

剛剛匯出的資料中有亂碼是否會影響中文正常顯示呢？請依據 9-5-1 節建立 maiaki 資料庫，我們再將 dump1.sql 匯入到這個資料庫。請輸入以下的指令：「**mysql -uroot -ppcschool　maiaki < dump1.sql**」。

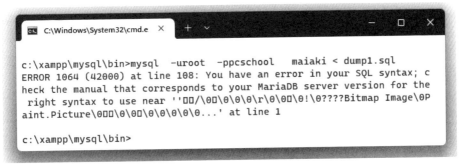

【圖 33、匯入 dump1.sql 產生異常】

所以當您的資料中有 blob 類型欄位，請記得加上「**--hex-blob**」進行匯出，但是如果匯出時沒有加上這個參數，資料無法匯入。請輸入以下的指令：「**mysql -uroot -ppcschool maiaki < dump2.sql**」。

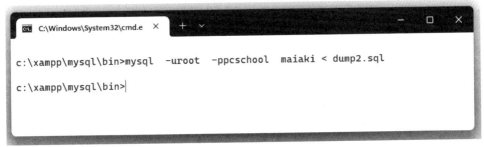

【圖 34、匯入 dump2.sql】

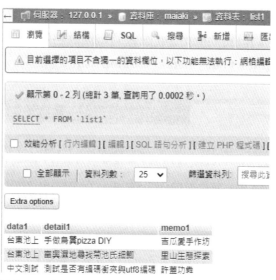

【圖 35、查看 list1 資料表內容，中文可正常顯示】

10-6 範例實作

第 4 章我們建立了 BMI 分析、班級通訊錄系統資料輸入、名片管理系統資料輸入三個表單網頁，現在請依前面各節介紹，建立新的資料庫，再於資料庫內新增幾個資料表，儲存這三個表單網頁輸入資料後的內容。

我們想要設計一個留言版系統，可以儲存留言者主旨、內容、留言者姓名、留言者電子信箱與留言者的留言日期時間與 ip 位址，請思考並規劃這個系統所需的資料表欄位。

10-7 結論

這一章跟您介紹了如何建立資料庫、資料表，以及資料的匯出與匯入，您可搭配伺服器主機進行週期性資料備份。了解資料庫與資料表規劃設計與資料的匯出與匯入後，我們將更進一步了解如何讀取資料表內的資料內容，之後

php 就可依此語法讀取 MySQL 內資料表資料,下一章將介紹資料庫查詢與變更的語法。

【重點提示】

1. 登入的方式有兩種,第一種是輸入「mysql –u 帳號 –p 密碼」若不希望密碼顯示,請改用「mysql –u 帳號 –p」,當您按下 enter 後才可輸入密碼。

2. 終端機登入後可用「show databases;」指令顯示目前系統已安裝的資料庫。

3. 終端機登入後可用「create database 資料庫名稱;」指令建立資料庫。

4. 欄位形態可分為幾大類:數字、文字、日期時間、特殊類等資料形態。

5. auto_increment 屬性具有以下的特性:

   a. 這個屬性在「Not Null」、「Primary Key」或「Unique」這三種屬性至少具備一種的時候才能使用。

   b. 一個資料表只能有一個 auto_increment 屬性。

   c. 只有在新增紀錄時,在沒有明確指定數值及沒有指定 Null 值情況下才會自動產生新編號。您可以手動為新紀錄指定數值,只要您指定的數值沒有被用掉就可以。

6. char 資料型態是固定長度字元,而 varchar 是個長度可變的型態。

7. SQL 檔案指定編碼與檔案本身編碼必須一致,否則無法匯入資料。

8. phpMyAdmin 匯入檔案時會受到 php.ini、httpd.conf 內參數設定所影響。

9. 匯出資料的基本語法為:

   mysqldump -u 帳號 –p 密碼 [參數] 資料庫名稱 [資料表名稱] > SQL 檔案

10. 匯出資料若資料能逐筆分行列出,請加上「--skip-opt」參數。

11. 匯出資料若只匯出結構,請加上「--no-data」參數。

12. 匯出資料若只有匯出內容,請加上「--no-create-info」參數

13. mysql 是資料庫內資料匯入的語法,基本的語法結構為

mysql -uroot -pphpmysql 資料庫名稱 <SQL 檔案

14. 匯出資料中若有 blob 類型欄位請加上「--hex-blob」參數。

【問題與討論】

1. mysql 終端機登入方式有哪幾種？

2. 請使用終端機與網頁登入方式分別建立資料庫 pcschool、pcschool2。

3. 請說明欄位的 auto_increment 屬性特性。

4. 請分別以終端機與網頁登入方式進入 MySQL 系統，分別於 pcschool 與 pcschool2 資料庫內建立一個資料表，名稱為「gboard」，內有六個欄位，分別為

欄位名稱	欄位型態	欄位長度	預設值
boardid	tinyint		NOT NULL
yourname	varchar	20	NOT NULL
youremail	varchar	25	NOT NULL
ip	char	15	NOT NULL
ctime	datetim		NOT NULL
content	text		NOT NULL

5. 請將 pcschool.sql 匯入 pcschool 資料庫內。

6. 匯出 pcschool 資料庫內 employees 資料表，且資料會逐筆分行列出。

7. 請匯出 pcschool 資料庫內「orders」與「employees」兩個資料表結構。

8. 請匯出 pcschool 資料庫內「orders」與「employees」兩個資料表內容。

第十一章

資料庫內容檢索與變更

當我們想利用查詢、新增、刪除、更新資料庫裡的資料，使用的語法就是 SQL 語法。SQL 是「Structured Query Language」的縮寫，簡單的說，SQL 是一種與資料庫溝通的共通語言。雖然現在每一個資料庫的 SQL 語法仍有差異，例如 Access 與 Mariadb/MySQL 在查詢時使用的萬用字元符號，Access 使用的是「*」，而 Mariadb/MySQL 使用的是「%」，但大致上每一個資料庫都會依循標準的 SQL 語法作業。本章主要說明資料的查詢、新增、刪除與更新，作為之後 PHP 與 Mariadb/MySQL 溝通進行資料查找或變動的基礎。

11-1 準備工作

這一章練習的資料庫為「test5」資料庫，資料表來源為「10」資料夾內的「pcschool.sql」，若您沒有建立資料庫或者匯入資料，請您參考 10-5-1 節介紹。Mariadb/MySQL 的資料表欄位名稱於檢索或資料變更運用時不會區分大小寫。

phpMyAdmin 網頁登入後挑選資料庫，請於右邊視窗點選「SQL」選項就可以輸入查詢語法檢視資料表內容。

【圖 1、phpMyAdmin 網頁登入後挑選資料庫與點選 SQL 選項】

由於終端機登入方式查詢資料方式與網頁登入方式相同，都是直接輸入 SQL
語法，所以後續各節介紹將以網頁登入方式與視窗登入方式介紹。網頁登入
方式主要介紹 SQL 語法如何設計，而視窗登入方式將以視覺化介面進行資料
檢索。由於 phpMyAdmin 網頁視窗畫面內容頗多，本章後續各節圖片只擷取
網頁畫面一部分，只擷取「SQL 語法」與「輸出的欄位內容」。

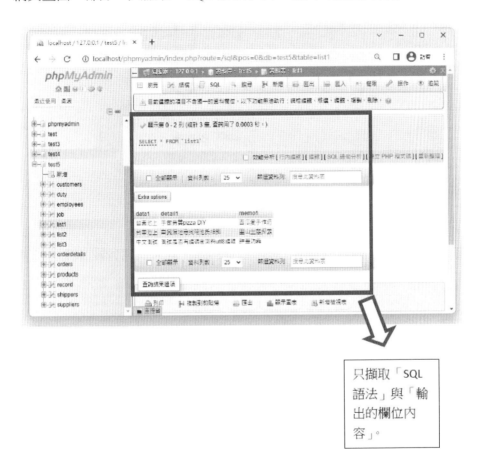

只擷取「SQL
語法」與「輸
出的欄位內
容」。

【圖 2、後續各節只擷取網頁中部分畫面】

當您要修改現有的 SQL 語法，請點選 SQL 語法右下角的「編輯」選項，編
輯好語法再請按下「執行」鈕將更新資料顯示內容。

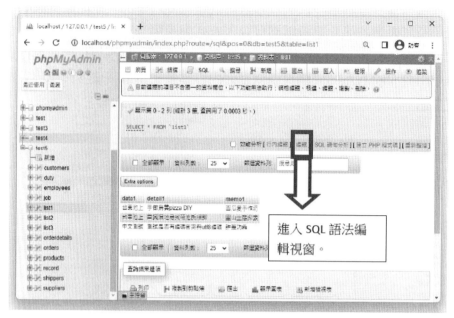

【圖 3、修改現有的 SQL 語法後執行】

請開啟 phpMyAdmin 網頁後點選「test3」資料庫，即將展開各種 SQL 語法練習。

11-2 資料表查詢

請依照 11-1 節完成資料查詢的準備工作，「查詢」是一個經常操作的動作，也是 SQL 中最複雜的語法。查詢語法規則如下：

```
select  [distinct] 欄位清單  from  資料表名稱 where 檢索條件
group by 分組欄位 having 分組條件 order by 排序欄位 [asc | desc ]
limit  起始值編號,  筆數 ;
```

語法內粗體字代表這是查詢語法內的關鍵字；而中括弧 [ ] 代表選擇性的選項，若不寫則依照原有設定；斜體字代表這裡將輸入字串，加上底線的文字代表這是整數，上述語法的說明如表 1 的說明。

【表 1、資料表查詢語法】

語法	說明
select	查詢
distinct	不重複的欄位
欄位清單	欄位列表，若不挑選欄位則用 * 代表
select [distinct] 欄位清單	查詢哪些欄位資料，可加入不重複的欄位設定，若不挑選欄位可用 * 代表
from 資料表名稱	從哪一個資料表查詢
where 檢索條件	設定檢索條件
group by 分組欄位	設定分組資訊
having 分組條件	分組的條件（一般會搭配 **group by** 運用）
order by 排序欄位	依據欄位進行排序
[asc | desc]	由小而大或由大而小排序
limit 起始值編號，筆數	限制輸出筆數

《 11-2-1 》 基本查詢

資料庫查詢基本的 SQL 語法如下：

```
select    欄位名稱 1, 欄位名稱 2   from 資料表名稱；
```

我們想要查詢「employees」資料表內所有內容，請輸入視窗內輸入「**select * from employees;**」，按下「執行」鈕之後就可看到所有的資料。

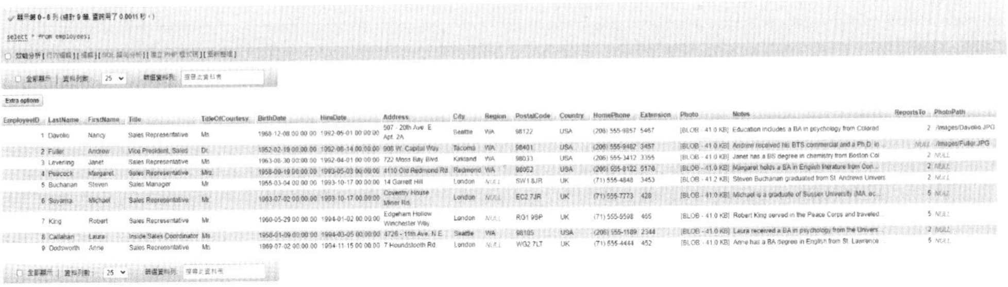

【圖 4、select 基本查詢】

「*」代表所有的欄位,若只想查詢部分欄位,請輸入欄位名稱並以逗點隔開,例如「employees」資料表內查詢「firstname」、「lastname」這兩個欄位的所有內容,請點選 phpMyAdmin 上方的「SQL」選項輸入或者修改原有的 SQL 語法為「**select firstname, lastname from employees;**」,輸出結果內只看到這兩個欄位資料。

【圖 5、select 查詢特定欄位】

若查詢「employees」資料表內「city」欄位的所有內容,請於 phpMyAdmin 右上角的「SQL」選項輸入「**select city from employees;**」後執行,輸出畫面將顯示 city 欄位資料。

【圖6、select 查詢單一欄位】

圖6輸出畫面內顯示 city 有多筆資料重複，若想了解「employees」資料表內有哪些「city」，也就是查詢「city」欄位結果不要重複，請於欄位前面加上「distinct」，也就是輸入「**select distinct city from employees;**」，city 欄位將顯示不重複的資料。

【圖7、select 查詢單一欄位不重複的內容】

《 11-2-2 》 As 的使用

檢索資料時如需計算或希望檢索出來的欄位名稱不同,請在檢索時在欄位名稱後面加上「as 檢索後的欄位名稱」,例如查詢「employees」資料表內「firstname」、「lastname」這兩個欄位的內容,但「firstname」欄位檢索時顯示欄位名稱為「f」,而「lastname」欄位檢索時顯示名稱為「l」,請於「SQL」選項輸入「**select firstname as f, lastname as l from employees;**」,查詢結果的欄位名稱就會變成「f」與「l」。

【圖 8、select 查詢後另外命名】

查詢數值資料時也可直接做計算後輸出,若查詢「products」資料表內「productname」、「unitprice」與「unitsinstock」這三個欄位內容,但希望每一個產品能計算出總價,也就是「unitprice」乘以「unitsinstock」,請於 SQL 語法內計算後以「as」語法替欄位命名,請輸入 SQL 語法為「**select productname, unitprice ,unitsinstock ,unitprice * unitsinstock as total from products;**」,輸出結果裡可看見新增了一個名為「total」的欄位,而該欄位結果就是 **unitprice** 乘以 **unitsinstock** 結果。

【圖 9、查詢時可加入計算式】

查詢出來的數值內容小數點後數字位數非常的多，如果您希望小數點後數字為固定位數，您可以使用 format( ) 函數設計檢索輸出的數值位數。format( ) 函數內有兩個參數，第一個參數為資料來源，第二個參數為小數點後數字位數，若您希望計算後的成果最多只顯示小數點後兩位數，您可以輸入 SQL 語 法「**select　productname, unitprice ,unitsinstock ,format(unitprice * unitsinstock,2)　as　total　from　products;**」，輸出結果裡可看見新增了一個名為「total」的欄位，而該欄位呈現的數值小數部分最多只會呈現兩位數。

【圖 10、查詢時可加入計算式，並進行格式化的輸出】

《 11-2-3 》排序

由圖 4 可知查詢資料時是依照資料表內資料的順序輸出，並沒有進行排序。若查詢時需針對查詢結果進行排序，請於 select 語法最後加上「**order by 欄位名稱 asc|desc**」的方式進行排序。

查詢「employees」資料表內「firstname」、「lastname」、「hiredate」這三個欄位的所有資料並希望依照「firstname」欄位排序，請於「SQL」選項 輸入「**select firstname, lastname, hiredate from employees order by firstname;**」，執行後您可於輸出結果看到 firstname 欄位資料由小而大排序。

【圖 11、select 查詢時的排序：firstname 資料由小而大】

若 firstname 欄位資料改由大而小排序，請於「SQL」選項輸入「**select firstname, lastname, hiredate from employees order by firstname desc;**」，執行後您可於輸出結果看到 firstname 欄位資料會由大而小排序。

【圖 12、select 查詢時的排序：firstname 資料由大而小】

若 輸 入「**select firstname, lastname, hiredate from employees order by firstname asc;**」則會得到由小而大排序的結果。由這幾個範例可知「order by 欄位名稱」後若沒有 desc 或 asc 參數，預設為由小而大排序，若加上「desc」代表資料由大小而排序，而「asc」代表資料由小而大排序。

【圖 13、select 查詢時的排序：firstname 資料由小而大】

《 11-2-4 》 限制筆數

SQL 語法內最後一個語法為 limit 語法，limit 語法後面接的兩個數字依序代表「資料起始索引值」及「筆數」。而「資料起始索引值」由 0 開始。

檢索資料時可挑選從第幾筆開始檢索，若要從第二筆開始，請輸入「**select employeeid , firstname , lastname from employees limit 1,30;**」後執行，檢索結果會由第二筆開始，而「limit 1,30」代表索引值為 1（第二筆資料，索引值由 0 開始）及每一頁共 30 筆資料。

【圖 14、select 查詢時從第二筆資料開始】

若希望 SQL 檢索的結果為五筆一頁，請輸入「**select employeeid,firstname, lastname from employees limit 0,5;**」後執行，網頁上將只顯示 5 筆資料。

【圖 15、select 查詢時限制每一頁只有 5 筆】

若 limit 後面只有一個數字呢？代表由第一筆資料開始要顯示多少筆資料。例如檢索「employees」資料表內「employeeid」、「firstname」、「lastname」

這幾個欄位的內容六筆資料，請輸入「**select employeeid, firstname, lastname from employees limit 6;**」就可以檢索出六筆資料。

【圖 16、select 查詢時限制每一頁只有 6 筆】

limit 可與 order by 搭配運用查詢。例如檢索「products」資料表內「unitprice」欄位最大值的「productid」、「productname」與「unitprice」三個欄位內容，請使用「**order by unitprice desc**」針對 unitprice 欄位進行由大而小的排序，然後搭配「**limit 1**」限制只顯示一筆資料，完整的 SQL 語法為「**select productid,productname,unitprice from products order by unitprice desc limit 1;**」。

【圖 17、select 查詢時限制由大至小排列最大一筆】

11-3 SQL 語法的條件分析

請依照 11-1 節完成資料查詢的準備工作。查詢除了可檢索出表格內所有資料外，也可選擇性地檢索資料。SQL 語法內可使用 where 指令設定各種條件。這個指令的語法如下：

```
select    欄位名稱 1, 欄位名稱 2
from  資料表格名稱
where  查詢條件 order by 排序欄位 limit 限制筆數
```

只有符合 where 條件的紀錄，才會被選取。條件的內容，通常是以欄位來比對某特定的值。請您注意如果比對的值，其資料型態不是數值時，請您要在前後加上單引號。

《 11-3-1 》 條件的判斷

數值資料可使用表 2 所列的比較運算子進行資料分析。

【表 2、select 查詢時數值條件的判斷】

運算子	意義
<	小於
=	等於
>	大於
<=	小於等於
>=	大於等於
<>	不等於
between … and	在兩個數字之間

請檢索「employees」資料表內「employeeid」、「firstname」這兩個欄位的內容，條件為「employeeid 大於等於 3」，SQL 語法為「**select employeeid,firstname from employees where (employeeid >= 3);**」就可以檢索出 employeeid 大於等於 3 的資料。

【圖 18、select 查詢時設定條件】

《 11-3-2 》 集合的比對判斷

若要判斷資料是否為一群資料內的項目，可用「in」或「not in」進行分析。這兩個參數不同之處為「in」代表「是否在一個集合裡」，而「notin」代表「是否不在一個集合裡」。

請檢索「employees」資料表內「employeeid」為 2、4、9 的「firstname」欄位內容，SQL 語法為「**select employeeid, firstname from employees where (employeeid in(2,4,9));**」，輸出結果顯示 employeeid 為 2、4、9 的資料。

【圖 19、select 查詢時 where 內使用 in 語法設定條件】

請檢索「employees」資料表內「employeeid」不是 2、4、9 的「firstname」欄位內容，SQL 語法為「**select employeeid,firstname from employees where (employeeid not in(2,4,9));**」，輸出結果顯示 employeeid 不是 2、4、9 的資料。

【圖 20、select 查詢時 where 內使用 not in 語法設定條件】

「in」或「not in」也可用於字串上。請檢索「customers」資料表內「country」欄位內容是 france 或 italy 的「companyname」欄位的內容，請輸入「**select country,companyname from customers where country in('france','italy');**」就可以檢索出 country 是 france 或 italy 的資料。

【圖 21、select 查詢時 where 內使用 in 語法內資料為文字設定條件】

《 11-3-3 》字串比對

字串型態資料可用表 3 所列的「＝」、「!＝」、「like」及「in」等符號進行字串資料的比對。

【表 3、select 查詢時字串資料比對】

比對符號	說明
＝	相同
!＝	不等於
like	相似，可用「％」符號作為萬用字元
in	字串集合的判斷

「%」符號的位置會影響查詢的結果。請檢索「employees」資料表內「firstname」欄位是 a 開頭的字串，SQL 語法為「**select firstname from employees where (firstname like 'a%');**」，輸出結果內「firstname」欄位內容都是 a 開頭的字串。

【圖 22、select 查詢 firstname 欄位內容為 a 開頭字串】

請檢索「employees」資料表內「firstname」欄位字串內容有 a 這個字，SQL 語法為「**select firstname from employees where(firstname like '%a%');**」，輸出結果內「firstname」欄位內容會有 a 這一個字。

【圖 23、select 查詢 firstname 欄位內容字串內有 a】

請檢索「employees」資料表內「firstname」欄位字串內容結尾為 a 這個字，SQL 語法為「**select firstname from employees where (firstname like '%a');**」，輸出結果內「firstname」欄位內容結尾為 a 這一個字。

【圖 24、select 查詢 firstname 欄位內容字串為 a 結尾】

《 11-3-4 》 兩個條件比對

如果同時有兩個條件要做判斷，請先分析語法成立的條件是「兩個條件同時成立」或「兩個條件只要一個成立」，請參考表 4 所列說明。

【表 4、兩個條件比對】

條件分析	說明	語法
兩個條件同時成立	兩個條件均要成立才算成立，否則不算成立	and
兩個條件只要一個成立	兩個條件只要一個成立就算成立，兩個條件均成立也算成立，兩個條件不成立則不算成立	or

請檢索「customers」資料表內「companyname」、「contactname」與「country」三個欄位資料，而兩個條件必須都成立：

1. country 欄位內容必須是 France 或者 Germany。
2. companyname 欄位內容必須是 b 開頭。

請 輸 入「**select companyname,contactname,country from customers where (country in('France','Germany') and companyname like 'b%');**」，找到的資

料都是符合這兩個條件。

【圖 25、select 查詢時需兩個條件都要成立】

若上例改為兩個條件則一成立就算成立，請輸入「**select companyname , contactname , country from customers where (country in('France','Germany') or companyname like 'b%');**」，找到的資料筆數比起上一個例子增加不少，這是因為只要符合這兩個條件其中一個就算成立。

【圖 26、select 查詢時兩個條件擇一成立就算成立】

11-4　群組查詢

如果欲查詢一群資料內的資訊，比如說總數、最大值、最小值、平均與總和，那該怎麼辦呢？如何將資料進行分組，並於分組之後進行資料篩選？本節將介紹群組函數與分組查詢，請依照 11-1 節完成資料查詢的準備工作。

《 11-4-1 》 群組函數的使用

MySQL 提供了如表 5 所列的群組函數協助我們進行檢索。

【表 5、查詢 Select 語法內的群組函數】

函數名稱	說明
count( )	計算總筆數
max( )	最大值
min( )	最小值
avg( )	平均
sum( )	總合

您可先進行總筆數的查詢。請嘗試了解「customers」」資料表內共有多少筆資料，於 phpMyAdmin 右上角的「SQL」選項輸入「**select count(*) as total from customers;**」，就會列出總筆數。

顯示第 0 - 0 列 (總計 1 筆，查詢用了 0.0002 秒。)

select count(*) as total from customers;

□ 效能分析 [行內編輯] [編輯] [SQL 語句分析] [建立 PHP 程式碼]

□ 全部顯示 ｜ 資料列數： 25 ✓ 篩選資料列： 搜尋此

Extra options

total
94

【圖 27、select 查詢總筆數】

由上例可知 customers 資料表內有 94 筆資料，查詢時若無指定特定欄位，可用「*」表示；若指定的欄位內容有 Null 值，該筆記錄就不會列入計算。「customers」資料表「region」欄位有幾筆資料是 Null 值，所以當您輸入「**select count(region) from customers;** 」語法查詢，筆數剩下 34 筆。

【圖 28、select 查詢總筆數，因這個欄位有 Null 值而導致筆數變少】

群組函數使用前可使用 distinct 過濾讓資料不會重複，請嘗試檢索 employees 資料表內 city 欄位總筆數，輸入「**select count(city) as city1, count(distinct city) as city2 from employees;** 」語法查詢，輸出結果可看出重複與不重複資料總筆數的差異。

【圖 29、select 查詢總筆數可用 distinct 函數確認資料不重複】

除了計算總筆數外,其他群組函數也可協助我們取得群組相關資訊。請執行以下的 SQL 語法:

```
select avg(unitprice) as average,sum(unitprice) as total, max(unitprice)
as maxunitprice,min(unitprice) as minunitprice  from products;
```

顯示第 0 - 0 列 (總計 1 筆, 查詢用了 0.0018 秒。)

select avg(unitprice) as average,sum(unitprice) as total, max(unitprice) as maxunitprice,min(unitprice) as minunitprice from products;

□ 效能分析 [行內編輯] [編輯] [SQL 語句分析] [建立 PHP 程式碼] [重新整理]

□ 全部顯示 │ 資料列數: 25 ✓ 篩選資料列: 搜尋此資料表

Extra options

average	total	maxunitprice	minunitprice
28.866363636363637	2222.71	263.5	2.5

【圖 30、select 查詢平均、總和、最大值、最小值】

上述 SQL 語法為取得 products 資料表內 unitprice 欄位的平均（avg 函數）、總和（sum 函數）、最大值（max）、最小值（min）。另外也可搭配計算式計算總和,請嘗試查詢「products」資料表內「UnitPrice」的總和,並請比較每一筆記錄打八折（乘以 0.8）的總和,您可用「**select sum(unitprice) as sum1,sum(unitprice*0.8) as sum2 from products;**」語法執行,就會得到不同的結果。

顯示第 0 - 0 列 (總計 1 筆, 查詢用了 0.0017 秒。)

select sum(unitprice) as sum1,sum(unitprice*0.8) as sum2 from products;

□ 效能分析 [行內編輯] [編輯] [SQL 語句分析] [建立 PHP

□ 全部顯示 │ 資料列數: 25 ✓ 篩選資料列: 搜尋此資料表

Extra options

sum1	sum2
2222.71	1778.168

【圖 31、select 查詢總和及欄位計算後求得總和】

《 11-4-2 》分組查詢與資料過濾

當您找尋資料時，資料可用分組的方式進行查詢，語法結構如下：

```
select 欄位，群組函數欄位 from 資料表 group by 分組欄位
```

請依據「country」欄位進行「employees」資料表內資料分組，並輸出「country」欄位內容及每一組的總筆數，請於 SQL 語法內輸入「**select country,count(*) as total from employees group by country;**」後執行，您可看到執行的結果。

【 圖 32、select 將 country 欄位分組後計算總數 】

分組之後也可做資料的分析過濾，我們可於 group by 之後加入 having 進行條件分析，語法結構如下：

```
select 欄位，群組函數欄位 from 資料表 group by 分組欄位 having 條件
```

請依據「city」欄位進行「customers」資料表內資料分組，並輸出「city」欄位內容及每一組的總筆數，請於 SQL 語法內輸入「**select city, count(city) as total from customers group by city;**」後執行，您可看到執行的結果。

【 圖 33、select 將 city 欄位分組後計算總數 】

現在還想更進一步查詢 a 開頭的城市，請您在「group by city」之後加上「having city like 'a%'」做分組判斷後就可取得資料，完整的語法為「**select city, count(city) as total from customers group by city having city like 'a%';**」。

【 圖 34、select 依據群組分類查詢並作條件過濾 】

11-5 變更資料 SQL 語法

前面所提到的是查詢資料表內資料的語法,其實 SQL 語法內也有一些語法是可變更資料的語法。變更資料的語法包含了新增(insert into)、刪除(delete)與更新(update)。變更資料表資料與查看資料是不同的,建議挑選資料庫後再請挑選 phpMyAdmin 上方的 SQL 輸入 SQL 語法進行測試。

《 11-5-1 》備份資料

由於新增(insert into)、刪除(delete)與更新(update)均會變更資料表內容,為了避免影響原有資料,在此我們使用 SQL 語法備份原資料表為新資料表,其指令為:「create table 新資料表 select * from 舊資料表」,請您於 phpMyAdmin 的 SQL 視窗內依序輸入以下語法後按下執行鈕執行:

```
create table insertemployees select * from employees;
create table insertjob select * from job;
create table updateemployees1 select * from employees;
create table updateemployees2 select * from employees;
create table updateemployees3 select * from employees;
create table updatejob select * from job;
create table updateproducts select * from products;
create table delemployees1 select * from employees;
create table delemployees2 select * from employees;
create table delemployees3 select * from employees;
create table deljob select * from job;
```

新增(insert into)、刪除(delete)與更新(update)的練習都將以剛剛所建立的資料表為練習對象。

✔ MySQL 傳回空的查詢結果 (即0列資料)。(查詢用了 0.0007 秒。)

```
create table insertjob select * from job;
```

[行內編輯] [編輯] [建立 PHP 程式碼]

✔ MySQL 傳回空的查詢結果 (即0列資料)。(查詢用了 0.0004 秒。)

```
create table updateemployees1 select * from employees;
```

[行內編輯] [編輯] [建立 PHP 程式碼]

✔ MySQL 傳回空的查詢結果 (即0列資料)。(查詢用了 0.0003 秒。)

```
create table updateemployees2 select * from employees;
```

[行內編輯] [編輯] [建立 PHP 程式碼]

✔ MySQL 傳回空的查詢結果 (即0列資料)。(查詢用了 0.0003 秒。)

```
create table updateemployees3 select * from employees;
```

[行內編輯] [編輯] [建立 PHP 程式碼]

✔ MySQL 傳回空的查詢結果 (即0列資料)。(查詢用了 0.0016 秒。)

```
create table updatejob select * from job;
```

[行內編輯] [編輯] [建立 PHP 程式碼]

✔ MySQL 傳回空的查詢結果 (即0列資料)。(查詢用了 0.0003 秒。)

```
create table updateproducts select * from products;
```

[行內編輯] [編輯] [建立 PHP 程式碼]

✔ MySQL 傳回空的查詢結果 (即0列資料)。(查詢用了 0.0003 秒。)

```
create table delemployees1 select * from employees;
```

【圖 35、複製備份資料表】

《 11-5-2 》 資料新增

新增資料有兩種語法：

第一種、省略欄位名稱。語法為：

```
insert into  資料表名稱  values (' 欄位 1 的值 ',' 欄位 2 的值 ');
```

第二種、加上欄位名稱。語法為：

```
insert into  資料表名稱 ( 欄位名稱 1, 欄位名稱 2) values (' 欄位 1 的值 ',' 欄位 2 的值 ');
```

新增資料時若於 SQL 語法中省略欄位名稱，輸入資料必須依照資料表內欄位順序依序全部列出，輸入資料時如果只有輸入一部份資料將會出現錯誤訊息。例如 insertjob 資料表內有兩個欄位，但如果只有輸入一個資料，請嘗試輸入「**insert into insertjob values (12);**」，將會出現錯誤訊息。

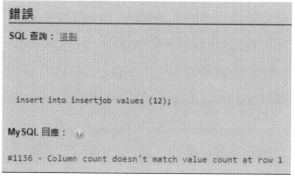

【圖 36、新增語法發生錯誤：缺少可對應的欄位】

insertjob 資料表內欄位的順序為 Employeeid 及 title，而這兩個屬性分別為 int(11) 與 varchar(20)。所以如果執行 insert into 語法而省略欄位名稱，輸入的資料又不依照順序，請嘗試輸入「**insert into insertjob values ('manager',12);**」後執行，phpMyAdmin 上只會顯示新增一筆資料，所以必須按下「瀏覽」鈕顯示資料表內容，就會發現 EmployeeID 欄位內容為 0 及 title 欄位內容為 12。

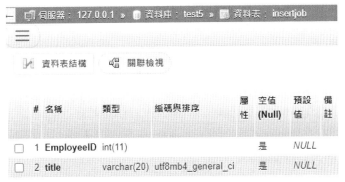

【圖 37、只會顯示新增一列的資訊】

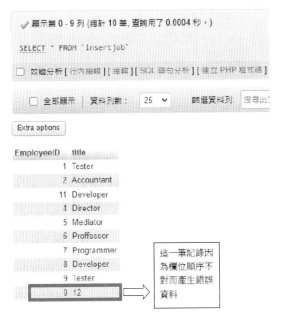

【圖 38、欲進行新增資料練習的欄位屬性】

【圖 39、新增資料錯誤:沒有依照原有欄位順序】

輸入的內容是 'manager' 與 12，為什麼 EmployeeID 欄位內容為 0 及 title 欄位內容為 12 呢？因為執行 insert into 語法時，若資料表名稱之後省略欄位名稱，輸入資料必須依照資料表內欄位順序依序全部列出，所以剛剛的語法 insertjob values ('manager',12) 代表 EmployeeID 欄位內容為 manager，title 欄位內容為 12，可是 EmployeeID 欄位屬性是 int，所以轉換為 0。為了方便瀏覽資料，我們合併變更資料與查詢資料兩個 SQL 語法，接著的 SQL 語法改為「**insert into insertjob values (12,'manager');select * from insertjob;**」後執行，可看到新增的記錄內兩個欄位均有內容。

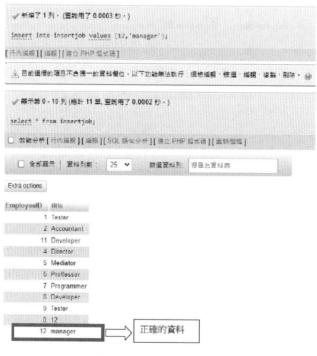

【圖 40、輸入正確的資料】

執行 insert into 語法時，若資料表名稱之後有加上欄位名稱，欄位名稱可不必依照資料表內的順序排列，而沒有列入的欄位將以空白或預設值填入資料。請您在 phpMyAdmin 的 SQL 視窗內輸入「**insert into insertemployees (lastname , firstname , employeeid) values ('jiannrong','yeh', 2023);**」

執行，請再於 SQL 視窗內輸入「**select * from `insertemployees` where employeeid=2023;**」執行後可顯示資料表內容。儘管 SQL 語法內欄位順序與資料表內順序不同（資料表內順序為 employeeid、lastname、firstname），但您會發現這一筆資料的 employeeid、lastname 與 firstname 欄位均依照您輸入的值填入。

✔ 顯示第 0 - 0 列 (總計 1 筆, 查詢用了 0.0059 秒。)

```
select * from `insertemployees` where employeeid=2023;
```

☐ 效能分析 [行內編輯] [編輯] [SQL 語句分析]

☐ 全部顯示 | 資料列數： 25 ⌄ | 篩選資料列： 搜尋此資料表

Extra options

EmployeeID	LastName	FirstName	Title	TitleOfCourtesy	BirthDate	HireDate	Address	City
2023	jiannrong	yeh	*NULL*	*NULL*	*NULL*	*NULL*	*NULL*	*NULL*

【圖 41、新增資料時若指定欄位名稱可不用依照資料表內順序輸入】

《 11-5-3 》 資料刪除

刪除資料的基本語法為：

```
delete    from    資料表名稱    where 刪除條件；
```

資料刪除後將無法挽回，所以 phpMyAdmin 在進行刪除語法之前都會彈跳出確認訊息，要您做一個確認。刪除資料若不加上刪除條件，整個資料表資料均會刪除，這點要請您留意。

當您在 phpMyAdmin 的 SQL 視窗內輸入「**delete from delemployees1;**」執行後並請按下「瀏覽」鈕，您會發現 delemployees1 資料表內沒有資料。

【圖 42、刪除資料提出警告仍全部刪除】

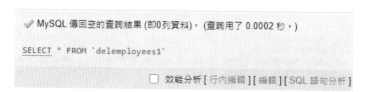

【圖 43、刪除時若沒有設定條件則會刪除資料表內所有資料】

刪除資料時請加上條件,請嘗試刪除 delemployees2 資料表內 employeesid 為
1 的資料,請於 phpMyAdmin 的 SQL 視窗內輸入「**delete from delemployees2
where (employeeid=1);**」執行後請按下「瀏覽」鈕顯示資料表內容,您會發
現 delemployees2 資料表內少了 employeesid 等於 1 的資料,筆數也少了一筆。

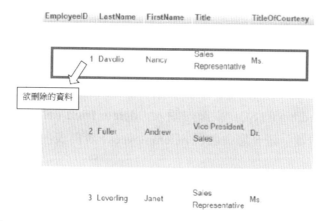

【圖 44、刪除 employeeid 等於 1 這筆資料前瀏覽資料表內容】

【圖 45、執行刪除動作後顯示影響了一列資料】

【圖 46、執行刪除動作後瀏覽，employeeid 等於 1 這筆資料已經消失】

《 11-5-4 》資料更新

更新資料的基本語法為：

```
update 資料表名稱 set 欄位名稱＝內容 where 更新條件；
```

更新資料若不加上更新條件，整個資料表資料均會更新。請嘗試在 phpMyAdmin 的 SQL 視窗內輸入「**update updateemployees1 set employeeid=5;**」執行後再請按下「瀏覽」鈕顯示資料表內容，您會發現到所有資料的 employeeid 均會變成 5。

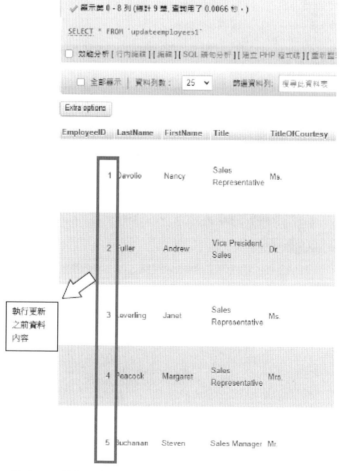

【圖 47、執行更新動作前瀏覽，employeeid 的內容均不同】

【圖 48、執行更新動時的提醒訊息】

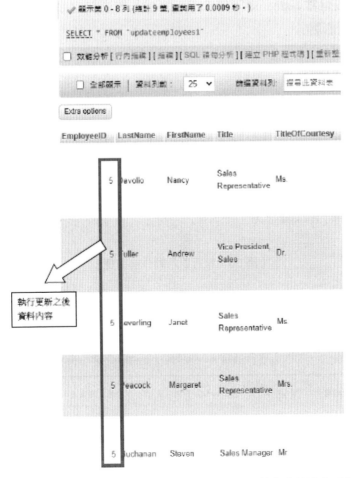

【圖 49、執行更新動作後瀏覽，employeeid 的內容均改為 5】

執行更新資料 SQL 語法應加上條件才不會造成全部資料均更新。請於 SQL 視窗內輸入「**select employeeid, lastname from updateemployees2 where lastname='Fuller';**」執行，您會看到 employeeid 欄位內容為 2，請嘗試將 updateemployees2 資料表內 lasename 欄位內容為 Fuller 的資料之 employeeid 欄位更新為 50，請於 phpMyAdmin 的 SQL 視窗內輸入「**update updateemployees2 set employeeid=50 where lastname='Fuller';**」執行後請再於 SQL 視窗內輸入「**select employeeid, lastnamefrom updateemployees2 where lastname='Fuller';**」執行，您會發現當 lastname 等於 Fulier 的這一筆資料之 employeeid 由 2 更新為 50。而當您按下「瀏覽」鈕顯示資料表內容，您會發現到只有當 lastname 等於 Fulier 的這一筆資料之 employeeid 變更，其他記錄均不受影響。

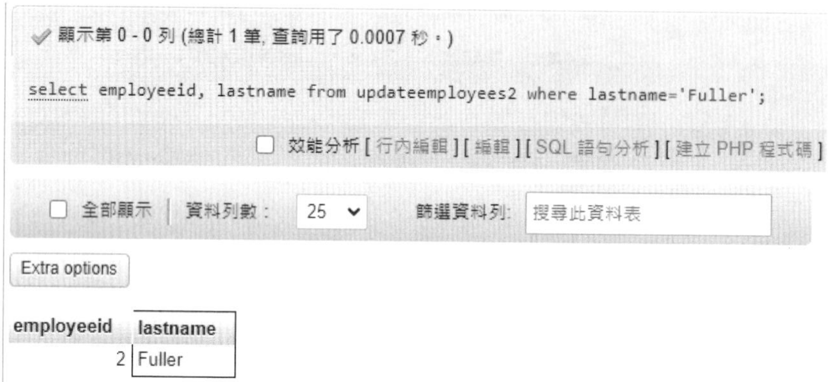

【圖 50、執行更新動作前瀏覽】

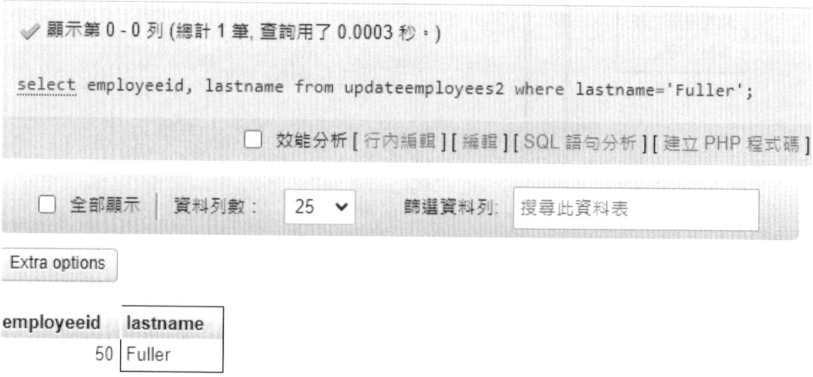

【圖 51、執行更新動作後瀏覽】

您也可以一次更新多個欄位，請嘗試更新 employeeid 欄位為 3 這一筆記錄，更新內容為：

1. firstname 欄位更新為 yeh

2. lastname 欄位更新為 jiannrong

首先請於 phpMyAdmin 的 SQL 視窗內輸入「**select firstname, lastname from updateemployees2 where employeeid=3;**」執行，您會看到 employeeid 欄位內容為 3 時，firstname 欄位內容為 Janet，lastname 欄位內容為 Leverling。請於 SQL 視窗內輸入「**update updateemployees2 set firstname = 'yeh',lastname = 'jiannrong' where (employeeid = 3);**」執行後請再於 SQL 視窗內輸入「**select firstname, lastname from updateemployees2 where employeeid=3;**」執行，您會發現當 employeeid 等於 3 的這一筆資料之 firstname 與 lastname 兩個欄位內容均已更新。

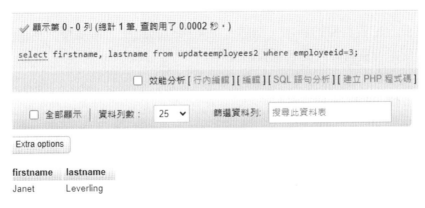

【圖 52、執行更新動作前瀏覽】

【圖 53、執行更新動作後瀏覽】

11-6 結論

本章主要介紹資料庫的新增、刪除、更新與查詢語法，希望藉由本章的練習了解如何進行資料庫內的各種資料操作。

【重點提示】

1. 資料庫查詢基本的 SQL 語法為「select 欄位名稱 1, 欄位名稱 2from 資料表名稱;」。

2. 檢索資料時如需計算或希望檢索出來的欄位名稱不同，請在檢索時在欄位名稱後面加上「as 檢索後的欄位名稱」。

3. 若查詢時需針對查詢結果進行排序，請於 select 語法最後加上「order by 欄位名稱 asc|desc」的方式進行排序。

4. limit 語法後面接的兩個數字依序代表「資料起始索引值」及「筆數」，而「資料起始索引值」由 0 開始。

5. SQL 查詢語法內若要判斷資料是否為一群資料內的項目，可用「in」或「not in」進行分析。

6. MySQL 提供了 count( )、max( )、min( )、avg( ) 與 sum( ) 等群組函數協助我們進行群組資料檢索。

7. 查詢總筆數時若指定的欄位內容有 Null 值，該筆記錄就不會列入計算

8. 群組函數使用前可使用 distinct 過濾讓資料不會重複

9. 當您找尋資料時，資料可用分組的方式進行查詢，語法結構如下：

   select 欄位，群組函數欄位 from 資料表 group by 分組欄位

10. 備份原資料表為新資料表指令為：「create table 新資料表 select * from 舊資料表」。

11. 新增資料的第一種方式為省略欄位名稱。語法為：

    insert into 資料表名稱 values (' 欄位 1 的值 ',' 欄位 2 的值 ');

12. 新增資料的第一種方式為加上欄位名稱。語法為：

    insert into 資料表名稱 (欄位名稱 1, 欄位名稱 2) values (' 欄位 1 的值 ',' 欄位 2 的值 ');

13. 新增資料時若於 SQL 語法中省略欄位名稱，輸入資料必須依照資料表內欄位順序依序全部列出，輸入資料時如果只有輸入一部份資料將會出現錯誤訊息。

14. 執行 insert into 語法時，若資料表名稱之後有加上欄位名稱，欄位名稱可不必依照資料表內的順序排列，而沒有列入的欄位將以空白或預設值填入資料。

15. 刪除資料的基本語法為：

    delete from 資料表名稱 where 刪除條件 ;

16. 刪除資料若不加上刪除條件，整個資料表資料均會刪除。

17. 更新資料的基本語法為：

    update 資料表名稱 set 欄位名稱 = 內容 where 更新條件 ;

18. 更新資料若不加上更新條件，整個資料表資料均會更新。

【問題與討論】

1. 請設計 SQL 語法查詢「employees」資料表內「Address」欄位所有內容。

2. 請設計 SQL 語法查詢「products」資料表內「productname」、「unitprice」兩個欄位內容，但希望每一個產品能計算出八折後的價錢。

3. 請設計 SQL 語法查詢「products」資料表內「unitprice」欄位由大而小排序。

4. 請設計 SQL 語法查詢「employees」資料表結果為 10 筆一頁。

5. 請設計 SQL 語法查詢「employees」資料表條件為 employeeid 小於 10 的內容。

6. 請設計 SQL 語法查詢「employees」資料表內「firstname」欄位字串內容有 b 這個字的資料。

7. 請設計 SQL 語法查詢「employees」資料表內「firstname」欄位字串內容結尾為 d 這個字的資料。

8. 請計算 products 資料表內共總筆數

9. 請依 country 欄位將 customers 資料表分組

10. 請於 customers 資料表內新增一筆記錄，相關欄位如下：

    CustomerID:php

    CompanyName:grandtech

    ContactName：vicjy

    City：Taipei

    Country：Taiwan

11. 請刪除 delemployees3 資料表內 City 欄位為 London 的資料

12. 請將 updateemployees3 資料表內 City 欄位原本為 London 的資料更新為 Kaohsiung

第十二章

資料庫網頁互動與辨識強化

自從 PHP3 搭配 MySQL 進行資料存取，mysql 元件提供的各式函數一直是兩者溝通的方法。但從 PHP 5 時代開始，mysql 元件提供的各式函數開始出現功能不足且速度緩慢等問題。PHP8 不再支援 mysql 元件，所以如若進行 PHP 版本升級，請留意資料庫連結存取語法的重大變更。mysqli 提供一般與物件導向兩種方式操作，基於未來與物件導向相關技術結合，所以本章節只針對物件導向的操作進行介紹。

與資料庫溝通之後如何強化 PHP 安全性成為一個很重要的事情，我們於此章可以學習如何規劃設計文字圖像化，也可以進行各種驗證調整，降低各種資料傳遞的風險。本章的網頁範例會放在「PhpProject12」目錄內，sql 檔案會放在「sql」目錄內。

12-1 ▷ 與 Server 連線與選擇資料庫

我們必須先與資料庫伺服器進行連線再來選資料庫，這一段過程須經過兩段驗證，第一段是判斷帳號、密碼與 host 主機，第二階段再判斷是否有權限操作指定的資料庫。

《 12-1-1 》透過網頁建立資料庫

這一章將新增一個名為「mysqldb」的資料庫，請開啟 phpMyAdmin 之後請點選左上角的「新增」，再請輸入資料庫名稱，例如「mysqldb」，最後請按下「建立」按鈕，就可以建立資料庫。建立資料庫後請點選該資料庫，再請選擇「匯入」。

資料表來源為「12」資料夾內的「mysqldb.sql」。

【圖 1、透過網頁建立資料庫】

《 12-1-2 》 與 Server 連線

可透過建立 mysqli 物件的方式與資料庫主機進行連線與選取資料庫，建立
mysqli 連線物件的方式如下：

```
mysqli 連線物件 =new mysqli(' 主機 ',' 帳號 ',' 密碼 ',' 資料庫 ');
```

如果這個 mysqli 連線物件操作時產生錯誤，將會造成該物件的 connect_error
成立，藉由該物件的 connect_error 是否成立來判斷資料庫連線狀況。請嘗試
使用 mysqli_connect( ) 函數與資料庫伺服器連線及選取 pcschool 資料庫（檔
案名稱：「PhpProject12」資料夾內「mysqli_connect1.php」）：

```
01 <!DOCTYPE html>
02 <html><head>
03 <meta charset="UTF-8">
04 <title>mysqli 之 Server 連線 </title>
05 </head><body>
06 <?php
07 $mysqli = new mysqli('localhost','root','phpmysql','test1');
08 if ($mysqli->connect_error) {
09     die(' 連結錯誤訊息： ' . $mysqli->connect_error."<br>");
10 }
11 else {
```

```
12    echo "資料庫伺服器連結成功及資料庫開啟成功 ";
13  }
14  $mysqli->close( );
15  ?>
16 </body></html>
```

【圖 2、連結資料庫伺服器與資料庫開啟成功】

請嘗試連線到主機的密碼請設定為錯誤密碼,讓連線產生錯誤(檔案名稱:「PhpProject12」資料夾內「mysqli_connect2.php」):

```
01<!DOCTYPE html>
02<html>
03 <head>
04  <meta charset="UTF-8">
05<title>mysqli 之 Server 連線:密碼錯誤 </title>
06 </head>
07 <body>
08 <?php
09 $mysqli = new mysqli('localhost','root','tt','mysqldb');
10 if($mysqli->connect_error)
11  die(' 連結錯誤訊息: ' . $mysqli->connect_error."<br>");
12 else
13  echo "資料庫伺服器連結成功及資料庫開啟成功 <br>";
14 $mysqli->close( );
15 ?>
16 </body>
17</html>
```

【圖 3、當連結語法內密碼錯誤時的顯示畫面,請留意反白地方】

請嘗試連線到主機但是資料庫不存在,讓連線產生錯誤(檔案名稱:
「PhpProject12」資料夾內「mysqli_connect3.php」):

```
01<!DOCTYPE html>
02<html>
03 <head>
04  <meta charset="UTF-8">
05  <title>mysqli 之 Server 連線:資料庫不存在 </title>
06 </head>
07 <body>
08 <?php
09  $mysqli = new mysqli('localhost','root','pcschool','mysqldb2');
10  if($mysqli->connect_error)
11   die(' 連結錯誤訊息: ' . $mysqli->connect_error."<br>");
12  else
13   echo " 資料庫伺服器連結成功 <br> 資料庫開啟成功 <br>";
14  $mysqli->close( );
15 ?>
16 </body>
17</html>
```

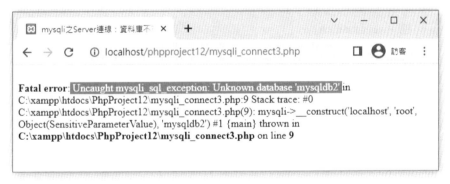

【圖 4、當連結語法內資料庫異常時的顯示畫面,請留意反白地方】

連結錯誤訊息共有 176 種,因此您可藉由錯誤訊息判斷 PHP 或 MySQL 是否
有異狀需處理與排除。mysqli 物件的 close( ) 動作是關閉資料庫連線。

《 12-1-3 》 變更資料庫

您可透過 mysqli 物件的 select_db( ) 方法替換選擇的資料庫,請嘗試於連
線成功後進行變更資料庫為 test1 (「PhpProject12」資料夾內「selectdb1.
php」):

```
01<!DOCTYPE html>
02<html>
03 <head>
04  <meta charset="UTF-8">
05  <title>mysqli 之選擇資料庫</title>
06 </head>
07 <body>
08 <?php
09 $mysqli = new mysqli('localhost','root','pcschool','mysqldb');
10 if($mysqli->connect_error)
11   die(' 連結錯誤訊息：' . $mysqli->connect_error."<br>");
12 else
13   echo "資料庫伺服器連結成功及資料庫開啟成功 <br>";
14 if(!$mysqli->select_db("test") )
15   die("無法開啟 test 資料庫 !<br>");
16 else
17   echo "切換至 test 資料庫，開啟成功 !<br>";
18 $mysqli->close( );
19 ?>
20 </body>
21</html>
```

【圖 5、切換資料庫成功】

12-2 直接執行 SQL 語法

順利連結到資料庫之後，接著我們就可以針對資料庫內的資料表與眾多資料直接執行 SQL 語法進行新增、刪除、更新與查詢的作業。只是這樣的作業方式會有 SQL injection 風險，所以得針對資料存取動作進行過濾動作。

《 12-2-1 》 執行變更資料表動作

首先我們執行 SQL 語法變更資料表內容，我們將嘗試於資料表新增資料（檔案名稱：「PhpProject12」資料夾內「mysqli_query1.php」）：

```
01<!DOCTYPE html>
02<html>
03 <head>
04   <meta charset="UTF-8">
05   <title>SQL 語法新增資料 </title>
06 </head>
07 <body>
08 <?php
09   $mysqli = new mysqli('localhost','root','pcschool','mysqldb');
10   if($mysqli->connect_error)
11     die(' 連結錯誤訊息： ' . $mysqli->connect_error."<br>");
12   else
13     echo " 資料庫伺服器連結成功及資料庫開啟成功 <br>";
14   $user='try';
15   $pass='again';
16   $sql="insert into login(username,password) values ('$user','$pass');";
17   if($mysqli->query($sql))
18     echo " 新增成功 <br>";
19   else
20     echo " 新增失敗 <br>";
21   $mysqli->close( );
22 ?>
23 </body>
24</html>
```

【圖 6、新增資料前為兩筆 】

【圖 7、成功新增資料】

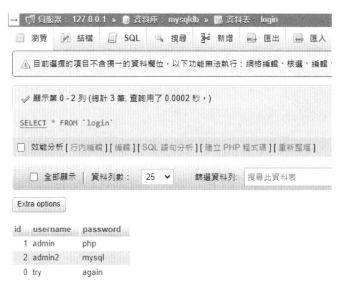

【圖 8、新增資料後為三筆】

資料庫伺服器與挑選資料庫的語法為第 09 行到第 13 行,請參考 12-1-1 節介紹說明。第 14 行以及第 15 行是我們想要新增的字串,資料分別存入 $user 與 $pass 兩個變數,於第 16 行建立 SQL 語法,請留意 SQL 語法中的字串是有加上單引號:

```
14   $user='try';
15   $pass='again';
16   $sql = "insert into login(username,password) values ('$user','$pass');";
```

第 17 行透過 mysqli 物件將 sql 變數帶入 query 動作內執行,如果能順利執行則傳回第 18 行訊息,若不能順利執行則傳回 20 行訊息:

```
17  if($mysqli->query($sql))
18    echo "新增成功 <br>";
19  else
20    echo "新增失敗 <br>";
21  $mysqli->close( );
```

PHP8 已經是 UTF8 處理中文，所以與 MySQL 資料庫溝通時可以不用設定編碼，就可以傳送中文。請您將 mysqli_query1.php 另存新檔為 mysqli_query2. php，接著請您修改以下部分 (其他相同)，第 14 與 15 行內容改為中文，犇為 utf8 編碼的中文，犇音為奔：

```
14  $user=' 犇 ';
15  $pass=' 許 ';
16  $sql = "insert into login(username,password) values ('$user','$pass');";
```

【圖 9、成功新增資料】

【圖 10、中文可正常顯示】

於 PHP8 已經可以不用設定編碼就可以傳遞中文資料，比起之前的 PHP 版本方便好用。

《 12-2-2 》執行 SQL 語法時的錯誤操作

SQL 語法執行過程中可能產生狀況，建議將 SQL 語法顯示出來，再將語法拷貝到 phpMyAdmin 進行驗證，找出錯誤地方。但是如果語法本身沒有錯誤，建議不要顯示出 SQL 語法，避免被有心人士利用。（檔案名稱：「PhpProject12」資料夾內「mysqli_query1.php」）

```
01<!DOCTYPE html>
02<html>
03 <head>
04  <meta charset="UTF-8">
05  <title>SQL 語法新增資料 -SQL 語法有錯 </title>
06 </head>
07 <body>
08 <?php
09  $mysqli = new mysqli('localhost','root','pcschool','mysqldb');
10  if($mysqli->connect_error)
11   die(' 連結錯誤訊息： ' . $mysqli->connect_error."<br>");
12  else
13   echo " 資料庫伺服器連結成功及資料庫開啟成功 <br>";
14  $user=' 犇 ';
15  $pass=' 許 ';
16  $sql =  "insert into login(username,password) values ($user,$pass);";
17  echo $sql.'<br>';
18  if($mysqli->query($sql))
19   echo " 新增成功 <br>";
20  else
21   echo " 新增失敗 <br>";
22  $mysqli->close( );
23 ?>
24 </body>
25</html>
```

【圖 11、SQL 語法操作時產生問題】

【圖 12、SQL 語法放在 phpMyAdmin 執行後的畫面】

這個錯誤訊息是指文字資料得加入單引號，SQL 語法無法辨識您輸入的文字資料是什麼欄位內容。

《 12-2-3 》 執行查詢語法

請嘗試以 mysqli 物件的 query( ) 動作查詢「mysqldb」資料庫的「customers」資料表內前十筆資料的「CustomerID」與「CompanyName」欄位內容（檔案名稱：「PhpProject12」資料夾內「mysqli_query4.php」）：

```
01<!DOCTYPE html>
02<html>
03 <head>
```

```
04  <meta charset="UTF-8">
05  <title>SQL 語法查詢資料 </title>
06  </head>
07  <body>
08  <?php
09  $mysqli = new mysqli('localhost','root','pcschool','mysqldb');
10  if($mysqli->connect_error)
11   die(' 連結錯誤訊息： ' . $mysqli->connect_error."<br>");
12  else
13   echo " 資料庫伺服器連結成功及資料庫開啟成功 <br>";
14  $sql ="select CustomerID,CompanyName from customers limit 0,10";
15  $sql2=$mysqli->query($sql);
16  $rows = $sql2->num_rows;
17  if($rows=="")
18   echo " 查無資料！ <br>";
19  else
20   echo " 有 ".$rows." 筆資料喔！ <br>";
21  while($list3=$sql2->fetch_object( ))
22   {
23    echo $list3->CustomerID."--";
24    echo $list3->CompanyName."<br>";
25   }
26  $sql2->close( );
27  $mysqli->close( );
28  ?>
29  </body>
30  </html>
```

【圖 13、執行查詢語法】

資料庫伺服器與挑選資料庫的語法為第 09 行到第 13 行，請參考 12-1-1 節介紹說明。第 14 行將 SQL 語法儲存至 $sql 變數內；第 15 行則執行第 14 行的 SQL 語法，執行完 SQL 語法後再將結果儲存於查詢結果物件，此範例內物件

名稱為 $sql2。$sql2 物件已儲存了查詢結果，所以接著很多動作都以這個物件為主。第 16 行代表 $sql2 物件執行「num _rows」這個動作來計算筆數，並將計算後的結果儲存於 $rows 變數內：

```
14   $sql ="select CustomerID,CompanyName from customers limit 0,10";
15   $sql2=$mysqli->query($sql);
16   $rows = $sql2->num_rows;
17   if($rows=="")
18     echo "查無資料！<br>";
19   else
20     echo "有 ".$rows." 筆資料喔！<br>";
```

第 21 行看到 $sql2 物件執行 fetch_object( ) 方法，讀取出每一筆記錄的各欄位資訊後儲存於 $list3 物件內。在迴圈內再將 $list3 物件內的欄位資料取出，例如本例中取出 CustomerID 與 CompanyName 兩個欄位資料：

```
21   while($list3=$sql2->fetch_object( )) {
22     echo $list3->CustomerID."--";
23     echo $list3->CompanyName."<br>";
24   }
```

當查詢動作完成後，於第 25 行執行 close( ) 方法以關閉查詢結果物件。當資料庫連線結束，於第 26 行執行 close( ) 方法以關閉連結資料庫物件。

```
25   $sql2->close( );
26   $mysqli->close( );
```

在此整理 mysqli 連結資料庫流程為：

【表 1、mysqli 以物件方式處理資料庫流程】

Step 1、請以 new mysqli( ) 方式產生一個連結資料庫物件，該物件可連結伺服器與指定資料庫。

Step 2、使用連結資料庫物件的 query( ) 動作設定編碼。

Step 3、使用 query( ) 動作執行 SQL 語法，SQL 語法可分為兩種：

　　　　1. SQL 語法若是 insert into、delete、update 三個語法則會變更資料表內容。

　　　　2. SQL 語法若是 select 語法，使用連結資料庫物件的 query( ) 動作後再將結果儲存於查詢結果物件，接著就可以使用該查詢結果物件的 num_rows( ) 動作取得查詢後筆數或者利用 fetch _object( ) 動作取出每一筆記錄的內容。

Step 4、執行 close( ) 方法以關閉查詢結果物件。

Step 5、執行 close( ) 方法以關閉連結資料庫物件。

《 12-2-4 》 Query 動作的風險

依循前面各節的動作，目前 mysqldb 資料庫的 login 資料表內共有四筆資料，如果您的資料筆數不一致就依照您目前看到的筆數開始進行練習。

請於 phpMyAdmin 的 SQL 視窗內輸入「select * from login where username='jiannrong' and password=' ';」，請留意上述語法使用的都是單引號。執行 SQL 語法後，因欄位沒有符合條件而不會有資料顯示。

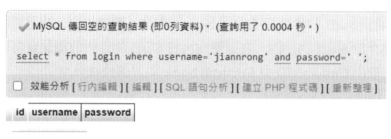

【圖 14、條件不符合時找不到資料】

SQL 語法的 where 條件內請加入 or 進行條件分析，修改後輸入「select * from login where username='jiannrong' and password=' 'or ' '=' '」，請留意上述語法使用的都是單引號。執行後將會出現所有資料，但沒有一筆資料的「username」欄位內容為「jiannrong」。

【圖 15、運用 or 做條件判斷可找出其他資料】

因為「''=''」這一個條件代表「空字串＝空字串」，而這個條件永遠成立；
or 代表只要左右兩邊有一邊條件成立就算成立。若 username 或 password 空
白或錯誤，但因為 or 右邊的條件成立，所以 where 敘述成立，可把所有資料
（select*fromlogin）列出。

請設計以下的表單網頁來輸入帳號與密碼（檔案名稱：「PhpProject12」資料
夾內的「mysqli-input-object1.html」）：

```
01<!DOCTYPE html>
02<html>
03 <head>
04  <title>輸入帳號與密碼 1</title>
05  <meta charset="UTF-8">
06  <meta name="viewport" content="width=device-width, initial-scale=1.0">
07 </head>
08 <body>
09  <div>
10  <form action="mysqli-query-object1.php" method="post">
11 請輸入帳號：<input type="text" name="username" ><br>
12 請輸入密碼：<input type="text"name="password" ><br>
13  <input type="submit"><input type="reset"></form>
14  </div>
15 </body>
16</html>
```

您設計以下的表單網頁（檔案名稱：「PhpProject12」資料夾內的「mysqli-
query-object1.php」）：

```
01<!DOCTYPE html>
02<html>
03 <head>
04  <meta charset="UTF-8">
05  <title>SQL Injection 物件方式 </title>
06 </head>
07 <body>
08 <?php
09  $mysqli = new mysqli('localhost','root','pcschool','mysqldb');
10  if($mysqli->connect_error)
11   die(' 連結錯誤訊息： ' . $mysqli->connect_error."<br>");
12  else
13   echo " 資料庫伺服器連結成功及資料庫開啟成功 <br>";
14  $u=$_POST['username'];
15  $p=$_POST['password'];
16  $sql1="select  *  from  login  where  username='$u' and password='$p'";
17  echo $sql1."<br>";
18  $sql2=$mysqli->query($sql1);
19  $rows=$sql2->num_rows;
```

```
20  if($rows=="")
21    echo "查無資料！<br>";
22  else
23    echo "有 ".$rows." 筆資料喔！<br>";
24  echo '<table border="1" ><tr>';
25  echo "<td>username</td><td>password</td>";
26  echo "</tr>";
27  while($list3=$sql2->fetch_object( ))
28    {
29     echo "<td>".$list3->username."</td>";
30     echo "<td>".$list3->password."</td></tr>";
31    }
32  $sql2->close( );
33  $mysqli->close( );
34  ?>
35  </body>
36  </html>
```

表單網頁內帳號請輸入「yeh」，密碼請輸入「' or "='」（均為單引號），表單網頁內其實沒有這筆資料，但是這樣的語法造成所有資料都顯示出來。

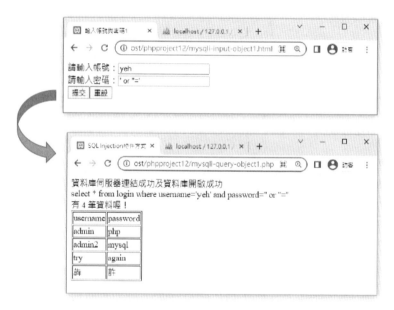

【圖 16、SQL Injection 攻擊範例】

以上所舉的例子是簡單的 SQL Injection 攻擊範例，入侵者可利用填空遊戲的方式，在表單輸入條件，讓資料庫檢索出所有資料或進行其他資料庫操作。很多網站雖做了很多資安的工作，但仍有可能因網頁處理 SQL 字串不當而導致資料合法外流。

SQL Injection 是一個網頁上的填空遊戲，可輕鬆地在沒有帳號權限控制下新增、刪除、更新與查詢資料，會產生這個問題有以下幾點原因：

1.	表單輸入資料的欄位沒有針對特殊符號進行過濾
2.	欄位沒有限制長度及內容
3.	資料庫連結無密碼連結
4.	攻擊者猜測到資料表欄位的部分資訊

所以建議可用以下的方式避免遭到攻擊：

1.	過濾特殊符號
2.	欄位限制長度及內容
3.	資料庫連結權限控管
4.	加上 session 或 cookie 限制，避免攻擊者反覆測試而取得資料表資訊

您可使用軟體檢測網站上是否有 SQL Injection 風險，Parosproxy （ http://www.parosproxy.org/index.shtml ） 這套漏洞檢測軟體可抓取所有可用的網頁連結，對每個網頁進行 SQL Injwction 與其他 Web 風險檢測。另外如果您是系統管理者，不妨考慮於 apache 內加裝 mod_security 模組（http://www.modsecurity.org/），可以阻擋基本的 SQL Injection 與其他網頁攻擊。

雖然 MySQL 提供多種函數降低 SQL Injection 風險，但均會讓語法複雜化。因此建議如果網頁可接收網址傳遞資料，SQL 語法請改用預處理方式設計，可降低產生資安風險的可能性。

《 12-2-5 》以預處理方式取代 SQL 語法

以預處理語法方式可以避開 SQL injection 風險，我們來看以下的範例介紹

（檔案名稱：「PhpProject12」資料夾內「mysqli_prepare.php」）：

```
01<!DOCTYPE html>
```

```
02<html>
03 <head>
04 <meta charset="UTF-8">
05 <title> 參數查詢 </title>
06 </head>
07 <body>
08 <?php
09 $mysqli = new mysqli('localhost','root','pcschool','mysqldb');
10 if($mysqli->connect_error)
11   die(' 連結錯誤訊息 : ' . $mysqli->connect_error."<br>");
12 else
13   echo " 資料庫伺服器連結成功及資料庫開啟成功 <br>";
14 $country = "france";
15 if ($stmt = $mysqli->prepare("select customerid,"
16          . "companyname from customers"
17          . " where country = ?  limit 5" ))
18   {
19    $stmt->bind_param("s", $country);
20    $stmt->execute( );
21    $stmt->bind_result($col1,$col2);
22    while ($stmt->fetch( ))
23     {
24      echo $col1."---";
25      echo $col2."<hr>";
26     }
27    $stmt->close( );
28   }
29  $mysqli->close( );
30 ?>
31 </body>
32</html>
33
```

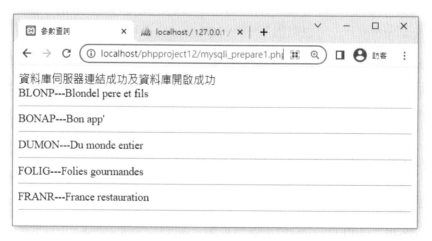

【 圖 17、資源物件語法之預處理查詢 】

不論是動態變更資料或著查詢資料，資料欄位於資源物件語法內是以「?」來代替，而資源型態共有四種，分別是：「s」代表字串、「i」代表整數、「b」代表 Blob 及「d」代表浮點數。

資料庫伺服器與挑選資料庫的語法為第 09 行到第 13 行，請參考 12-1-1 節介紹說明。第 14 行預設 $country 變數內容為 france，接著於第 15 行進行 select 查詢，查詢語法交給資料庫物件的 prepare ( ) 方法進行準備，建立名為 $stmt 資源物件：

```
14    $mysqli->query('set names utf8');
15    $country = "france";
16    if ($stmt = $mysqli->prepare("select customerid,"
17          . "companyname from customers"
18          . " where country = ?  limit 5" ))
```

資源物件建立後再使用資源物件的 bind_param( ) 方法將變數與資源內的「?」做指定型態的結合。資源物件的 bind_param( ) 函數內共有兩個參數，依序為「資料型態、要結合的變數」。第 19 行將 $country 變數以字串型態 s 與 $stmt 資源物件內的「?」進行結合。第 20 行執行資源物件的 execute( ) 函數執行 SQL 語法。這是一個執行查詢資料的 SQL 語法，所以執行 execute( ) 函數後會有結果，第 21 行執行資源物件的 bind_result( ) 動作將資源查詢的結果，對應到指定的變數，就可於第 22 行執行資源物件的 fetch( ) 動作將結果列出：

```
19    $stmt->bind_param("s", $country);
20    $stmt->execute( );
21    $stmt->bind_result($col1,$col2);
22    while ($stmt->fetch( ))
23     {
24      echo $col1."---";
25      echo $col2."<hr>";
26     }
```

請留意第 21 行 bind_result( ) 方法內有多個參數，代表您指定要輸出的變數名稱，本例中由第 15 與第 16 行語法得知我們要查詢 customerid,companyname 兩個欄位內容，所以資源物件的 bind_result( ) 函數內自訂了 $col1 與 $col2 兩個變數，分別對應 customerid 與 companyname 兩個欄位，再使用資源物件的 fetch( ) 方法將 $col1 與 $col2 兩個變數內容逐一取出。

資源用到最後建議要做關閉的動作，第 27 行執行資源物件的 close( ) 動作關閉資源及第 29 行執行連結資料庫物件的 close( ) 動作關閉資料庫連線：

```
27    $stmt->close( );
28    }
29    $mysqli->close( );
```

使用資源物件語法有關的動作有以下幾種：

【表 2、使用資源物件語法有關的動作】

物件	方法動作名稱	方法動作說明說明
連結資料庫物件	prepare ( )	將 SQL 語法建立一個資源物件。函數內參數為 SQL 語法。
	close( )	關閉資料庫連線。
資源物件	bind_param( )	將變數與資源內的「?」做指定型態的結合。
	execute( )	執行結合後的 SQL 語法。
	bind_result( )	bind_result( ) 函數將資源查詢的結果，對應到指定的變數
	fetch( )	每一筆記錄的欄位內容逐筆輸出。
	close( )	關閉資源。

請將「mysqli_prepare.php」改為「mysqli_prepare2.php」，再請您修改第 15 行到第 17 行的 SQL 語法，改為所有欄位方式查詢，這個程式執行時將會產生錯誤：

```
15  if ($stmt = $mysqli->prepare("select *"
16        . " from customers"
17        . " where country = ?  limit 5" ))
```

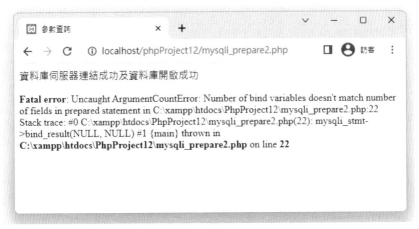

【圖 18、bind_result 不接受所有欄位的操作方式】

如果您要進行所有欄位的檢索方式，請您改為 get_result( ) 動作，請查看以下
的練習（檔案名稱：「PhpProject12」資料夾內「mysqli_prepare3.php」）：

```
01<!DOCTYPE html>
02<html>
03 <head>
04  <meta charset="UTF-8">
05  <title> 參數查詢 get_result</title>
06 </head>
07 <body>
08 <?php
09 $mysqli = new mysqli('localhost','root','pcschool','mysqldb');
10 if($mysqli->connect_error)
11  die(' 連結錯誤訊息 : ' . $mysqli->connect_error."<br>");
12 else
13  echo " 資料庫伺服器連結成功及資料庫開啟成功 <br>";
14 $country = "france";
15 if($stmt = $mysqli->prepare("select * from customers"
16         . " where country = ?  limit 5" ))
17  {
18   $stmt->bind_param("s", $country);
19   $stmt->execute( );
20   $result =$stmt->get_result( );
21   while ($row =  $result->fetch_array( ))
22     {
23     echo $row['CustomerID'] ."---";
24     echo $row['CompanyName'] ."<hr>";
25     }
26   $stmt->close( );
27  }
28 $mysqli->close( );
29 ?>
```

```
30  </body>
31 </html>
```

【圖 19、get_result 方法進行所有欄位查詢】

請留意第 20 行執行資源物件的 get_result 動作後再儲存於 $result 查詢結果物件，第 21 行再將 $result 查詢結果物件的內容依照欄位順序儲存至 $row 陣列內，再讀取 $row 陣列內各欄位內容，請留意欄位名稱與檢索時的資料表欄位名稱大小寫必須一致：

```
20    $result =$stmt->get_result( );
21    while ($row =  $result->fetch_array( ))
22       {
23      echo $row['CustomerID'] ."---";
24      echo $row['CompanyName'] ."<hr>";
25       }
```

bind_result（）方法的優點共有三點，分別是更為簡單、不需要牢記欄位名稱以及使用 fetch( ) 方式帶出資料，而缺點則是不能查詢全部欄位內容；get_result（）方法的優點就是可以查詢全部欄位內容，使用 fetch_array( ) 方式帶出資料，而缺點則是必須再另外建立陣列儲存資料且必須牢記欄位的大小寫名稱。

《 12-2-6 》 以預處理方式進行表單資料處理 ─────

前述表單網頁「mysqli-input-object1.html」請另存新檔案名稱為「mysqli-input-object2.html」，並請修改表單的 form action 為「mysqli-query-object2.

php」。 請 將「mysqli-query-object1.php」 改 名 為「mysqli-query-object2.
php」，然後請修改檔案內的 SQL 語法為預處理方式進行互動（檔案名稱：
「PhpProject12」資料夾內「mysqli-query-object2.php」）：

```
01<!DOCTYPE html>
02<html>
03 <head>
04  <meta charset="UTF-8">
05  <title>SQL Injection 物件方式</title>
06 </head>
07 <body>
08 <?php
09  $mysqli = new mysqli('localhost','root','pcschool','mysqldb');
10  if($mysqli->connect_error)
11   die(' 連結錯誤訊息：' . $mysqli->connect_error."<br>");
12  else
13   echo " 資料庫伺服器連結成功及資料庫開啟成功 <br>";
14  $u=$_POST['username'];
15  $p=$_POST['password'];
16  echo ' 您輸入帳號為 '.$u.'<br>';
17  echo ' 您輸入密碼為 '.$p.'<br>';
18  if ($stmt = $mysqli->prepare("select username,password"
19         . " from login  where  username=? and password=?" ))
20   {
21   $stmt->bind_param("ss", $u,$p);
22   $stmt->execute( );
23   $stmt->store_result( );
24   $rows=$stmt->num_rows;
25   if($rows=="")
26    echo " 查無資料！<br>";
27   else
28    echo " 有 ".$rows." 筆資料喔！<br>";
29
30   }
31  echo '<table border="1" ><tr>';
32  echo "<td>username</td><td>password</td>";
33  echo "</tr>";
34  $stmt->execute( );
35  $result =$stmt->get_result( );
36  while($row =$result->fetch_array( ))
37    {
38     echo "<td>".$row['username'] ."</td>";
39     echo "<td>".$row['password'] ."</td></tr>";
40    }
41  $stmt->close( );
42  $mysqli->close( );
43 ?>
44 </body>
45</html>
46
```

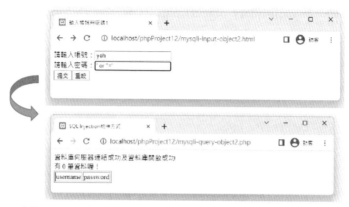

【圖 20、預處理語法的表單資料接收處理 SQL injection】

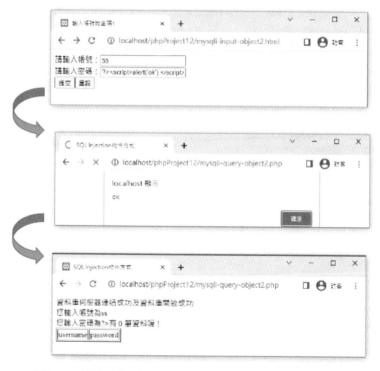

【圖 21、預處理語法的表單資料接收與 script 語法互動】

雖然阻擋了 SQL injection 攻擊，但是 Java Script 語法可產生互動，我們於密碼輸入「?><script>alert('ok');</script><?」可產生 Script 語法互動，若有人惡意輸入其他 Script 語法將會造成不正常的資料存取。

12-3 更多安全的網頁與資料庫互動

除了採用預處理方式讓 SQL 語法更安全外，還有其他方式可以增強安全的連線互動嗎？建議資料庫連結要有密碼設定，另由於一般 phpMyAdmin 放在網站根目錄，建議這個資料夾能做更名或調整位置，會比較安全。除此之外 PHP 提供了 filter_var( ) 函數加上各種參數，可強化資料過濾與驗證。另外可加上圖形化文字進行輸入，降低直接輸入的風險。

將文字圖形化需開啟 GD 函數庫，請參考 7-2-5 說明。

《 12-3-1 》 將文字生成基礎圖形

我們產生一個內有文字的圖形，為了避免很快遭到破解，建議文字附近可以產生一些干擾資訊（檔案名稱：「PhpProject12」資料夾內「graph1.php」）：

```
01<?php session_start( );
02 $opera=generatorPassword( );
03 $_SESSION['ans']=$opera;
04 $height = 50;
05 $width = 60;
06 $im = ImageCreate($width, $height);
07 $white = ImageColorAllocate ($im, 255, 255, 255);
08 $black = ImageColorAllocate ($im, 0, 0, 0);
09 for($i=0;$i<1000;$i++)
10  {
11   $randcolor = ImageColorallocate($im,rand(0,255),rand(0,255),rand(0,255));
12   ImageSetPixel($im, rand( )%100 , rand( )%100 , $randcolor);
13  }
14 ImageFill($im, 0, 0, $black);
15 ImageString($im, 4,3, 10, $_SESSION['ans'], $white);
16 Header ('Content-type: image/png');
17 ImagePng ($im);
18 ImageDestroy($im);
19 function generatorPassword( )
20  {
21   $password_len =5;
22   $password = '';
23   $word = 'AbcDXyzeghi+-*';
24   $len = strlen($word);
25   for($i = 0; $i < $password_len; $i++)
26    {
```

```
27      $password .= $word[rand( ) % $len];
28    }
29   return $password;
30  }
31?>
```

【圖 22、產生英數文字的圖檔】

第 02 行呼叫 generatorPassword( ) 執行第 19 行到第 30 行語法，產生的結果於第 03 行儲存於 $_SESSION['ans'] 內。

第 21 行設定要出現幾個字，我們設定出現 5 個字，第 22 行是指最終產生的資料，我們先設定為空白。第 23 行代表你設定了 $word 陣列，提供若干文字後續要進行亂數取值，這一個練習只能有英文數字，稍後的練習再帶出中文操作。第 24 行則是要計算 $len 總字數。第 25 行到第 28 行則開始跑迴圈，透過 rand( ) 亂數函數除以 $len 總字數的餘數方式產生索引值，餘數會是大於等於 0 與小於 $len 總字數之間的整數，再於 $word 陣列內取出指定位置的文字。

```
02 $opera=generatorPassword( );
03 $_SESSION['ans']=$opera;
......
19 function generatorPassword( )
20  {
21    $password_len =5;
22    $password = '';
23    $word = 'AbcDXyzeghi+-*';
24    $len = strlen($word);
25    for($i = 0; $i < $password_len; $i++)
26     {
27       $password .= $word[rand( ) % $len];
28     }
29    return $password;
30  }
```

第 04 行設定高度的變數為 $height，內容為 50，而第 05 行設定寬度的變數為
$width，內容為 60。第 06 行執行 ImageCreate( ) 函數建立一個空白圖像物件
$im，ImageCreate 函數內設定圖像的寬度與高度。

第 07 行與第 08 行執行 ImageColorAllocate( ) 函數建立分配圖像的顏色，第一
個是空白圖像物件 $im，後續三個參數分別是紅綠藍三個原色的比例：

```
04 $height = 50;
05 $width = 60;
06 $im = ImageCreate($width, $height);
07 $white = ImageColorAllocate ($im, 255, 255, 255);
08 $black = ImageColorAllocate ($im, 0, 0, 0);
```

第 09 行到第 13 行就是產生 1000 個雜訊點，於第 11 行透過 ImageColorAllocate( )
函數建立分配圖像的顏色，不同的是關於顏色的三個參數是透過 rand( ) 函數
亂數取得。再於第 12 行執行 ImageSetPixel( ) 函數設定雜訊點，共有四個參
數，第一個是空白圖像物件 $im，第二個參數為 x 坐標點，我們採用亂數取得，
第三個參數為 y 座標點，也是亂數取得，第四個則是填滿指定顏色：

```
09 for($i=0;$i<1000;$i++)
10  {
11   $randcolor = ImageColorallocate($im,rand(0,255),rand(0,255),rand(0,255));
12   ImageSetPixel($im, rand( )%100 , rand( )%100 , $randcolor);
13  }
```

第 14 行代表執行 ImageFill( ) 函數填滿顏色，共有四個參數，第一個是空白
圖像物件 $im，第二個參數為 x 坐標點，這邊設定為 0，第三個參數為 y 座標
點，也是設定為 0，第四個則是填滿指定顏色，我們指定為 $black 黑色。

第 15 行代表執行 ImageString( ) 函數填寫文字，共計有六個參數，分別如下：

```
ImageString( $image, $font, $x, $y, $string, $color )
$image：圖像資源，通過圖像產生功能。
$font：指定字型，有 1、2、3、4 、5，使用內建字型。
$x：x 坐標點。
$y：y 坐標點。
$string：將要寫入的字串。
$color：填滿指定顏色。
```

第 16 行告訴瀏覽器將產生 png 圖檔，第 17 行透過 ImagePng( ) 函數產生 png
圖檔，第 18 行執行 ImageDestroy( ) 函數釋放銷毀與圖像有關的任何資源：

```
14 ImageFill($im, 0, 0, $black);
15 ImageString($im, 4,3, 10, $_SESSION['ans'], $white);
16 Header ('Content-type: image/png');
17 ImagePng ($im);
18 ImageDestroy($im);
```

ImageString( ) 無法輸出中文字內容，我們將 graph1.php 另存為 graph1a.php，
將第 23 行修改如下，您會發現輸出會是亂碼。

```
$word = '2023 關注菊池氏細鯽與犇中文測試 ';
```

【圖 23、中文詞彙成為亂碼】

我們得先準備中文字型，考慮到作業系統與自行購買的中文字型授權不一，
我們將採取 Google Noto 開源字型，可免費下載，且支援 800 種語言，我們
將選用「NotoSerifCJKtc-Medium.otf」字型檔案，請將字型檔案由「other」
資料夾中拷貝到您的專案資料夾內（檔案名稱：「PhpProject12」資料夾內
「graph1b.php」）：

```
01<?php session_start( );
02 $opera=generatorPassword( );
03 $_SESSION['ans']=$opera;
04 $height = 50;
05 $width = 160;
06 $im = ImageCreate($width, $height);
07 $white = ImageColorAllocate ($im, 255, 255, 255);
08 $black = ImageColorAllocate ($im, 0, 0, 0);
09 for($i=0;$i<1000;$i++)
10  {
```

```
11   $randcolor = ImageColorallocate($im,rand(0,255),rand(0,255),
     rand(0,255));
12   ImageSetPixel($im, rand( )%100 , rand( )%100 , $randcolor);
13   }
14 ImageFill($im, 0, 0, $black);
15 $font = "NotoSerifCJKtc-Medium.otf";
16 Imagettftext($im,10,4,10,40,$white,$font,$_SESSION['ans']);
17 Header ('Content-type: image/png');
18 ImagePng ($im);
19 ImageDestroy($im);
20 function generatorPassword( )
21  {
22   $password_len =5;
23   $password = '';
24   $word = '2023 關注菊池氏細鯽與轷中文測試 ';
25   $len =mb_strlen( $word, "utf-8");
26   for($i = 0; $i < $password_len; $i++)
27    {
28     $n=rand( ) % $len;
29     $password .=  mb_substr( $word,$n,1,"utf-8");
30    }
31   return $password;
32  }
33?>
```

【圖 24、中文詞彙可正常顯示】

第 16 行代表執行 Imagettftext( ) 函數填寫文字，共計有八個參數，分別如下：

```
Imagettftext($image,$size,$angle,$x,$y,$color,$fontfile,$string)
$image：圖像資源，通過圖像產生功能
$size：字體的尺寸。
$angle：角度。0 代表從左至右，而更高的數值代表逆時針旋轉。
$x：x 坐標點。
$y：y 坐標點。
$color：填滿指定顏色。
$fontfile：指定字型路徑。
$string：將要寫入的字串。
```

由於中文編碼與英數字不同，所以字數計算於第 25 行採用 mb_strlen( ) 函數進行計算，而擷取文字於第 29 行採取 mb_substr( ) 函數進行截取，這個函數內共有四個參數，分別如下：

```
mb_substr($str ,$start ,$length ,$encoding )
$str：擷取的文字來源。
$start：起始索引位置。
$length：擷取的文字長度。
$encoding：編碼。
```

《 12-3-2 》 生成圖形化文字運用

第一個圖形化英數字生成我們採用加減乘的計算輸出，當使用者輸入資料時必須得先思考做計算才能輸入（檔案名稱：「PhpProject12」資料夾內「graph.php」）：

```
01<?php session_start( );
02 $a=rand(1,9);
03 $opera=generatorPassword( );
04 $b=rand(1,9);
05 while($a<$b)
06 {
07  $a=rand(1,9);
08  $b=rand(1,9);
09 }
10 if($opera=='+') $c=$a+$b;
11 if($opera=='-') $c=$a-$b;
12 if($opera=='*') $c=$a*$b;
13 $_SESSION['test']="$a".$opera."$b=??";
14 $_SESSION['ans']=$c;
15 $height = 50;
16 $width = 60;
17 $im = ImageCreate($width, $height);
18 $white = ImageColorAllocate ($im, 255, 255, 255);
19 $black = ImageColorAllocate ($im, 0, 0, 0);
20 $color=ImageColorAllocate($im,0,0,0);
21 for($i=0;$i<1000;$i++)
22  {
23   $randcolor = ImageColorallocate($im,rand(0,255),rand(0,255),rand(0,255));
24   ImageSetPixel($im, rand( )%100 , rand( )%100 , $randcolor);
25  }
26 ImageFill($im, 0, 0, $black);
27 ImageString($im, 4,3, 10, $_SESSION['test'], $white);
28 Header ('Content-type: image/png');
29 ImagePng ($im);
30 ImageDestroy($im);
```

```
31 function generatorPassword( )
32  {
33   $password_len =1;
34   $password = '';
35   $word = '+-*';
36   $len = strlen($word);
37   for($i = 0; $i < $password_len; $i++)
38    {
39     $password .= $word[rand( ) % $len];
40    }
41   return $password;
42  }
43?>
```

【圖 25、輸出兩個數值的加減乘計算圖像】

這個練習與前一節的英數字基礎生成差不多，不同地方在於我們於第 02 行產生一個由 1 到 9 的隨機整數儲存於 $a，於第 03 行隨機取得「+-*」這三個符號之一儲存於 $opera，再於第 04 行產生一個由 1 到 9 的隨機整數儲存於 $b。

考慮到後續減法是 $a 減 $b，如果 $b 變數比較大那就會是負數，所以第 05 行到第 09 行就是確認如果 $a 小於 $b 成立就重新取值。

第 10 行到第 12 行依據 $opera 變數內容進行「+-*」計算，第 13 行產生圖片上要顯示的文字，而第 14 行則是儲存計算後的答案：

```
02 $a=rand(1,9);
03 $opera=generatorPassword( );
04 $b=rand(1,9);
05 while($a<$b)
06 {
07  $a=rand(1,9);
08  $b=rand(1,9);
09 }
10 if($opera=='+') $c=$a+$b;
```

```
11 if($opera=='-') $c=$a-$b;
12 if($opera=='*') $c=$a*$b;
13 $_SESSION['test']="$a".$opera."$b=??";
14 $_SESSION['ans']=$c;
```

兩個數值計算如何與表單結合呢？我們於此設計一個表單，我們加入
SESSION 變數限制（檔案名稱：「PhpProject12」資料夾內「graph-input.
php」）：

```
01<?php session_start( );?><!DOCTYPE html>
02<html>
03 <head>
04  <title>輸入數字</title>
05  <meta charset="UTF-8">
06  <meta name="viewport" content="width=device-width, initial-scale=1.0">
07 </head>
08 <body>
09  <div>
10  <form action="graph_ans.php" method="post">
11  請輸入圖示計算後的答案：<br>
12  <input type="number" name="ans"><br>
13  <img src="graph.php" width="60" height="50" alt="show image"/>
14  <br>
15  <input type="submit"><input type="reset"></form>
16  <?php
17   $_SESSION['graph']='graph';
18  ?>
19  </div>
20 </body>
21</html>
```

接收資料之前我們可先判斷 SESSION 變數是否存在，再判斷表單變數是
否存在以及表單變數是否為空值，最後判斷答案是否正確（檔案名稱：
「PhpProject12」資料夾內「graph_ans.php」）：

```
01<?php session_start( );?><!DOCTYPE html>
02<html>
03 <head>
04  <meta charset="UTF-8">
05  <title>接收計算後的回答</title>
06 </head>
07 <body>
08 <?php
09  if(!isset($_SESSION['graph']))
10   die(' 請先登入網頁 ');
11  if(!isset($_POST['ans']))
12   die(" 請輸入答案 ");
13  if($_POST['ans']=="")
```

```
14    die(" 答案不能是空的 ");
15  if($_POST['ans']!=$_SESSION['ans'])
16    die(" 答案不對 ");
17  echo ' 恭喜答對 ';
18 ?>
19 </body>
20</html>
```

【圖 26、您得輸入正確的計算結果才會得到恭喜答對的回應】

中文部分筆者找了幾個冷笑話嘗試作為輸入的圖像文字與回答依據，這些問答僅為娛樂用途，正式場合還請進行變更較為妥當。您可以找專業的資料進行處理，例如生態單位可用生態詞彙進行問答，教育單位可用單位才知道的問答作為材料，如此就可以降低外來訪客任意輸入的困擾（檔案名稱：「PhpProject12」資料夾內「graph2.php」）：

```
01<?php session_start( );
02 $word1 = array(
03 ' 小孩子跌倒，猜一成語？ ',
04 ' 誰家沒有電話？ ',
05 ' 老鼠姓什麼？ ',
06 ' 少了一本書，猜一成語？ ',
07 ' 老師：為啥要來上學？ ',
08 ' 有一把隱形的劍，是什麼劍？ '
09 );
10 $word2 = array(
11 ' 馬馬虎虎 ',
12 ' 天衣，因為天衣無縫 ',
13 ' 米 ',
```

```
14 '缺一不可',
15 '學生:不讓老師失業!',
16 '看不見'
17 );
18 $key = array_rand($word1,1);
19 $_SESSION['test']=$word1[$key];
20 $_SESSION['ans']=$word2[$key];
21 $height = 50;
22 $width = 200;
23 $im = ImageCreate($width, $height);
24 $white = ImageColorAllocate ($im, 255, 255, 255);
25 $black = ImageColorAllocate ($im, 0, 0, 0);
26 $color=ImageColorAllocate($im,0,0,0);
27 for($i=0;$i<1000;$i++)
28  {
29   $randcolor = ImageColorallocate($im,rand(0,255),rand(0,255),rand(0,255));
30    ImageSetPixel($im, rand( )%100 , rand( )%100 , $randcolor);
31  }
32 ImageFill($im, 0, 0, $black);
33 $font = "NotoSerifCJKtc-Medium.otf";
34 Imagettftext($im,10,4,10,40,$white,$font,$_SESSION['test']);
35 Header ('Content-type: image/png');
36 ImagePng ($im);
37 ImageDestroy($im);
38?>
```

【圖 27、輸出中文詞彙圖像】

這個練習有部分內容於前一節的中文生成已有介紹,不同地方在於我們的題目資訊是由陣列中取出 (第 02 行到第 09 行),而答案資訊也是由答案陣列中同索引位置設計 (第 10 行到第 17 行)。第 18 行於陣列中隨機取出一個索引值出來,將此索引值儲存於 $key 變數。

第 19 行於題目中的第 $key 變數位址取出資料儲存於 $_SESSION['test'],第 20 行於答案中的第 $key 變數位址取出資料儲存於 $_SESSION['ans']。

```
02 $word1 = array(
03 '小孩子跌倒，猜一成語？',
04 '誰家沒有電話？',
05 '老鼠姓什麼？',
06 '少了一本書，猜一成語？',
07 '老師：為啥要來上學?',
08 '有一把隱形的劍，是什麼劍？'
09 );
10 $word2 = array(
11 '馬馬虎虎',
12 '天衣，因為天衣無縫',
13 '米',
14 '缺一不可',
15 '學生：不讓老師失業!',
16 '看不見'
17 );
18 $key = array_rand($word1,1);
19 $_SESSION['test']=$word1[$key];
20 $_SESSION['ans']=$word2[$key];
```

冷笑話問答如何與表單結合呢？我們於此設計一個表單，我們加入 SESSION
變數限制（檔案名稱：「PhpProject12」資料夾內「graph-input2.php」）：

```
01<?php session_start( );?><!DOCTYPE html>
02<html>
03 <head>
04  <title>請輸入冷笑話答案</title>
05  <meta charset="UTF-8">
06  <meta name="viewport" content="width=device-width, initial-scale=1.0">
07 </head>
08 <body>
09  <div>
10  <form action="graph_ans2.php" method="post">
11  請輸入答案：
12  <input type="text" name="yourans" size="30" maxlength="30"><br>
13  <img src="graph2.php" width="200" height="50" alt="show image"/>
14  <br>
15  <input type="submit"><input type="reset"></form>
16  <?php
17    $_SESSION['graph2']='graph2';
18  ?>
19  </div>
20 </body>
21</html>
```

接收資料之前我們可先判斷 SESSION 變數是否存在，再判斷表單變數是
否存在以及表單變數是否為空值，最後判斷答案是否正確（檔案名稱：
「PhpProject12」資料夾內「graph_ans2.php」）：

```
01<?php session_start( );?><!DOCTYPE html>
02<html>
03 <head>
04  <meta charset="UTF-8">
05  <title> 接收冷笑話回答 </title>
06 </head>
07 <body>
08 <?php
09 if(!isset($_SESSION['graph2']))
10  die(' 請先登入網頁 ');
11 if(!isset($_POST['yourans']))
12  die(" 請輸入答案 ");
13 if($_POST['yourans']=="")
14  die(" 答案不能是空的 ");
15 if($_POST['yourans']!=$_SESSION['ans'])
16  die(" 答案不對 ");
17 echo ' 恭喜答對 ';
18 ?>
19 </body>
20</html>
```

【圖 28、您得輸入正確的中文回答結果才會得到恭喜答對的回應】

12-4 各種過濾機制與進一步的表單互動

了解圖像生成之後我們進一步了解 PHP 內的各種過濾機制，可進一步協助我們過濾分析各種資料，最後再整合 SESSION、表單、圖像生成與過濾機制，搭配預處理處理的方式，設計一個較為安全的表單傳送與接收的網頁互動。

《 12-4-1 》 網頁標籤與數值過濾

filter_var( ) 函數包含多種參數可協助我們進行網頁傳遞資料的驗證，首先請查看表 3 說明網頁標籤與數值過濾：

【表 3、網頁標籤與數值過濾】

參數	意義
FILTER_SANITIZE_STRING	去除標籤或特殊字元 (html 標籤會直接被消除)
FILTER_SANITIZE_ADD_SLASHES	過濾針對 SQL injection 做過濾 (例如單、雙引號)
FILTER_SANITIZE_NUMBER_INT	刪除所有字元，只留下數字與 +- 符號

請查看網頁執行結果，另需查看原始碼才知道有那些變化（檔案名稱：「PhpProject12」資料夾內「filter1.php」）：

```
01<!DOCTYPE html>
02<html>
03 <head>
04  <meta charset="UTF-8">
05  <title>filter_var1</title>
06 </head>
07 <body>
08 <?php
09  $smaller="a tag < 5  ";
10  $smaller2="a tag <br>  ";
11  echo filter_var ( $smaller, FILTER_SANITIZE_STRING). "<br>";
12  echo filter_var ( $smaller2, FILTER_SANITIZE_STRING). "<hr>";
13  $inject1="' or ''='";
14  echo $inject1."<br>";
15  echo filter_var ($inject1,FILTER_SANITIZE_ADD_SLASHES)."<br>";
16  $inject2="passwordAS_@#$";
17  echo $inject2."<br>";
18  echo filter_var ($inject2,FILTER_SANITIZE_ADD_SLASHES)."<hr>";
19  $num = "123 其他文字 456";
20  echo filter_var($num, FILTER_SANITIZE_NUMBER_INT) . "<br>";
21  echo (int) $num . "<br>";
22  echo intval($num) . "<hr>";
23 ?>
24 </body>
25</html>
```

【圖 29、進行網頁標籤與數值過濾】

參數「FILTER_SANITIZE_STRING」看到「<」文字就會過濾,所以可看到第 09 行到第 12 行執行結果。參數「FILTER_SANITIZE_ADD_SLASHES」針對 SQL injection 做過濾 (例如單、雙引號) 動作,所以可以看到「' or "=」被過濾為「\' or \"=\'」,而「passwordAS_@#$」就維持原狀。

```
09   $smaller="a tag < 5   ";
10   $smaller2="a tag <br>   ";
11   echo filter_var ( $smaller, FILTER_SANITIZE_STRING). "<br>";
12   echo filter_var ( $smaller2, FILTER_SANITIZE_STRING). "<hr>";
13   $inject1="' or ''='";
14   echo $inject1."<br>";
15   echo filter_var ($inject1,FILTER_SANITIZE_ADD_SLASHES)."<br>";
16   $inject2="passwordAS_@#$";
17   echo $inject2."<br>";
18   echo filter_var ($inject2,FILTER_SANITIZE_ADD_SLASHES)."<hr>";
```

參數「FILTER_SANITIZE_NUMBER_INT」將會過濾所有非數值資料,所以「123 其他文字 456」執行後輸出「123456」。int 與 intval 都是將文字內的數字轉換為整數,如果不能轉換就會停下,所以您可看到輸出結果就是「123」。至於兩者差異是什麼呢?主要是 intval( ) 可加入參數將資料依據 N 進位方式進行轉換,而整數與浮點數資料就不會轉換(檔案名稱:「PhpProject12」資料夾內「filter1a.php」):

```
01<!DOCTYPE html>
02<html>
03 <head>
04  <meta charset="UTF-8">
05  <title>int 與 intval</title>
06 </head>
07 <body>
08 <?php
09  $int1=987;
10  $str1='987';
11  $float1=98.9;
12  $float2=986.0;
13  echo ' 關於 int 的轉換 <br>';
14  echo (int)$int1."<br>";
15  echo (int)$str1."<br>";
16  echo (int)$float1."<br>";
17  echo (int)$float2."<br>";
18  echo ' 關於 intval 的 8 進位轉換 <br>';
19  echo intval($int1,8)."<br>";
20  echo intval($str1,8)."<br>";
21  echo intval($float1,8)."<br>";
22  echo intval($float2,8)."<br>";
23 ?>
24 </body>
25</html>
```

【圖 30、int 與 intval 】

《 12-4-2 》 網頁編碼與信箱網址過濾驗證

表 4 中可察看了解網頁編碼、信箱與網址的過濾與驗證：

【表 4、網頁編碼與信箱網址過濾驗證】

參數	意義
FILTER_SANITIZE_SPECIAL_CHARS	針對 HTML 做 encoding，例如 < 會轉成 <
FILTER_SANITIZE_EMAIL	過濾 e-mail，刪除 e-mail 格式不該出現的字元（除了 $-_.+!*'{}|^~[]`#%/?@&= 和數字），例如 a(b)@gmail.com 會被過濾成 ab@gmail.com
FILTER_VALIDATE_EMAIL	e-mail 驗證
FILTER_SANITIZE_URL	過濾 URL，刪除 URL 格式不該出現的字元
FILTER_VALIDATE_URL	URL 驗證

請查看網頁執行結果，另需查看原始碼才知道有那些變化（檔案名稱：「PhpProject12」資料夾內「filter2.php」）：

```
01<!DOCTYPE html>
02<html>
03 <head>
04  <meta charset="UTF-8">
05  <title>filter_var2</title>
06 </head>
07 <body>
08 <?php
09  $chars1='<';
10  echo $chars1."<br>";
11  echo filter_var ( $chars1,FILTER_SANITIZE_SPECIAL_CHARS). "<br>";
12  $email1="yeh.(jiannrong)@gmail.com";
13  echo $email1."<br>";
14  echo filter_var ($email1, FILTER_SANITIZE_EMAIL)."<br>";
15  echo filter_var ($email1, FILTER_VALIDATE_EMAIL)."<br>";
16  $email2="yeh.jiannrong@gmail.com";
17  echo filter_var ($email2, FILTER_VALIDATE_EMAIL)."<br>";
18  echo "<hr>";
19  $url1="https://www.goog��le.co�m";
20  echo $url1."<br>";
21  echo filter_var ($url1, FILTER_SANITIZE_URL)."<br>";
22  echo filter_var ($url1, FILTER_VALIDATE_URL)."<br>";
23  $url2="https://www.google.com";
24  echo filter_var ($url2, FILTER_VALIDATE_URL)."<br>";
25 ?>
26 </body>
27</html>
```

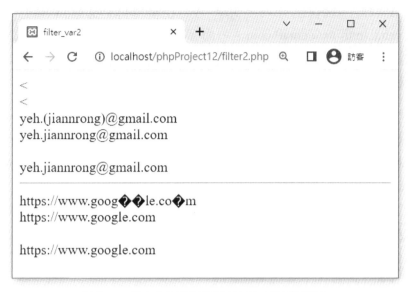

【圖 31、進行網頁編碼與信箱網址過濾驗證】

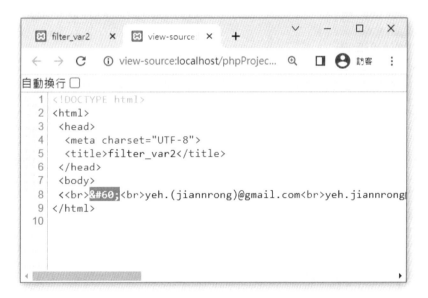

【圖 32、進行網頁編碼與信箱網址過濾驗證原始碼】

參數「FILTER_SANITIZE_SPECIAL_CHARS」將會針對網頁標籤進行編碼，所以「<」執行後轉換為「<」。參數「FILTER_SANITIZE_EMAIL」將

會針對電子郵件信箱進行過濾，所以「yeh.(jiannrong)@gmail.com」執行後轉換為「yeh.jiannrong@gmail.com」。而參數「FILTER_VALIDATE_EMAIL」則是驗證電子郵件信箱是不是正確的格式，因「yeh.(jiannrong)@gmail.com」不是正確格式所以沒有輸出。

參數「FILTER_SANITIZE_URL」將會針對網址進行過濾，所以「https://www.goog◆◆le.co◆m」執行後轉換為「https://www.google.com」。而參數「FILTER_VALIDATE_URL」則是驗證網址是不是正確的格式，因「https://www.goog◆◆le.co◆m」不是正確格式所以沒有輸出。

《 12-4-3 》 IP 與數值過濾驗證

表 5 中可察看了解 IP 與數值過濾驗證：

【表 5、IP 與數值過濾驗證】

參數	意義
FILTER_VALIDATE_IP	IP 驗證
FILTER_SANITIZE_NUMBER_FLOAT	刪除所有字元，只留下數字和 +-,e E
FILTER_VALIDATE_FLOAT	判斷是否為浮點數
FILTER_VALIDATE_INT	判斷數字是否有在範圍內

請查看網頁執行結（檔案名稱：「PhpProject12」資料夾內「filter3.php」）：

```
01<!DOCTYPE html>
02<html>
03 <head>
04  <meta charset="UTF-8">
05  <title>filter_var3</title>
06 </head>
07 <body>
08 <?php
09  $ip1='300.168.3.5';
10  echo $ip1."<br>";
11  echo filter_var ( $ip1,FILTER_VALIDATE_IP). "<br>";
12  $ip2="127.0.0.1";
13  echo $ip2."<br>";
14  echo filter_var ( $ip2,FILTER_VALIDATE_IP). "<br>";
15  $value1='$10.34';
```

```
16   echo filter_var ($value1, FILTER_SANITIZE_NUMBER_FLOAT)."<br>";
17   echo filter_var ($value1, FILTER_VALIDATE_FLOAT)."<hr>";
18   $value2=3034;
19   echo filter_var ($value2, FILTER_SANITIZE_NUMBER_FLOAT)."<br>";
20   echo filter_var ($value2, FILTER_VALIDATE_FLOAT)."<hr>";
21   $value3=20.34;
22   echo filter_var ($value3, FILTER_SANITIZE_NUMBER_FLOAT)."<br>";
23   echo filter_var ($value3, FILTER_VALIDATE_FLOAT)."<hr>";
24   $value4 = 122;
25   $min = 1;
26   $max = 200;
27   if(filter_var(
28    $value4, FILTER_VALIDATE_INT,
29    array("options" => array("min_range"=>$min,
30         "max_range"=>$max))) === false)
31     echo(" 超過範圍 ");
32   else
33     echo(" 於範圍內 ");
34   ?>
35  </body>
36 </html>
37
```

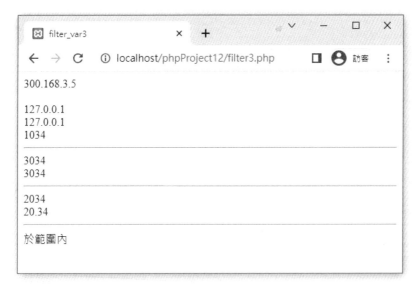

【圖 33、進行 IP 與數值過濾驗證】

參 數「FILTER_VALIDATE_IP」 將 會 針 對 IP 資 料 進 行 驗 證， 所 以「300.168.3.5」雖然第 10 行執行輸出沒有問題，但第 11 行執行參數「FILTER_VALIDATE_IP」驗證後判定為不是正常 IP 就沒有顯示。第 12 行的「127.0.0.1」

於第 13 行執行參數「FILTER_VALIDATE_IP」驗證後判斷為正常 IP 就可正常顯示。

```
09  $ip1='300.168.3.5';
10  echo $ip1."<br>";      x
11  echo filter_var ( $ip1,FILTER_VALIDATE_IP). "<br>";
12  $ip2="127.0.0.1";
13  echo $ip2."<br>";
14  echo filter_var ( $ip2,FILTER_VALIDATE_IP). "<br>";
```

參數「FILTER_SANITIZE_NUMBER_FLOAT」將會針對資料進行調整，刪除所有字元，只留下數字和 +-。所以「$10.34」處理後就是「1034」，而「20.34」處理後就是「2034」。參數「FILTER_VALIDATE_FLOAT」判斷是否為浮點數，所以「$10.34」判斷為 False，而「3034」與「20.34」判斷為 True。

```
15  $value1='$10.34';
16  echo filter_var ($value1, FILTER_SANITIZE_NUMBER_FLOAT)."<br>";
17  echo filter_var ($value1, FILTER_VALIDATE_FLOAT)."<hr>";
18  $value2=3034;
19  echo filter_var ($value2, FILTER_SANITIZE_NUMBER_FLOAT)."<br>";
20  echo filter_var ($value2, FILTER_VALIDATE_FLOAT)."<hr>";
21  $value3=20.34;
22  echo filter_var ($value3, FILTER_SANITIZE_NUMBER_FLOAT)."<br>";
23  echo filter_var ($value3, FILTER_VALIDATE_FLOAT)."<hr>";
```

參數「FILTER_VALIDATE_INT」判斷數字是否有在範圍內，所以得設定 options 陣列，最小值指向 $min 變數，而最大值指向 $max 變數，內容寫成 array("min_range"=>$min,"max_range"=>$max)))。

若 options 陣列傳回結果為 False 代表不在這個範圍內。

```
24  $value4 = 122;
25  $min = 1;
26  $max = 200;
27  if(filter_var(
28   $value4, FILTER_VALIDATE_INT,
29   array("options" => array("min_range"=>$min,
30        "max_range"=>$max))) === false)
31    echo("超過範圍");
32  else
33    echo("於範圍內");
```

《 12-4-4 》 表單與資料庫互動的延伸

我們於此設計一個表單，我們加入 SESSION 變數限制、表單傳輸資料大小限制與圖形化文字驗證（檔案名稱：「PhpProject12」資料夾內「mysqli-input3.php」）：

```php
01<?php session_start( );?><!DOCTYPE html>
02<html>
03 <head>
04  <title> 輸入帳號與密碼 1</title>
05  <meta charset="UTF-8">
06  <meta name="viewport" content="width=device-width, initial-scale=1.0">
07 </head>
08 <body>
09  <div>
10  <form action="mysqli-query3.php" method="post">
11  請輸入帳號：<input type="text" name="username" ><br>
12  請輸入密碼：<input type="text"name="password" ><br>
13  請輸入圖示計算後的答案：<br>
14  <input type="number" name="ans"><br>
15  <img src="graph.php" width="60" height="50" alt="show image"/>
16  <br>
17  <input type="submit"><input type="reset"></form>
18  <?php
19    $_SESSION['login']='login';
20  ?>
21  </div>
22 </body>
23</html>
```

接收資料之前我們可先判斷 SESSION 變數是否存在，再判斷表單變數是否存在以及表單變數是否為空值，再來判斷答案是否正確，最後進行 SQL injection 驗證，等前面各項驗證都通過後再進行 html 標籤進行編碼轉換，最後進行資料存取（檔案名稱：「PhpProject12」資料夾內「mysqli-query3.php」）：

```php
01<?php session_start( );?><!DOCTYPE html>
02<html>
03 <head>
04  <meta charset="UTF-8">
05  <title> 接收資料 </title>
06 </head>
07 <body>
08 <?php
09  $mysqli = new mysqli('localhost','root','pcschool','mysqldb');
```

```
10  if($mysqli->connect_error)
11   die(' 連結錯誤訊息 : ' . $mysqli->connect_error."<br>");
12  else
13   echo " 資料庫伺服器連結成功及資料庫開啟成功 <br>";
14  if(!isset($_SESSION['login']))
15   die(' 請先登入網頁 ');
16  if(!isset($_POST['username']))
17   die(" 請輸入帳號 ");
18  if(!isset($_POST['password']))
19   die(" 請輸入密碼 ");
20  if($_POST['username']=="")
21   die(" 帳號不能是空的 ");
22  if($_POST['password']=="")
23   die(" 密碼不能是空的 ");
24  if($_POST['ans']=="")
25   die(" 請輸入計算結果 ");
26  if($_POST['ans']!=$_SESSION['ans'])
27   die(" 計算結果不對 ");
28  $u=$_POST['username'];
29  $p=$_POST['password'];
30  $p2=filter_var($p,FILTER_SANITIZE_ADD_SLASHES);
31  if($p!=$p2)
32   die(' 請遵守規定輸入 ');
33  $u=filter_var($u,FILTER_SANITIZE_SPECIAL_CHARS);
34  $p=filter_var($p,FILTER_SANITIZE_SPECIAL_CHARS);
35  echo ' 您輸入帳號為 '.$u.'<br>';
36  echo ' 您輸入密碼為 '.$p.'<br>';
37  if ($stmt = $mysqli->prepare("select username,password"
38         . " from login  where  username=? and password=?" ))
39   {
40   $stmt->bind_param("ss", $u,$p);
41   $stmt->execute( );
42   $stmt->store_result( );
43   $rows=$stmt->num_rows;
44   if($rows=="")
45    echo " 查無資料！ <br>";
46   else
47    echo " 有 ".$rows." 筆資料喔！ <br>";
48   }
49  echo '<table border="1" ><tr>';
50  echo "<td>username</td><td>password</td>";
51  echo "</tr>";
52  $stmt->execute( );
53  $result =$stmt->get_result( );
54  while($row =$result->fetch_array( ))
55     {
56      echo "<td>".$row['username'] ."</td>";
57      echo "<td>".$row['password'] ."</td></tr>";
58     }
59  $stmt->close( );
60  $mysqli->close( );
61  ?>
62  </body>
```

```
63</html>
64
```

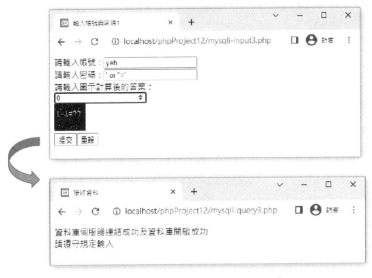

【圖 34、SQL injection 輸入測試】

【圖 35、Java Script 輸入測試】

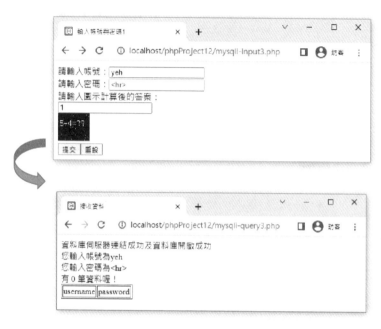

【圖 36、html 標籤輸入測試】

html 標籤因為編碼轉換所以不會於瀏覽器上產生效果,請您可查閱之前章節介紹,了解各種驗證保護機制的設定。

12-5 結論

本章介紹了 PHP8 環境內的資料庫存取方式,並提醒資料庫存取可能會有的風險處理。爾後各章節將會是 PHP 的實務操作,將帶您了解 PHP 的各種運用方式。

【重點提示】

1.　可透過建立 mysqli 物件的方式與資料庫主機進行連線與選取資料庫,建立 mysqli 連線物件的方式如下:

```
mysqli 連線物件 =new mysqli(' 主機 ',' 帳號 ',' 密碼 ',' 資料庫 ');
```

2.　可透過 mysqli 物件的 select_db( ) 方法替換選擇的資料庫。

3.　mysqli 物件執行 query 動作，動作內容為「set names utf8」，代表設定執行過程中的編碼為 utf8，這部分請不要遺漏，免得造成資料為亂碼。

4.　mysqli 物件的 close( ) 動作是關閉資料庫連線。

5.　在此整理 mysqli 連結資料庫流程為：

> Step 1、請以 new mysqli( ) 方式產生一個連結資料庫物件，該物件可連結伺服器與指定資料庫。
> Step 2、使用連結資料庫物件的 query( ) 動作設定編碼。
> Step 3、使用 query( ) 動作執行 SQL 語法，SQL 語法可分為兩種：
> 1. SQL 語法若是 insert into、delete、update 三個語法則會變更資料表內容。
> 2. SQL 語法若是 select 語法，使用連結資料庫物件的 query( ) 動作後再將結果儲存於查詢結果物件，接著就可以使用該查詢結果物件的 num_rows( ) 動作取得查詢後筆數或者利用 fetch _object( ) 動作取出每一筆記錄的內容。
> Step 4、執行 close( ) 方法以關閉查詢結果物件。
> Step 5、執行 close( ) 方法以關閉連結資料庫物件。

6.　SQL Injection 是一個網頁上的填空遊戲，可輕鬆地在沒有帳號權限控制下新增、刪除、更新與查詢資料，會產生這個問題有以下幾點原因：

　　a. 表單輸入資料的欄位沒有針對特殊符號進行過濾

　　b. 欄位沒有限制長度及內容

　　c. 資料庫連結無密碼連結

　　d. 攻擊者猜測到資料表欄位的部分資訊

　　建議可用以下的方式避免遭到攻擊：

　　a. 過濾特殊符號

　　b. 欄位限制長度及內容

　　c. 資料庫連結權限控管

　　d. 加上 session 或 cookie 限制，避免攻擊者反覆測試而取得資料表資訊

7.　不論是動態變更資料或著查詢資料，資料欄位於資源物件語法內是以「?」

來代替,而資源型態共有四種,分別是:「s」代表字串、「i」代表整數、「b」代表 Blob 及「d」代表浮點數。

8. 使用資源物件語法有關的動作有以下幾種:

物件	方法動作名稱	方法動作說明說明
連結資料庫物件	prepare ( )	將 SQL 語法建立一個資源物件。函數內參數為 SQL 語法。
	close( )	關閉資料庫連線。
資源物件	bind_param( )	將變數與資源內的「?」做指定型態的結合。
	execute( )	執行結合後的 SQL 語法。
	bind_result( )	bind_result( ) 函數將資源查詢的結果,對應到指定的變數
	fetch( )	每一筆記錄的欄位內容逐筆輸出。
	close( )	關閉資源。

9. bind_result( ) 方法的優點共有三點,分別是更為簡單、不需要牢記欄位名稱以及使用 fetch( ) 方式帶出資料,而缺點則是不能查詢全部欄位內容;get_result( ) 方法的優點就是可以查詢全部欄位內容,使用 fetch_array( ) 方式帶出資料,而缺點則是必須再另外建立陣列儲存資料且必須牢記欄位的大小寫名稱。

10. ImageString( ) 函數可於圖像中填寫文字,共計有六個參數,分別如下:

```
ImageString( $image, $font, $x, $y, $string, $color )
$image:圖像資源,通過圖像產生功能。
$font:指定字型,有 1,2,3,4,5,使用內建字型。
$x:x 坐標點。
$y:y 坐標點。
$string:將要寫入的字串。
$color:填滿指定顏色。
```

11. 圖像中若要寫入中文可用 Imagettftext( ) 函數,共計有八個參數,分別如下：

```
Imagettftext($image,$size,$angle,$x,$y,$color,$fontfile,$string)
$image：圖像資源，通過圖像產生功能
$size：字體的尺寸。
$angle：角度。0 代表從左至右，而更高的數值代表逆時針旋轉。
$x：x 坐標點。
$y：y 坐標點。
$color：填滿指定顏色。
$fontfile：指定字型路徑。
$string：將要寫入的字串。
```

12. 中文編碼與英數字不同，所以字數計算採用 mb_strlen( ) 函數進行計算，
而擷取文字採取 mb_substr( ) 函數進行截取，這個函數內共有四個參數，
分別如下：

```
mb_substr($str ,$start ,$length ,$encoding )
$str：擷取的文字來源。
$start：起始索引位置。
$length：擷取的文字長度。
$encoding：編碼。
```

13. filter_var( ) 函數包含多種參數可協助我們進行網頁傳遞資料的驗證，首先
請說明網頁標籤與數值過濾：

參數	意義
FILTER_SANITIZE_STRING	去除標籤或特殊字元 (html 標籤會直接被消除)
FILTER_SANITIZE_ADD_SLASHES	過濾針對 SQL injection 做過濾 (例如單、雙引號)
FILTER_SANITIZE_NUMBER_INT	刪除所有字元，只留下數字與 +- 符號

可察看了解網頁編碼、信箱與網址的過濾與驗證：

參數	意義
FILTER_SANITIZE_SPECIAL_CHARS	針對 HTML 做 encoding，例如 < 會轉成 <
FILTER_SANITIZE_EMAIL	過濾 e-mail，刪除 e-mail 格式不該出現的字元 (除了 $-_.+!*'{}|^~-[]`#%/?@&= 和數字)，例如 a(b)@gmail.com 會被過濾成 ab@gmail.com
FILTER_VALIDATE_EMAIL	e-mail 驗證

續表

參數	意義
FILTER_SANITIZE_URL	過濾 URL，刪除 URL 格式不該出現的字元
FILTER_VALIDATE_URL	URL 驗證

可察看了解 IP 與數值過濾驗證：

參數	意義
FILTER_VALIDATE_IP	IP 驗證
FILTER_SANITIZE_NUMBER_FLOAT	刪除所有字元，只留下數字和 +-,e E
FILTER_VALIDATE_FLOAT	判斷是否為浮點數
FILTER_VALIDATE_INT	判斷數字是否有在範圍內

【問題與討論】

1. 請說明 mysqli 連結伺服器與挑選資料庫的流程。

2. 請使用資源物件語法方式，分別利用 bind_result（）與 get_result（）方法查詢 products 資料表內容。

3. 請使用 mysqli 基本語法與預處理語法查詢 employees 資料表內三個欄位內容。

系統實作 -csv 存取互動與人數統計

資料庫內的資料表資料來源除了逐筆輸入新增外，另外一個來源就是 csv 檔案。這類型檔案可能是資料操作人員輸入建檔產生，由 excel 檔案另存 csv 檔案方式建置，也可能是 AI 相關程式彙整後產生。除了匯入 csv 檔案給資料庫表，PHP 也可以匯出資料庫表內容為 csv，就可以提供回饋給資料操作人員做後續的文書作業，也可提供給既然可以存取資料庫內容，接著我們就來思考如何匯出入 csv 檔案，一方面可與資料操作人員互動，二方面也可提供給 AI 相關程式運用。

我們以 2014 年的銷售資料為例，csv 檔案既然已經匯入到資料庫表，那我們就來思考如何呈現資料，可是 1500 筆資料一次跑完那會是很龐大的資訊，所以我們得練習分頁。資料既然已經分頁顯示，那我們接著練習如何更新、刪除與新增資料。

人數統計資料已達三百萬筆資料，如何儲存個人 ip 與日期，還有如何透過 cookie 與 session 限制人數統計，這是本章第二個主題。

　本章的網頁範例會放在「PhpProject13」目錄內，sql 檔案會放在「sql」目錄內，csv 檔案會放在「csv」目錄內，再請分別讀取。

13-1　與 csv 檔案互動

「PhpProject13」目錄內的「csv」目錄已經提供了本章所需的幾個 csv 檔案，您可以開啟進行查看。

《 13-1-1 》 讀取 csv 檔案內容

由於 PHP8 支援 UTF-8 編碼，所以讀取 csv 檔案可直接讀取中文內容，我們將讀取「PhpProject13」目錄內的「csv」目錄內的「ex1.csv」檔案。

	A	B	C	D	E
1	a	b	c	d	message
2	1	2	3	4	hello
3	5	6	7	8	奔犇
4	9	10	11	12	許蓋攻

【圖 1、ex1.csv 檔案內容】

我們建立一個 php 檔案讀取 ex1.csv 內容（檔案名稱：「PhpProject13」資料夾內「read_csv1.php」）：

```
01 <!DOCTYPE html>
02 <html>
03 <head>
04  <meta charset="UTF-8">
05  <title>讀取 csv</title>
06 </head>
07 <body>
08 <?php
09 $path = './csv/ex1.csv';
10 $fp = fopen($path,"r");
11 while ($ROW=fgetcsv($fp))
12 {
13  foreach ($ROW as $value1)
14   echo $value1.",";
15  echo '<hr>';
16 }
17 fclose($fp);
18 ?>
19 </body>
20 </html>
```

【圖 2、讀取 csv 檔案】

執行後可以看到程式於第 11 行開始逐列 (row) 讀取，例如第一列就是 a,b,c,d,message。接著於第 13 行再將每一列的每一資料行 (column) 資料讀取，每一個讀取出來後再加入「,」符號，讀取完成後就加入水平分隔線 (<hr>)。

我們將嘗試讀取 1500 筆資料的 csv 檔案，並預期要將這個檔案內容儲存於資料庫表裡，可先查看「PhpProject13」目錄內的「csv」目錄內的「sales3.csv」檔案。

	A	B	C	D	E	F	G
1	account_number	name	sku	quantity	unit_price	ext_price	date
2	740150	Barton LLC	B1-20000	39	86.69	3380.91	2014/1/1 07:21
3	714466	Trantow-Barrows	S2-77896	-1	63.16	-63.16	2014/1/1 10:00
4	218895	Kulas Inc	B1-69924	23	90.7	2086.1	2014/1/1 13:24
5	307599	Kassulke, Ondricka and Metz	S1-65481	41	21.05	863.05	2014/1/1 15:05

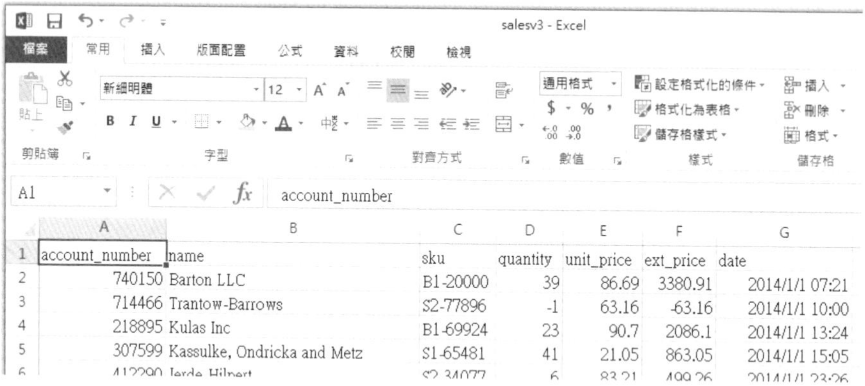

【圖 3、sales3.csv 檔案內容】

接著請建立一個「data13」資料庫，並請於這個資料庫內建立一個名為「salesv3」資料表如下：

```
CREATE TABLE `salesv3` (
  `account_number` int(11) NOT NULL,
  `name1` varchar(40) NOT NULL,
  `sku` varchar(25) NOT NULL,
  `quantity` float NOT NULL,
  `unit_price` float NOT NULL,
  `ext_price` float NOT NULL,
  `date1` datetime DEFAULT NULL
) ENGINE=InnoDB;
```

我們嘗試將「read_csv1.php」檔案內容擴充，加入資料庫表連結語法，將 csv 資料匯入到資料庫表（檔案名稱：「PhpProject13」資料夾內「read_csv2.php」）：

```
01<!DOCTYPE html>
02<html>
```

```
03 <head>
04  <meta charset="UTF-8">
05  <title>讀取 csv 寫入資料庫 </title>
06 </head>
07 <body>
08 <?php
09 $path = './csv/salesv3.csv';
10 $fp = fopen($path,"r");
11 $array1=[];
12 $temp_SQL='';
13 while ( $ROW = fgetcsv($fp))
14 {
15  $temp_SQL='';
16  $mysqli = new mysqli('localhost','root','pcschool','data13');
17  $keys="account_number,name1,sku,quantity,unit_price,ext_price,date1";
18  if(is_numeric($ROW[0]))
19   $a1=$ROW[0];
20  else
21   continue;
22  $a2=$ROW[1];
23  $a3=$ROW[2];
24  if(is_numeric($ROW[3]))
25   $a4=$ROW[3];
26  else
27   $a4=0;
28  if(is_numeric($ROW[4]))
29   $a5=$ROW[4];
30  else
31   $a5=0;
32  if(is_numeric($ROW[5]))
33   $a6=$ROW[5];
34  else
35   $a6=0;
36  $NowTime=date("Y-m-d H:i:s");
37  if(strtotime($ROW[6]))
38   $a7= $ROW[6];
39  else
40   $a7=$NowTime;
41  $temp_SQL= "(\"$a1\",\"$a2\",\"$a3\",\"$a4\",\"$a5\",\"$a6\",\"$a7\")";
42  $sql="insert into salesv3(".$keys.")values".$temp_SQL;
43  if($mysqli->query($sql))
44   echo $a1." 新增成功 <br>";
45  else
46   {
47    echo $mysqli->error."<br>";
48    echo $a1." 新增失敗 <br>";
49   }
50  $mysqli->close();
51 }
52  fclose($fp);
53 ?>
54 </body>
55</html>
```

您必須對 csv 檔案的欄位順序了解才能設計這個匯入到資料庫表的 php 檔案，第 13 行到第 51 行就是擴充「read_csv1.php」第 11 行到第 16 行，於每一列 (row) 逐一將 csv 檔案內的資料行 (column) 內容讀出，當第一行 (column) 內容不是數值是跳過，若是數值則讀出且往下執行。第 41 行建立起 SQL 語法中的資料清單，第 42 行設計新增資料 SQL 語法，第 43 行執行 SQL 語法。

【圖 4、sales3.csv 檔案加入到資料庫表】

當資料順利匯入到資料庫表後，我們由 phpMyAdmin 可以得知這個資料表因為缺少主索引，所以無法進行編輯與刪除。主索引的特色就是這個欄位資料必須要有資料且內容不重複，所以可確保這個內容會是唯一。煩請您匯入「SQL」資料夾內的「salesv3a.sql」，這檔案內包含主索引與資料。

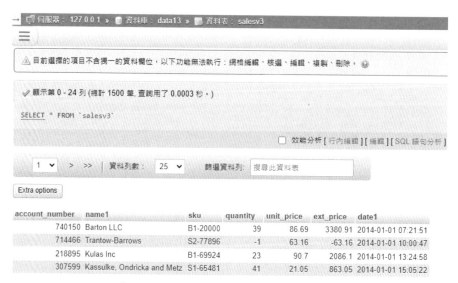

【圖 5、缺少主索引而無法編輯與刪除】

我們嘗試讀取「sales3.csv」檔案，顯示所有資料（檔案名稱：「PhpProject13」
資料夾內「page0.php」）：

```
01<!DOCTYPE html>
02<html>
03 <head>
04  <meta charset="UTF-8">
05  <title>讀取資料庫內容</title>
06 </head>
07 <body>
08 <?php
09  $mysqli = new mysqli('localhost','root','pcschool','data13');
10  $sql="select * from salesv3 ";
11  $sql2=$mysqli->query($sql);
12  echo '<table border="1"><tr><td>account_number</td>';
13  echo '<td>name1</td><td>sku</td><td>quantity</td>';
14  echo '<td>unit_price</td><td>ext_price</td>';
15  echo '<td>date1</td></tr>';
16  while($list3=$sql2->fetch_object())
17   {
18    echo '<tr>';
19    echo '<td>'.$list3->account_number.'</td>';
20    echo '<td>'.$list3->name1.'</td>';
21    echo '<td>'.$list3->sku.'</td>';
22    echo '<td>'.$list3->quantity.'</td>';
23    echo '<td>'.$list3->unit_price.'</td>';
24    echo '<td>'.$list3->ext_price.'</td>';
25    echo '<td>'.$list3->date1.'</td></tr>';
26   }
27  echo '</table>';
28  $sql2->close();
29  $mysqli->close();
30 ?>
31 </body>
32</html>
```

讀取資料庫內容　　×　＋

← → C　① localhost/phpProject13/page0.php　　□ ● 訪客　⋮

account_number	name1	sku	quantity	unit_price	ext_price	date1
740150	Barton LLC	B1-20000	39	86.69	3380.91	2014-01-01 07:21:51
714466	Trantow-Barrows	S2-77896	-1	63.16	-63.16	2014-01-01 10:00:47
218895	Kulas Inc	B1-69924	23	90.7	2086.1	2014-01-01 13:24:58
307599	Kassulke, Ondricka and Metz	S1-65481	41	21.05	863.05	2014-01-01 15:05:22
412290	Jerde-Hilpert	S2-34077	6	83.21	499.26	2014-01-01 23:26:55
714466	Trantow-Barrows	S2-77896	17	87.63	1489.71	2014-01-02 10:07:15
218895	Kulas Inc	B1-65551	2	31.1	62.2	2014-01-02 10:57:23

【圖 6、讀取資料】

第 16 行到第 26 行循序讀取所有資料，您會發現到資料量非常多，所以我們得開始思考如何分頁顯示。

《 13-1-2 》分頁顯示處理

要進行分頁得有幾個準備工作，如下所列：

1. 計算總筆數。

2. 設定每一頁筆數，我們設定為 350。

3. 計算總頁數：

   3-1. 假設總筆數小於每一頁筆數，

   3-2. 若相除後有餘數，代表沒有整除，頁碼就 +1。

   3-3. 若相除後沒有餘數，代表整除，頁碼不用 +1。

4. 確認現在位置。

5. 設計分頁的網頁連結標籤。

6. 準備抓取每一頁資料的 SQL 語法：

   6-1. SQL 語法需要兩個參數，起始資料索引值與每一頁筆數。

   6-2. 起始資料索引值，預設由 0 開始，第一頁是 0，第二頁是 50。

   6-3. 索引值的計算為 (現在的頁碼 -1)* 每一頁筆數。

我們嘗試將「page0.php」檔案內容擴充，讀取「salesv3a」資料表，開始嘗試進行分頁處理（檔案名稱：「PhpProject13」資料夾內「page1.php」）：

```
01<!DOCTYPE html>
02<html>
03 <head>
04  <meta charset="UTF-8">
05  <title>讀取資料庫內容與分頁</title>
06 </head>
07 <body>
08 <?php
09  $mysqli = new mysqli('localhost','root','pcschool','data13');
10  $sql ="select count(*) as total from  salesv3a";
```

```
11  $sql2=$mysqli->query($sql);
12  $list1=$sql2->fetch_object();
13  $total=$list1->total;
14  if ($total==0)
15   die('no data<br>');
16  else
17   echo '資料筆數:'.$total."<br>";
18  $size=350;
19  if($total<$size)
20   $page_count=1;
21  else if($total % $size>0)
22   $page_count=(int)($total/$size)+1;
23  else
24   $page_count=$total/$size;
25  if(isset($_GET['page']))
26   {
27    $page=intval($_GET['page']);
28    if($page<=0)
29     $page=1;
30    if($page>$page_count)
31     $page=$page_count;
32   }
33  else
34   $page=1;
35  $page_string='';
36  if($page>1)
37   {
38    $page_string.='<a href='.$_SERVER['PHP_SELF'];
39     $page_string.='?page='.($page-1);
40     $page_string.='><</a>   ';
41   }
42  $i=1;
43  while ($i<=$page_count)
44   {
45    $page_string.='<a href='.$_SERVER['PHP_SELF'];
46     $page_string.='?page='.$i.'>'.$i.'</a>   ';
47    $i+=1;
48   }
49  if ($page<$page_count)
50   {
51     $page_string.='<a href='.$_SERVER['PHP_SELF'];
52     $page_string.='?page='.($page+1).'>></a>   ';
53   }
54  $page_string.='<p>';
55  echo $page_string;
56  $sql="select * from salesv3a limit ".($page-1)*$size.",$size";
57  $sql2=$mysqli->query($sql);
58  echo '<table border="1"><tr><td>account_number</td>';
59  echo '<td>name1</td><td>sku</td><td>quantity</td>';
60  echo '<td>unit_price</td><td>ext_price</td>';
61  echo '<td>date1</td></tr>';
62  while($list3=$sql2->fetch_object())
63   {
```

```
64    echo '<tr>';
65    echo '<td>'.$list3->account_number.'</td>';
66    echo '<td>'.$list3->name1.'</td>';
67    echo '<td>'.$list3->sku.'</td>';
68    echo '<td>'.$list3->quantity.'</td>';
69    echo '<td>'.$list3->unit_price.'</td>';
70    echo '<td>'.$list3->ext_price.'</td>';
71    echo '<td>'.$list3->date1.'</td></tr>';
72    }
73   echo '</table>';
74   echo $page_string;
75   $sql2->close();
76   $mysqli->close();
77   ?>
78   </body>
79  </html>
80
81
```

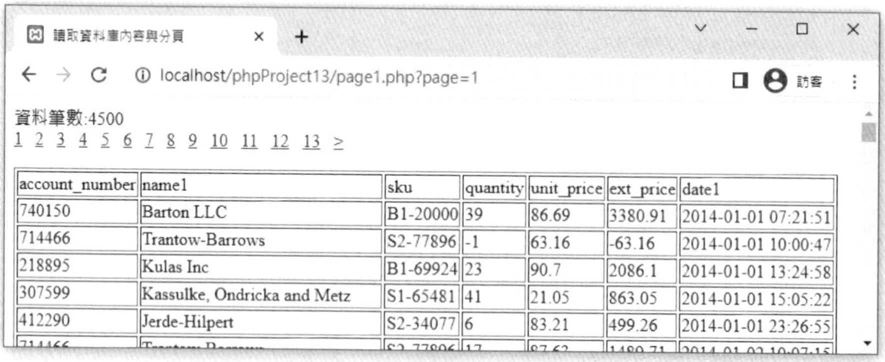

【圖 7、分頁顯示：第一頁，只顯示下一頁連結】

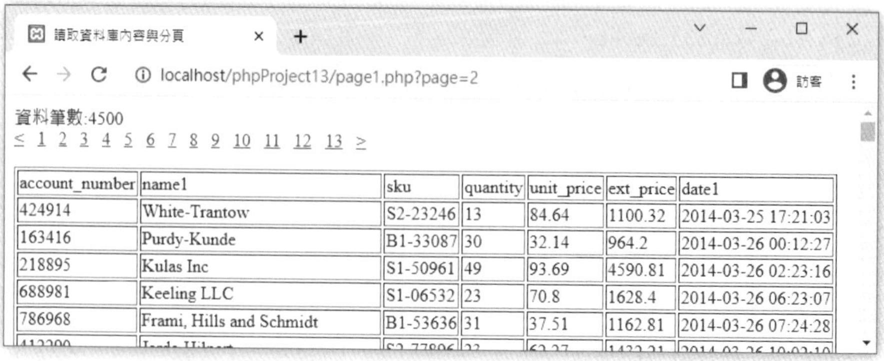

【圖 8、分頁顯示：第二頁，顯示上一頁下一頁連結】

![圖9、分頁顯示：第十三頁，只顯示上一頁連結]

【圖 9、分頁顯示：第十三頁，只顯示上一頁連結】

我們來查看分頁準備流程第一步「1.計算總筆數」，請查看第 10 行到第 17 行語法，$total 變數代表總筆數：

```
10   $sql ="select count(*) as total from  salesv3";
11   $sql2=$mysqli->query($sql);
12   $list1=$sql2->fetch_object();
13   $total=$list1->total;
14   if ($total==0)
15    die('no data<br>');
16   else
17    echo '資料筆數 :'.$total."<br>";
```

分頁準備流程第二步「2.設定每一頁筆數」，我們於第 18 行設定 $size 變數代表每頁筆數，內容為 350。第 19 行到第 24 行語法為分頁準備流程第三步「3.計算總頁數」，假設總筆數 $total 小於每頁筆數 $size，總頁數 $page_count 設定為 1，若總筆數 $total 除以每頁筆數 $size 的餘數大於 0，代表無法整除，所以我們總頁數 $page_count 加 1，若餘數沒有大於 0 代表可以整除，再取得總筆數 $total 除以每頁筆數 $size 的結果為總頁數 $page_count：

```
18   $size=350;
19   if($total<$size)
20    $page_count=1;
21   else if($total % $size>0)
22    $page_count=(int)($total/$size)+1;
23   else
24    $page_count=$total/$size;
```

第 25 行到第 34 行語法為分頁準備流程第四步「4.確認現在位置」，如果網址列沒有傳遞 page 參數那 $page 現在位置的數值就設定為 1，如果有傳遞再於第 27 行透過 intval( ) 函數處理，如果不是整數將會成為 0，那 $page 現在位置的數值就設定為 1，如果 $page 現在位置的數值大於總頁數 $page_count，那就將 $page 現在位置的數值設定為總頁數 $page_count

```
25   if(isset($_GET['page']))
26    {
27     $page=intval($_GET['page']);
28     if($page<=0)
29      $page=1;
30     if($page>$page_count)
31      $page=$page_count;
32    }
33   else
34     $page=1;
```

第 35 行到第 54 行語法為分頁準備流程第五步「5.設計分頁的網頁連結標籤」，於第 35 行將網頁標籤 $page_string 變數設定為空白，$_SERVER['PHP_SELF'] 代表網頁本身。如果 $page 現在位置大於 1，則執行第 38 行至第 40 行語法，網頁標籤 $page_string 變數中加入前一頁的連結。

第 43 行設定如果 $i 小於等於總頁數 $page_count 則開始跑第 44 行到第 48 行的迴圈，網頁標籤 $page_string 變數中加入 $i 變數內容的頁碼，且每跑完一圈 $i 變數就加一。第 49 行設定如果 $page 現在位置小於總頁數 $page_count，則執行第 38 行至第 40 行語法，網頁標籤 $page_string 變數中加入下一頁的連結。

```
35   $page_string='';
36   if($page>1)
37    {
38     $page_string.='<a href='.$_SERVER['PHP_SELF'];
39     $page_string.='?page='.($page-1);
40     $page_string.='><</a>   ';
41    }
42   $i=1;
43   while($i<=$page_count)
44    {
45     $page_string.='<a href='.$_SERVER['PHP_SELF'];
46     $page_string.='?page='.$i.'>'.$i.'</a>   ';
47     $i+=1;
48    }
49   if($page<$page_count)
50    {
```

```
51    $page_string.='<a href='.$_SERVER['PHP_SELF'];
52    $page_string.='?page='.($page+1).'>>></a>   ';
53    }
54  $page_string.='<p>';
55  echo $page_string;
```

第 56 行語法為分頁準備流程第六步「準備抓取每一頁資料的 SQL 語法」，可以看到 limit 後面接了資料索引值與每一頁筆數這兩項參數。資料索引值為 ($page-1)*$size 內容，隨著頁次變更而變更不同的索引值。

每一頁筆數我們預設為 $size 變數，第 57 行透過 mysqli 物件的 query 動作執行 $sql 變數語法，第 58 行到第 73 行則是產生一個表格，將所有資料依序放在儲存格內：

```
56  $sql="select * from salesv3a limit ".($page-1)*$size.",$size";
57  $sql2=$mysqli->query($sql);
58  echo '<table border="1"><tr><td>account_number</td>';
59  echo '<td>name1</td><td>sku</td><td>quantity</td>';
60  echo '<td>unit_price</td><td>ext_price</td>';
61  echo '<td>date1</td></tr>';
62  while($list3=$sql2->fetch_object())
63    {
64    echo '<tr>';
65    echo '<td>'.$list3->account_number.'</td>';
66    echo '<td>'.$list3->name1.'</td>';
67    echo '<td>'.$list3->sku.'</td>';
68    echo '<td>'.$list3->quantity.'</td>';
69    echo '<td>'.$list3->unit_price.'</td>';
70    echo '<td>'.$list3->ext_price.'</td>';
71    echo '<td>'.$list3->date1.'</td></tr>';
72    }
73  echo '</table>';
```

《 13-1-3 》 編輯流程處理

您必須先確定哪一筆資料要做編輯，所以網頁上必須攜帶這筆資料的主索引值才可以找到資料。確定攜帶的主索引值後，再依據這個主索引值找出這筆資料，列出所需欄位清單，待使用者編輯完成後將資料送出到另一個網頁進行檢驗後進行更新，再返回資料清單頁面。

請參考 page1.php 語法，轉存為 page2.php，我們修改資料呈現 (page1.php 的第 58 行到第 73 行)：

```
56  $sql="select * from salesv3a limit ".($page-1)*$size.",$size";
57  $sql2=$mysqli->query($sql);
58  echo '<table border="1"><tr><td></td><td>account_number</td>';
59  echo '<td>name1</td><td>sku</td><td>quantity</td>';
60  echo '<td>unit_price</td><td>ext_price</td><td>date1</td></tr>';
61  while($list3=$sql2->fetch_object())
62   {
63    echo '<tr>';
64    echo '<td> <a href="edit.php?sid='.$list3->sid.'">編輯 </a></td>';
65    echo '<td>'.$list3->account_number.'</td>';
66    echo '<td>'.$list3->name1.'</td>';
67    echo '<td>'.$list3->sku.'</td>';
68    echo '<td>'.$list3->quantity.'</td>';
69    echo '<td>'.$list3->unit_price.'</td>';
70    echo '<td>'.$list3->ext_price.'</td>';
71    echo '<td>'.$list3->date1.'</td></tr>';
72    echo '<tr><td colspan="8">';
73    echo '</td></tr>';
74   }
75  echo '</table>';
```

請留意第 64 行修改後加入連結，而這個網頁連結會攜帶 sid 參數，sid 參數等於 $list3->sid 內容，而 $list3 物件因第 61 行循序處理而變更內容。

另請修改第 10 行語法，page2.php 讀取 sales3a 資料表：

```
$sql ="select count(*) as total from  salesv3a";
```

我們接著查看 edit.php，接收資料後會做哪些事情？（檔案名稱：「PhpProject13」資料夾內「edit.php」）

```
01<!DOCTYPE html>
02<html>
03 <head>
04  <meta charset="UTF-8">
05  <title>編輯特定資料 </title>
06 </head>
07 <body>
08 <?php
09  if(!isset($_GET['sid']))
10   {?>
11    <script>
12     window.alert(' 資料不存在 ');
13     location.href='page2.php';
14    </script>
15    <?php
16     exit();
17   }
18  if($_GET['sid']=='')
19   {?>
```

```
20    <script>
21     window.alert(' 沒有這筆資料 ');
22     history.back();
23    </script>
24    <?php
25     exit();
26   }
27  $sid=$_GET['sid'];
28  $sid2=filter_var($sid,FILTER_SANITIZE_ADD_SLASHES);
29  if($sid!=$sid2)
30   die(' 請遵守規定輸入 ');
31  $mysqli = new mysqli('localhost','root','pcschool','data13');
32  if($mysqli-> connect_error)
33   {
34    echo 'error:'.$mysqli->connect_error."<br>";
35    echo 'errno:'.$mysqli->connect_errno;
36    exit;
37   }
38  $sql="SELECT * FROM salesv3a where sid=$sid";
39  $sql2=$mysqli->query($sql);
40  $rows=$sql2->num_rows;
41  echo ' 查看資料筆數 ';
42  if($rows==0)
43   {?>
44    <script>
45     window.alert(' 沒有這筆資料 ');
46     history.back();
47    </script>
48    <?php
49     exit();
50   }
51  else
52   echo ' 資料筆數 :'.$rows."<br>";
53  $list3=$sql2->fetch_object(); ?>
54  <form action="update1.php" method='post'>
55    請修改 account_number：<br>
56    <input type='text' name='account_number'
57    value="<?php echo $list3-> account_number;?>"
58    size='30' maxlength="30"><br>
59    請修改 name1：<br>
60    <input type='text' name='name1'
61    value="<?php echo $list3-> name1;?>"
62    size='30' maxlength="30"><br>
63    請修改 sku：<br>
64    <input type='text' name='sku'
65    value="<?php echo $list3-> sku;?>"
66    size='30' maxlength="30"><br>
67    請修改 quantity：<br>
68    <input type='text' name='quantity'
69    value="<?php echo $list3->quantity;?>"
70    size='30' maxlength="30"><br>
71    請修改 unit_price：<br>
72    <input type='text' name='unit_price'
73    value="<?php echo $list3->unit_price;?>"
```

```
74   size='30' maxlength="30"><br>
75   請修改 ext_price：<br>
76   <input type='text' name='ext_price'
77   value="<?php echo $list3->ext_price;?>"
78   size='30' maxlength="30"><br>
79   請修改日期：<br>
80   <input type='datetime'
81   value="<?php echo $list3-> date1;?>"
82   name='date1'><br>
83   <br><input type='hidden' name='sid'
84   value='<?php echo $list3-> sid; ?>'>
85   <input type='reset' value=' 取消 '>
86   <input type='submit' value=' 確定 '><br>
87  </form>
88  <?php $mysqli->close(); ?>
89  <a href="page2.php"> 若這筆資料沒問題就返回資料檢索頁面 </a>
90  </body>
91</html>
```

【 圖 10、點選連結後開啟編輯資料網頁 】

我們由第 09 行到第 30 行進行各種資料驗證分析判斷，相關說明請參考 12-4-4 節介紹。第 31 行到第 52 行進行資料庫連結與資料查詢，檢視是否有資料，沒有資料則退回上一頁：

```
31  $mysqli = new mysqli('localhost','root','pcschool','data13');
32  if($mysqli-> connect_error)
33   {
34    echo 'error:'.$mysqli->connect_error."<br>";
35    echo 'errno:'.$mysqli->connect_errno;
36    exit;
37   }
38  $sql="SELECT * FROM salesv3a where sid=$sid";
39  $sql2=$mysqli->query($sql);
40  $rows=$sql2->num_rows;
41  echo '查看資料筆數';
42  if($rows==0)
43   {?>
44    <script>
45     window.alert('沒有這筆資料');
46     history.back();
47    </script>
48    <?php
49     exit();
50   }
51  else
52    echo '資料筆數:'.$rows."<br>";
```

第 53 行將查詢結果儲存 $list3 物件內，於第 57 行讀取 $list3 物件的 account_number 內容，於第 61 行讀取 $list3 物件的 name1 內容，於第 65 行讀取 $list3 物件的 sku 內容，於第 69 行讀取 $list3 物件的 quantity 內容，於第 73 行讀取 $list3 物件的 unit_price 內容，於第 77 行讀取 $list3 物件的 ext_price 內容，

於第 81 行讀取 $list3 物件的 date1 內容。

於第 83 行到第 84 行設定一個隱藏資料，讀取 $list3 物件的 sid 內容。按下確認鈕之後傳遞資料到 update1.php 檔案。

```
53  $list3=$sql2->fetch_object(); ?>
54  <form action="update1.php" method='post'>
55    請修改 account_number：<br>
56    <input type='text' name='account_number'
57    value="<?php echo $list3-> account_number;?>"
58    size='30' maxlength="30"><br>
59    請修改 name1：<br>
60    <input type='text' name='name1'
61    value="<?php echo $list3-> name1;?>"
62    size='30' maxlength="30"><br>
63    請修改 sku：<br>
64    <input type='text' name='sku'
```

```
65      value="<?php echo $list3-> sku;?>"
66      size='30' maxlength="30"><br>
67      請修改 quantity：<br>
68      <input type='text' name='quantity'
69      value="<?php echo $list3->quantity;?>"
70      size='30' maxlength="30"><br>
71      請修改 unit_price：<br>
72      <input type='text' name='unit_price'
73      value="<?php echo $list3->unit_price;?>"
74      size='30' maxlength="30"><br>
75      請修改 ext_price：<br>
76      <input type='text' name='ext_price'
77      value="<?php echo $list3->ext_price;?>"
78      size='30' maxlength="30"><br>
79      請修改日期：<br>
80      <input type='datetime'
81      value="<?php echo $list3-> date1;?>"
82      name='date1'><br>
83      <br><input type='hidden' name='sid'
84      value='<?php echo $list3-> sid; ?>'>
```

update1.php 檔案負責接收 edit.php 傳遞過來的資訊（檔案名稱：「PhpProject13」資料夾內「update1.php」）：

```
01<!DOCTYPE html>
02<html>
03 <head>
04  <meta charset="UTF-8">
05  <title> 處理更新的資料 </title>
06 </head>
07 <body>
08 <?php
09  if(!isset($_POST['sid']))
10    {?>
11    <script>
12     window.alert(' 資料不存在 ');
13     location.href='page2.php';
14    </script>
15    <?php
16     exit();
17    }
18  $sid=$_POST['sid'];
19  $account_number=$_POST['account_number'];
20  $name1=$_POST['name1'];
21  $sku=$_POST['sku'];
22  if(!is_numeric($_POST['quantity']))
23    {?>
24    <script>
25     window.alert('quantity 資料必須是數值 ');
26     location.href='page2.php';
27    </script>
```

```
28    <?php
29     exit();
30    }
31   else
32    $quantity=$_POST['quantity'];
33   if(!is_numeric($_POST['unit_price']))
34    {?>
35     <script>
36      window.alert('unit_price 資料必須是數值 ');
37      location.href='page2.php';
38     </script>
39     <?php
40      exit();
41    }
42   else
43    $unit_price=$_POST['unit_price'];
44   if(!is_numeric($_POST['ext_price']))
45    { ?>
46     <script>
47      window.alert('unit_price 資料必須是數值 ');
48      location.href='page2.php';
49     </script>
50     <?php
51      exit();
52    }
53   else
54    $ext_price=$_POST['ext_price'];
55   if(!strtotime($_POST['date1']))
56    { ?>
57     <script>
58      window.alert('date1 資料必須是日期時間 ');
59      location.href='page2.php';
60     </script>
61     <?php
62      exit();
63    }
64   else
65    $date1=$_POST['date1'];
66   $mysqli = new mysqli('localhost','root','pcschool','data13');
67   $sql="update salesv3a set "
68    . "account_number='$account_number',name1='$name1'"
69    .",sku='$sku',quantity=$quantity"
70    .",unit_price=$unit_price"
71    .",ext_price=$ext_price,date1='$date1'"
72    . " where sid=$sid";
73   if ($mysqli->query($sql))
74    { ?>
75     <script>
76      window.alert(' 更新成功 ');
77      history.back();
78     </script>
79     <?php
80      exit();
```

```
81    }
82  else
83    { ?>
84  <script>
85    window.alert(' 更新失敗 ');
86    location.href='page2.php';
87  </script>
88  <?php
89   exit();
90    }
91    ?>
92 </body>
93</html>
```

【圖 11、由編輯資料網頁到更新網頁】

我們由第 09 行到第 65 行進行各種資料驗證分析判斷，相關說明請參考 12-4-4 節介紹，確認有收接到資料才會儲存，否則就跳回前一頁且離開這頁面。

第 67 行到第 72 行規劃資料更新的 SQL 語法，於第 73 行執行 SQL 語法，若可順利執行則接著執行第 74 行到第 81 行語法，若不可順利執行接著跑第 83行到第 90 行語法：

```
67  $sql="update salesv3a set "
68  . "account_number='$account_number',name1='$name1'"
69  .",sku='$sku',quantity=$quantity"
70  .",unit_price=$unit_price"
71  .",ext_price=$ext_price,date1='$date1'"
72  . " where sid=$sid";
73  if ($mysqli->query($sql))
74  { ?>
75   <script>
76    window.alert(' 更新成功 ');
77    history.back();
78   </script>
79    <?php
80     exit();
81   }
82  else
83  { ?>
84   <script>
85    window.alert(' 更新失敗 ');
86    location.href='page2.php';
87   </script>
88  <?php
89   exit();
90   }
```

《 13-1-4 》 刪除與新增流程處理

您必須先確定哪一筆資料要做刪除，所以網頁上必須攜帶這筆資料的主索引值才可以找到資料。確定攜帶的主索引值後，再依據這個主索引值找出這筆資料再進行刪除。

由於刪除後無法復原，所以使用者點選刪除按鈕前必須得再做確認，避免誤刪而無法挽回。請參考 page2.php 語法，轉存為 page3.php，我們僅修改資料呈現 (page2.php 的第 56 行到第 75 行)。

原本 page2.php 的第 07 行插入，預計要為新增資料做規劃：

```
07 <body><a href="insert1.php"> 新增 </a><br>
```

原本 page2.php 的第 72 行到第 73 行，進行修改成為第 72 行到第 76 行語法：

```
72    echo '<tr><td colspan="8">';?>
73    <a href="del.php?id=<?php echo $list3->sid; ?>"
74    onClick="if(!confirm(' 刪除後無法挽回，請確認喔 ')){return false;}">
75    確認刪除 </a>
76    <?php echo '</td></tr>';
```

【圖 12、瀏覽頁面上的連結點選後的回應】

建議可修改 edit.php 與 update1.php 語法內的「page2.php」為「page3.php」，
我們來查看與設計刪除資料的網頁（檔案名稱：「PhpProject13」資料夾內「del.
php」）：

```
01<!DOCTYPE html>
02<html>
03 <head>
04  <meta charset="UTF-8">
05  <title> 處理欲刪除的資料 </title>
06 </head>
07 <body>
08 <?php
09  if(!isset($_GET['sid']))
10    {?>
11     <script>
12      window.alert(' 資料不存在 ');
13      location.href='page3.php';
14     </script>
15     <?php
16      exit();
17    }
18  if($_GET['sid']=="")
19    {?>
```

```
20    <script>
21     window.alert(' 資料不可以為空值 ');
22     location.href='page3.php';
23    </script>
24    <?php
25     exit();
26    }
27  $sid=$_GET['sid'];
28  $sid2=filter_var($sid,FILTER_SANITIZE_ADD_SLASHES);
29  if($sid!=$sid2)
30   die(' 請遵守規定輸入 ');
31  $mysqli = new mysqli('localhost','root','pcschool','data13');
32  $sql="delete from  salesv3a where sid=$sid ";
33  if($mysqli->query($sql))
34   {?>
35    <script>
36     window.alert(' 刪除成功 ');
37     history.back();
38    </script>
39    <?php
40     exit();
41    }
42  else
43   {?>
44    <script>
45     window.alert(' 刪除失敗 ');
46     location.href='page3.php';
47    </script>
48    <?php
49     exit();
50    }
51    ?>
52 </body>
53</html>
```

我們由第 09 行到第 30 行進行各種資料驗證分析判斷，相關說明請參考 12-4-4 節介紹，否則就跳回前一頁且離開這頁面。

於第 32 行規劃資料更新的 SQL 語法，於第 33 行執行 SQL 語法，若可順利執行則接著執行第 34 行到第 41 行語法，若不可順利執行接著跑第 43 行到第 50 行語法：

```
27  $sid=$_GET['sid'];
28  $sid2=filter_var($sid,FILTER_SANITIZE_ADD_SLASHES);
29  if($sid!=$sid2)
30   die(' 請遵守規定輸入 ');
31  $mysqli = new mysqli('localhost','root','pcschool','data13');
32  $sql="delete from  salesv3a where sid=$sid ";
33  if($mysqli->query($sql))
```

```
34    {?>
35     <script>
36      window.alert(' 刪除成功 ');
37      history.back();
38     </script>
39     <?php
40      exit();
41    }
42   else
43    {?>
44     <script>
45      window.alert(' 刪除失敗 ');
46      location.href='page3.php';
47     </script>
48     <?php
49      exit();
50    }
51    ?>
```

了解了刪除語法後接著我們來了解如何新增資料，請先留意表單的規劃（檔案名稱：「PhpProject13」資料夾內「insert1.php」）：

```
01<!DOCTYPE html>
02<html>
03 <head>
04   <meta charset="UTF-8">
05   <title>新增消費資料表單準備 </title>
06 </head>
07 <body>
08 <form action="insert2.php" method='post'>
09account_number：<br>
10   <input type='number' name='account_number' size='30' maxlength="30"><br>
11   name1：<br>
12   <input type='text' name='name1' size='30' maxlength="30"><br>
13   sku：<br>
14   <input type='text' name='sku' size='30' maxlength="30"><br>
15   quantity：<br>
16   <input type='text' name='quantity' size='30' maxlength="30"><br>
17   unit_price：<br>
18   <input type='text' name='unit_price' size='30' maxlength="30"><br>
19   ext_price：<br>
20   <input type='text' name='ext_price' size='30' maxlength="30"><br>
21   日期：<br>
22   <input type='datetime' name='date1'><br>
23   <input type='reset' value=' 取消 '>
24   <input type='submit' value=' 確定 '><br>
25 </form>
26 <a href="page3.php"> 若這筆資料沒有要新增可返回資料檢索頁面 </a>
27 </body>
28</html>
```

送出資料後由 insert2.php 接收，我們來看看接收資料時的各種檢驗與後續新增至資料表的動作（檔案名稱：「PhpProject13」資料夾內「insert2.php」）：

```
001<!DOCTYPE html>
002<html>
003 <head>
004  <meta charset="UTF-8">
005  <title>處理新增的資料</title>
006 </head>
007 <body>
008 <?php
009 if($_POST['account_number']=='')
010   {?>
011   <script>
012    window.alert('沒有這筆資料');
013    history.back();
014   </script>
015   <?php
016    exit();
017   }
018 $account_number=$_POST['account_number'];
019 if($_POST['name1']=='')
020   {?>
021   <script>
022    window.alert('沒有這筆資料');
023    history.back();
024   </script>
025   <?php
026    exit();
027   }
028 $name1=$_POST['name1'];
029 if($_POST['sku']=='')
030   {?>
031   <script>
032    window.alert('沒有這筆資料');
033    history.back();
034   </script>
035   <?php
036    exit();
037   }
038 $sku=$_POST['sku'];
039 if(!is_numeric($_POST['quantity']))
040   {?>
041   <script>
042    window.alert('quantity資料必須是數值');
043    location.href='insert1.php';
044   </script>
045   <?php
046    exit();
```

```
047    }
048   else
049    $quantity=$_POST['quantity'];
050   if(!is_numeric($_POST['unit_price']))
051    {?>
052   <script>
053    window.alert('unit_price 資料必須是數值 ');
054    location.href='insert1.php';
055   </script>
056   <?php
057    exit();
058    }
059   else
060    $unit_price=$_POST['unit_price'];
061   if(!is_numeric($_POST['ext_price']))
062    { ?>
063   <script>
064    window.alert('unit_price 資料必須是數值 ');
065    location.href='insert1.php';
066   </script>
067   <?php
068    exit();
069    }
070   else
071    $ext_price=$_POST['ext_price'];
072   if(!strtotime($_POST['date1']))
073    { ?>
074   <script>
075    window.alert('date1 資料必須是日期時間 ');
076    location.href='page3.php';
077   </script>
078   <?php
079    exit();
080    }
081   else
082    $date1=$_POST['date1'];
083   $account_number2=filter_var($account_number,FILTER_SANITIZE_ADD_SLASHES);
084   if($account_number!=$account_number2)
085    die(' 請遵守規定輸入 1');
086   $name12=filter_var($name1,FILTER_SANITIZE_ADD_SLASHES);
087   if($name1!=$name12)
088    die(' 請遵守規定輸入 2');
089   $sku2=filter_var($sku,FILTER_SANITIZE_ADD_SLASHES);
090   if($sku!=$sku2)
091    die(' 請遵守規定輸入 3');
092   $quantity2=filter_var($quantity,FILTER_SANITIZE_ADD_SLASHES);
093   if($quantity!=$quantity2)
094    die(' 請遵守規定輸入 4');
095   $unit_price2=filter_var($unit_price,FILTER_SANITIZE_ADD_SLASHES);
096   if($unit_price!=$unit_price2)
097    die(' 請遵守規定輸入 5');
098   $ext_price2=filter_var($ext_price,FILTER_SANITIZE_ADD_SLASHES);
099   if($ext_price!=$ext_price2)
```

```
100   die(' 請遵守規定輸入 6');
101   $date12=filter_var($date1,FILTER_SANITIZE_ADD_SLASHES);
102   if($date1!=$date12)
103   die(' 請遵守規定輸入 7');
104   $mysqli = new mysqli('localhost','root','pcschool','data13');
105   $sql="insert into salesv3a("
106     ."account_number,name1,sku,"
107     ."quantity,unit_price,ext_price,date1) "
108     ."values("
109     . "'$account_number','$name1','$sku',"
110     . "$quantity,$unit_price,$ext_price,"
111     . "'$date1');";
112   if ($mysqli->query($sql))
113   { ?>
114   <script>
115    window.alert(' 新增成功 ');
116    history.back();
117   </script>
118   <?php
119    exit();
120    }
121   else
122   { ?>
123   <script>
124    window.alert(' 新增失敗 ');
125    location.href='page3.php';
126   </script>
127   <?php
128    exit();
129    }
130    ?>
131  </body>
132 </html>
```

【圖 13、新增資料流程】

我們由第 009 行到第 103 行進行各種資料驗證分析判斷，相關說明請參考 12-4-4 節介紹，於第 105 行到第 111 行規劃資料新增的 SQL 語法，於第 112 行執行 SQL 語法，若可順利執行則接著執行第 113 行到第 120 行語法，若不可順利執行接著跑第 122 行到第 129 行語法：

```
104  $mysqli = new mysqli('localhost','root','pcschool','data13');
105  $sql="insert into salesv3a("
106    ."account_number,name1,sku,"
107    ."quantity,unit_price,ext_price,date1) "
108    ."values("
109    . "'$account_number','$name1','$sku',"
110    . "$quantity,$unit_price,$ext_price,"
111    . "'$date1');";
112  if ($mysqli->query($sql))
113    { ?>
114  <script>
115    window.alert(' 新增成功 ');
```

```
116    history.back();
117   </script>
118   <?php
119    exit();
120   }
121  else
122   { ?>
123   <script>
124    window.alert(' 新增失敗 ');
125    location.href='page3.php';
126   </script>
127   <?php
128    exit();
129   }
130   ?>
```

《 13-1-5 》 下載為 csv 檔案

如若我們要將資料下載為 csv 檔案呢？可參考以下程式進行下載（檔案名稱：
「PhpProject13」資料夾內「download_csv1.php」）：

```
01<?php
02 $NowTime=date("Y-m-d H:i:s");
03 $mysqli = new mysqli('localhost','root','pcschool','data13');
04 $d='"account","name1","sku","quantity","unitprice","extprice","date1"';
05 $csv_output=$d."\n";
06 $sql ="select * from  salesv3";
07 $sql2=$mysqli->query($sql);
08 while($list3=$sql2->fetch_object())
09  {
10   $csv_output .=$list3->account_number.',"'.$list3->name1.'",';
11   $csv_output .='"'.$list3->sku.'",'.$list3->quantity.',';
12   $csv_output .=$list3->unit_price.','.$list3->ext_price.',';
13   $csv_output .=$list3->date1."\n";
14  }
15 header("Content-type: text/x-csv");
16 header("content-disposition: filename=".$NowTime.".csv");
17 echo $csv_output;
18 exit;
19?>
```

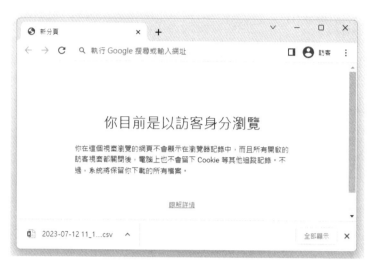

【圖 14、下載資料表資料為 csv 檔案】

雖然是 Windows 環境下載，不過可看到該檔案是 Unix/Linux 換行方式，而編碼為 utf-8 編碼。

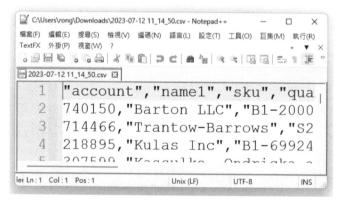

【圖 15、下載資料 csv 檔案為 Linux 換行方式，而編碼為 utf-8 編碼】

13-2 人數統計操作與顯示

筆者提供了一份 2002 年至 2023 年網站參觀人數記錄，雖然 2016-2018 三年期間沒有紀錄，但總資料達 310 萬筆，可練習大量筆數練習分析，請您參考 10-5-7 節匯入「record.sql」檔案至「test5」資料庫。

《 13-2-1 》新增人數資訊

我們來了解如何在資料庫內儲存使用者資訊，請設計新增人數統計的 PHP 網頁（檔案名稱：「PhpProject13」資料夾內「counter.php」）：

```
01<!DOCTYPE html>
02<html>
03 <head>
04  <meta charset="UTF-8">
05  <title>新增人數</title>
06 </head>
07 <body>
08 <?php
09  ini_set('date.timezone','Asia/Taipei');
10  $addr_ip=$_SERVER['REMOTE_ADDR'];
11  $visitday=date("Y-m-d");
12  $mysqli = new mysqli('localhost','root','pcschool','test5');
13  $stmt = $mysqli->prepare("insert into record(ip,visitday)values(?,?)");
14  $stmt->bind_param('ss',$addr_ip,$visitday);
15  if ($stmt->execute())
16   echo '新增成功';
17  else
18   echo '新增失敗';
19 ?>
20 </body>
21</html>
```

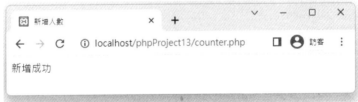

【圖 16、新增人數資訊】

第 09 行設定時區為「亞洲 / 台北」，接著於第 10 行抓取參觀網頁者電腦的 ip 位置，並且儲存於 $addr_ip 變數內。於第 11 行抓取現在的時間內的「年、月、日」，儲存於 $visitday 變數內：

```
09  ini_set('date.timezone','Asia/Taipei');
10  $addr_ip=$_SERVER['REMOTE_ADDR'];
11  $visitday=date("Y-m-d");
```

第 12 行為連結資料庫，而第 13 行與第 14 行以預處理方式規劃 SQL 語法與連結參數。第 15 行執行 SQL 語法，若成功則處理第 16 行，若失敗則處理第

18 行：

```
12  $mysqli = new mysqli('localhost','root','pcschool','test5');
13  $stmt = $mysqli->prepare("insert into record(ip,visitday)values(?,?)");
14  $stmt->bind_param('ss',$addr_ip,$visitday);
15  if ($stmt->execute())
16   echo '新增成功';
17  else
18   echo '新增失敗';
```

《 13-2-2 》顯示資料

接著我們來設計可顯示人數的 PHP 網頁（檔案名稱：「PhpProject13」資料夾內「show.php」）：

```
01<!DOCTYPE html>
02<html>
03 <head>
04  <meta charset="UTF-8">
05  <title>瀏覽人數統計</title>
06 </head>
07 <body>
08 <?php
09  $mysqli = new mysqli('localhost','root','pcschool','test5');
10  $stmt = $mysqli->prepare("select * from record");
11  $stmt->execute();
12  $stmt->store_result();
13  $rows=$stmt->num_rows;
14  if($rows=="")
15   echo "查無資料！<br>";
16  else
17   echo "有 ".$rows." 筆資料喔！<br>";
18 ?>
19 </body>
20</html>
```

【圖 17、執行查詢語法】

第 09 行為連結資料庫，而第 10 行以預處理方式規劃 SQL 語法產生 $stmt 物件，第 11 行 $stmt 物件執行 execute() 動作操作 SQL 語法，第 12 行 $stmt 物件執行 store_result() 動作儲存操作 SQL 語法後結果，第 13 行將 $stmt 物件執行 SQL 語法後的筆數儲存：

```
09  $mysqli = new mysqli('localhost','root','pcschool','test5');
10  $stmt = $mysqli->prepare("select * from record");
11  $stmt->execute();
12  $stmt->store_result();
13  $rows=$stmt->num_rows;
```

我們可在網頁上引用檔案的方式，做人數的新增與顯示（檔案名稱：
「PhpProject13」資料夾內「show2.php」）：

```
01<!DOCTYPE html>
02<html>
03 <head>
04  <meta charset="UTF-8">
05  <title> 歡迎光臨 </title>
06 </head>
07 <body>
08 <?php
09  include("counter.php");
10  include("show.php");
11 ?>
12 </body>
13</html>
```

【圖 18、新增與顯示人數】

以文字的方式來表達不夠明顯，如果網頁上想以圖形來顯示網頁參觀人數呢？請您準備檔名為 0 到 9 這十張 jpg 圖檔，或者您可將「other」資料夾內「jpgcounter」整個資料夾拷貝到專案目錄內，接著我們來設計可顯示圖形人數統計的 PHP 網頁（檔案名稱：「PhpProject13」資料夾內「jpgcounter.php」）：

```
01<!DOCTYPE html>
02<html>
03 <head>
04  <meta charset="UTF-8">
05  <title>瀏覽人數統計圖形版</title>
06 </head>
07 <body>
08 <?php
09  $mysqli = new mysqli('localhost','root','pcschool','test5');
10  $stmt = $mysqli->prepare("select * from record");
11  $stmt->execute();
12  $stmt->store_result();
13  $rows=$stmt->num_rows;
14  if($rows=="")
15   echo "查無資料！<br>";
16  else
17   {
18    $imgtotal='';
19    for ($i=0; $i<strlen($rows); $i++)
20     {
21      $count_jpg = substr($rows, $i, 1);
22      $imgtotal .=  "<img src = 'jpgcounter/" .$count_jpg ."".jpg'>";
23     }
24    }
25   echo "有 ".$imgtotal." 筆資料喔！<br>";
26 ?>
27 </body>
28</html>
```

【圖 19、以圖檔顯示人數統計】

與 show.php 不同的地方在於資料來源是第 19 行到第 23 行。strlen( ) 函數作用為取得字串長度，而 substr( ) 函數作用為從字串中依指定的位置後開始找指定長度的字串。第 19 行取出字串長度後，以 for 迴圈的方式逐一取出每一個數字出來，再由第 21 行透過 substr( ) 函數取出一個數字出來儲存於 $count_jpg 變數內，就可於第 22 行依 $count_jpg 變數找出圖檔並加上 img 標籤後累加至 $imgtotal 變數內，第 25 行將 $imgtotal 變數顯示出來：

```
14   if($rows=="")
15    echo "查無資料！<br>";
16   else
17    {
18     $imgtotal='';
19     for ($i=0; $i<strlen($rows); $i++)
20      {
21       $count_jpg = substr($rows, $i, 1);
22       $imgtotal .=  "<img src = 'jpgcounter/" .$count_jpg .".jpg'>";
23      }
24     }
25    echo "有 ".$imgtotal." 筆資料喔！<br>";
```

《 13-2-3 》 以 Cookie 限制網頁人數新增

由於前面所介紹的人數統計網頁並沒有做任何限制，所以您可以開啟多個網頁讓人數統計的數量倍增。如果您想要限制使用者電腦在 300 秒內不能重複計數，請您於人數統計網頁上加入 Cookie 的限制（檔案名稱：「PhpProject13」資料夾內「counter_cookie.php」）：

```
01<?php ob_start();?>
02<!DOCTYPE html>
03<html>
04 <head>
05  <meta charset="UTF-8">
06  <title>cookie 人數統計 </title>
07 </head>
08 <body>
09 <?php
10  if(isset($_COOKIE["pass"]))
11   {
12    echo "人數已經統計，請再稍等 300 秒 "."<br>";
13    exit;
14   }
15  else
16   {
17     setcookie ("pass", "php",time()+300);
18     include("counter.php");
19   }
20  include("show.php");
21 ?>
22 </body>
23</html>
```

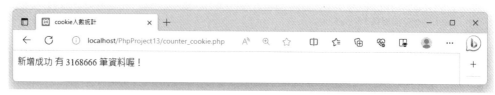

【圖 20、第一次開啟有 cookie 限制的網頁】

【圖 21、300 秒之內若再度開啟網頁會提出警告】

第 10 行判斷 cookie 變數是否存在，若存在，則於第 12 行顯示訊息後離開網頁 (實際運用時可不用顯示訊息)；若不存在，請於第 17 行建立起 cookie 變數，並設定保存時間為 300 秒，再於第 18 行引用新增人數的檔案後，於第 20 行引用顯示人數的檔案。請留意 setcookie( ) 函數之前不能有輸出，所以請您於第 01 行加入「ob_start( );」語法開啟系統緩衝區：

```
10  if(isset($_COOKIE["pass"]))
11   {
12    echo " 人數已經統計，請再稍等 300 秒 "."<br>";
13    exit;
14   }
15  else
16   {
17     setcookie ("pass", "php",time()+300);
18     include("counter.php");
19   }
20  include("show.php");
```

《 13-2-4 》 以 Session 限制網頁人數新增

如果您只想限制同一個視窗不能重複計算登入次數，那您就得使用 session 來做控制（檔案名稱：「PhpProject13」資料夾內「counter_session.php」）：

```
01<?php session_start();?>
02<!DOCTYPE html>
```

```
03<html>
04  <head>
05   <meta charset="UTF-8">
06   <title>session人數統計 </title>
07  </head>
08  <body>
09  <?php
10   if(isset($_SESSION["pass"]))
11    {
12      echo " 人數已經統計，不能重複登入 "."<br>";
13      exit;
14    }
15   else
16    {
17      $_SESSION['pass']="test";
18      include("counter.php");
19    }
20   include("show.php");
21  ?>
22  </body>
23</html>
```

【圖 22、第一次開啟有 session 限制的網頁】

【圖 23、session 變數存在下不能重複開啟網頁】

第 10 行判斷 session 變數是否存在，若存在則於第 12 行顯示訊息後離開網頁 (實際運用時可不用顯示訊息)；若不存在，請於第 17 行建立起 session 變數，再於第 18 行引用新增人數的檔案後，於第 20 行引用顯示人數的檔案。請留意 session_start( ) 函數之前不能有輸出，所以請您於第 01 行加入「session_start( );」語法已開啟 session 功能：

```
10   if(isset($_SESSION["pass"]))
```

```
11   {
12     echo " 人數已經統計，不能重複登入 "."<br>";
13     exit;
14   }
15   else
16   {
17     $_SESSION['pass']="test";
18     include("counter.php");
19   }
20   include("show.php");
```

13-3 結論

本章介紹了 csv 檔案如何匯入到資料庫表內以及如何匯出為 csv 檔案規格。藉由資料表內 1500 筆資料進行分頁顯示，再由分頁顯示進一步進行更新刪除與新增等動作。另外我們藉由人數統計了解資料庫表與 cookie 以及 session 的搭配合作。

第十四章

系統實作 - 圖表呈現互動

如果我們只是表格式呈現數值資料，閱讀上會非常辛苦且會呈現片段資訊，是否可以用圖表方式顯示呢？後續我們將使用 jpGraph 類別庫，介紹如何進行曲線圖、長條圖、散佈圖、圓餅圖的設計與呈現。

當我們可以用圖表呈現資訊，就可以討論與發現資料分布情況，可以進一步透過統計或 AI 程式做進一步分析。

本章我們想要套用使用的資料庫表範圍非常廣泛，請參考表一說明：

【表 1、本章會使使用到的資料庫表】

資料庫	資料表	說明
test5	recoed	於 10-5-7 節說明匯入
data14	mobile salesv3a titanic	於 14-1 節說明匯入

本章的網頁範例會放在「PhpProject14」目錄內，sql 檔案會放在「sql」目錄內，csv 檔案會放在「csv」目錄內，再請分別讀取。

14-1　圖表呈現互動

我們於第 13 章可以看到「salesv3a」資料表內容，當我們想知道某個客戶這一年來的每一次消費金額，才知道他是耶誕節的 12 月大量消費，或美國國慶的 7 月大量消費，除了看數值進行計算外，我們也可圖表呈現，就可更清楚的了解資料變化。

JpGraph 是一種適用於 PHP 的物件導向程式庫，可用於建立各種圖表。請將「other」目錄內的「JpGraph」拷貝到您的專案內，屆時我們設計的網頁不能有其他文字輸出，將會是一個沒有 Web 網頁語法的 PHP 檔案。進行圖表繪製需開啟 GD 函數庫，請參考 7-2-5 說明。考慮到上一章的資料庫表內容可能變更過，所以本章也會匯入若干資料庫表。請建立一個「data14」資料庫，再請依序匯入「sql」資料夾內的以下檔案：

```
mobile.sql
salesv3a.sql
titanic.sql
```

《 14-1-1 》 資料與搭配的圖表

我們得先認識資料才知道適合用哪一種圖表呈現。JpGraph 提供的基本圖表就有曲線圖、長條圖、散佈圖、圓餅圖。曲線圖代表連續的數值變化，而長條圖代表個別資料的數值比較，散佈圖則是兩個數值關係比較，圓餅圖是計算資料占總數的比例。

「test5」資料庫內「recoed」資料表進行人數統計，我們可調查了解某些時段內訪客變化，這是連續性資料，可用曲線圖，若要調查每年的人數總計，這是個別資料探索，可用長條圖。若要調查一年內每一個月訪問所佔的比例，就使用圓餅圖。

「data14」資料庫內有多個資料表，「salesv3a」資料表內有 2014 年銷售資料紀錄，我們若要調查某客戶的一整年消費增減情況，這是連續性資料，可用曲線圖，若要比較每一個客戶的消費總金額，這是個別資料探索，可用長條圖。

「mobile」資料表代表自駕車的相關訪談統計資訊 (僅供參考)，我們想要知道每一個數值資料與「price」欄位的關係，可用散佈圖，若該圖表呈現線性變化，也可評估建立線性方程式進行預估。

「titanic」資料表代表鐵達尼號失事前的旅客記錄，我們可用性別欄位進行死亡與存活的圖表顯示，了解是否因性別差異造成死亡，另外登岸港口是否也有死亡人數差異？那是否代表登岸港口具有不同意義？

14-2 個別資料圖表呈現

資料與資料會有連續或不連續的關係存在，連續變動的資料可用曲線圖處理，不連續變動的資料可用長條圖方式呈現。

《 14-2-1 》曲線圖互動

我們建立一個 php 檔案建立一個曲線圖（檔案名稱：「PhpProject14」資料夾內「line1.php」）：

```
01<?php
02 require_once ('jpgraph/jpgraph.php');
03 require_once ('jpgraph/jpgraph_line.php');
04 $ydata = array(11,3,8,12,5,1,9,13,5,7);
05 $width=350;
06 $height=250;
07 $graph = new Graph($width,$height);
08 $graph->SetScale('intlin');
09 $lineplot=new LinePlot($ydata);
10 $graph->Add($lineplot);
11 $graph->Stroke( );
12?>
```

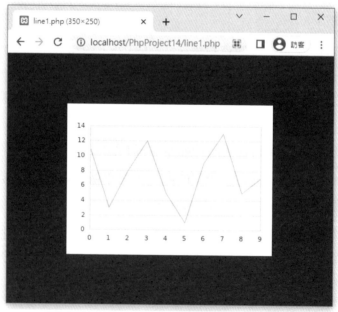

【圖 1、基本曲線圖】

第 02 行與第 03 行載入圖表所需項目，第 04 行建立一個名為 $ydata 的陣列，第 05 行設定寬度 $width 變數內容為 350，第 06 行設定高度 $height 變數內容為 250，第 07 行建立一個寬為 $width 高為 $height 的圖像物件名為 $graph，第 08 行設定 $graph 物件的 X 軸標籤與刻度表示方式，'intlin' 代表 X 軸標籤於刻度線處對齊,而 'textlin' 代表 X 軸標籤於於刻度之間。

第 09 行依據 $ydata 陣列建立一個曲線圖物件名為 $lineplot,第 10 行於 $graph 圖像物件上新增 $lineplot,也就是將這個曲線圖表增加到圖像上,然後第 11 行繪製圖表。

X 軸、Y 軸與圖表上都可以加入說明文字(檔案名稱:「PhpProject14」資料夾內「line2.php」):

```
01<?php
02 require_once ('jpgraph/jpgraph.php');
03 require_once ('jpgraph/jpgraph_line.php');
04 $ydata = array(11,3,8,12,5,1,9,13,5,7);
05 $width=350;
06 $height=250;
07 $graph = new Graph($width,$height);
08 $graph->SetScale('intlin');
09 $graph->title->Set('Line Demo');
10 $graph->xaxis->title->Set('X Axis');
11 $graph->yaxis->title->Set('Y Axis');
12 $lineplot=new LinePlot($ydata);
13 $graph->Add($lineplot);
14 $graph->Stroke( );
15?>
```

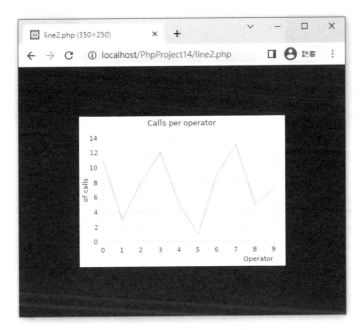

【圖 2、加上文字說明】

請參考 line1.php 說明，這練習中特別的地方在於第 09 行到第 11 行語法，加入圖表、X 軸與 Y 軸的說明文字。那說明文字是否可以設定為中文顯示呢？這部分將於下一節進行介紹，請將 line2.php 另存新檔為 line4.php，並請修改第 08 行與第 09 行（檔案名稱：「PhpProject14」資料夾內「line4.php」）：

```
08 $graph->SetScale("textlin");
09 $graph->title->Set('textlin');
```

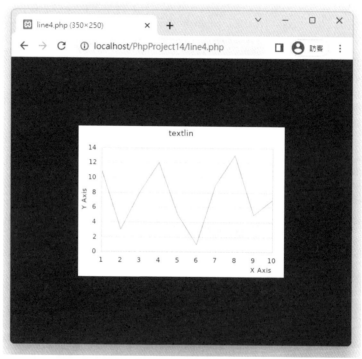

【圖 3、SetScale 設定差異】

SetScale 設定為 'intlin' 代表 X 軸標籤於刻度線處對齊，若設定為 'textlin' 代表 X 軸標籤於於刻度之間。資料亦可用其他圖像進行座標描點，我們可先查看這個練習（檔案名稱：「PhpProject14」資料夾內「line5.php」）：

```
01 <?php
02 require_once ('jpgraph/jpgraph.php');
03 require_once ('jpgraph/jpgraph_line.php');
04 $ydata = array(11,3,8,12,5,1,9,13,5,7);
05 $width=350;
06 $height=250;
```

```
07 $graph = new Graph($width,$height);
08 $graph->SetScale('intlin');
09 $graph->title->Set('Line Demo');
10 $graph->xaxis->title->Set('X Axis');
11 $graph->yaxis->title->Set('Y Axis');
12 $graph->img->SetMargin(60,20,20,50);
13 $xdata = array('a','b','c','d','e','f','g','h','i','j');
14 $graph->xaxis->SetTickLabels($xdata);
15 $graph->xaxis->SetPos("min");
16 $graph->xaxis->title->SetFont( FF_FONT1 , FS_BOLD );
17 $graph->xaxis->SetFont(FF_ARIAL,FS_BOLD,6);
18 $graph->xaxis->SetLabelAngle(45);
19 $graph->xaxis->SetTextLabelInterval(2);
20 $graph->yaxis->title->SetFont( FF_FONT1 , FS_BOLD );
21 $graph->yaxis->SetColor('blue');
22 $lineplot=new LinePlot($ydata);
23 $lineplot->SetColor( 'blue' );
24 $lineplot->mark->SetType(MARK_UTRIANGLE);
25 $lineplot->mark->SetColor('blue');
26 $lineplot->mark->SetFillColor('red');
27 $graph->SetShadow( );
28 $graph->Add($lineplot);
29 $graph->Stroke( );
30?>
```

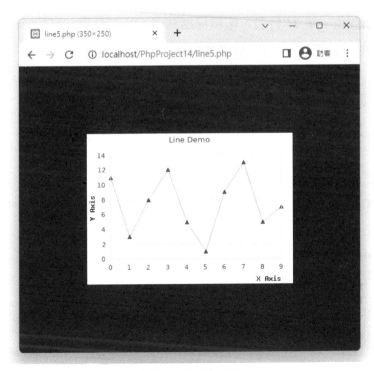

【圖 4、座標描點】

請參考 line4.php 說明，這練習中不同地方在於第 12 行到第 27 行語法。

第 12 行設定圖表灰階四周邊距，順序為左右上下，第 13 行設定 $xdata 陣列內容，第 14 行設定 X 軸標註，第 15 行設定 X 軸標註垂直位置在最下方。

第 16 行設定 X 軸標題字型為標準字型加粗，第 17 行設定設定 X 軸標註文字為「斜體，粗體，6 號字」，第 18 行設定 X 軸標註文字 45 度傾斜，請留意 SetFont 屬性必須是「FF_ARIAL」。第 19 行設定 X 軸刻度間隔為 2，所以你會看到刻度顯示 a 之後顯示 c，就會跳過 b：

```
12 $graph->img->SetMargin(60,20,20,50);
13 $xdata = array('a','b','c','d','e','f','g','h','i','j');
14 $graph->xaxis->SetTickLabels($xdata);
15 $graph->xaxis->SetPos("min");
16 $graph->xaxis->title->SetFont( FF_FONT1 , FS_BOLD );
17 $graph->xaxis->SetFont(FF_ARIAL,FS_BOLD,6);
18 $graph->xaxis->SetLabelAngle(45);
19 $graph->xaxis->SetTextLabelInterval(2);
```

第 20 行設定 Y 軸標題字型為標準字型加粗，第 21 行與第 23 行設定 Y 軸與曲線顏色為藍色。第 24 行設定座標描點為向上的三角形，第 25 行與第 26 行設定座標描點邊線為藍色而內容填充紅色，第 27 行設定圖像陰影：

```
20 $graph->yaxis->title->SetFont( FF_FONT1 , FS_BOLD );
21 $graph->yaxis->SetColor('blue');
22 $lineplot=new LinePlot($ydata);
23 $lineplot->SetColor( 'blue' );
24 $lineplot->mark->SetType(MARK_UTRIANGLE);
25 $lineplot->mark->SetColor('blue');
26 $lineplot->mark->SetFillColor('red');
27 $graph->SetShadow( );
```

座標描點如表 2 有這些可以設定。

【表 2、座標描點】

參數	說明
MARK_SQUARE	向上的三角形
MARK_DTRIANGLE	向下的三角形
MARK_DIAMOND	鑽石

續表

參數	說明
MARK_CIRCLE	一個圓圈
MARK_FILLEDCIRCLE	實心圓
MARK_CROSS	十字
MARK_STAR	一顆星
MARK_X	一個 "X"
MARK_FLAG1	國旗

請將 line5.php 另存新檔為 line5a.php，並請修改第 24 行（檔案名稱：「PhpProject14」資料夾內「line5a.php」），您可以試試看將 swedn 改為 taiwan，將會有不同的呈現：

```
24 $lineplot->mark->SetType(MARK_FLAG1,'sweden');
```

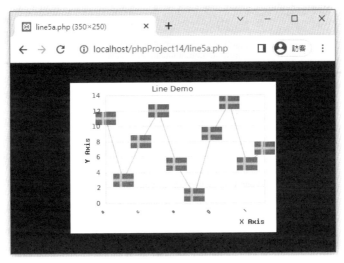

【圖 5、座標描點顯示國旗】

《 14-2-2 》 曲線圖與中文顯示

目前的圖表無法顯示中文（檔案名稱：「PhpProject14」資料夾內「line3.php」）：

```
01<?php
02 require_once ('jpgraph/jpgraph.php');
03 require_once ('jpgraph/jpgraph_line.php');
04 $ydata = array(11,3,8,12,5,1,9,13,5,7);
05 $width=350;
06 $height=250;
07 $graph = new Graph($width,$height);
08 $graph->SetScale('intlin');
09 $graph->title->Set('中文');
10 $graph->xaxis->title->Set('X軸');
11 $graph->yaxis->title->Set('Y軸');
12 $lineplot=new LinePlot($ydata);
13 $graph->Add($lineplot);
14 $graph->Stroke( );
15?>
```

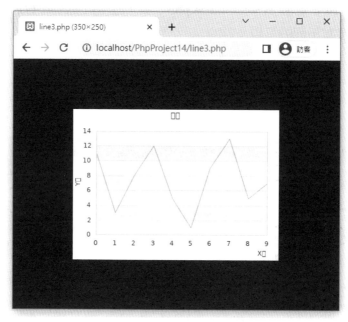

【圖6、無法顯示中文】

請改引用「jpgraph2」資料夾內檔案，並請拷貝「other」 資料夾內的「NotoSerifCJKtc-Medium.otf」到專案資料夾內， 再請設計以下網頁（檔案名稱：「PhpProject14」資料夾內「line3a.php」）：

```
01<?php
02 define('TTF_DIR', './');
03 define('CHINESE_TTF_FONT','NotoSerifCJKtc-Medium.otf');
04 require_once ('jpgraph2/jpgraph.php');
```

```
05 require_once ('jpgraph2/jpgraph_line.php');
06 $ydata = array(11,3,8,12,5,1,9,13,5,7);
07 $width=350;
08 $height=250;
09 $graph = new Graph($width,$height);
10 $graph->SetScale('intlin');
11 $graph->title->SetFont(FF_CHINESE, FS_NORMAL);
12 $graph->title->Set('中文');
13 $graph->xaxis->title->SetFont(FF_CHINESE, FS_NORMAL);
14 $graph->xaxis->title->Set('X軸');
15 $graph->yaxis->title->SetFont(FF_CHINESE, FS_NORMAL);
16 $graph->yaxis->title->Set('Y軸');
17 $lineplot=new LinePlot($ydata);
18 $graph->Add($lineplot);
19 $graph->Stroke( );
20?>
```

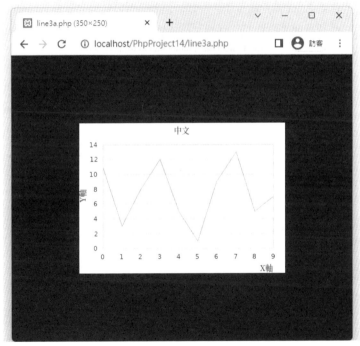

【圖 7、可顯示中文】

請於引用「jpgraph2」資料夾內檔案之前加入第 01 行定義「TTF_DIR」為本地，
然後再請由第 02 行定義「CHINESE_TTF_FONT」為「NotoSerifCJKtc-
Medium.otf」，如此就可顯示中文字型。

《 14-2-3 》曲線圖與資料庫互動

我們可先用網頁加上表格方式顯示每年的參訪人數統計,請設計以下網頁(檔案名稱:「PhpProject14」資料夾內「line6text.php」):

```
01<!DOCTYPE html>
02<html>
03 <head>
04  <meta charset="UTF-8">
05  <title>人數統計分析:每年的參觀人數</title>
06 </head>
07 <body>
08 <?php
09 $mysqli = new mysqli('localhost','root','pcschool','test5');
10 $stmt = $mysqli->prepare("select year(visitday) as year,"
11         . " count(*) as total from record  "
12         . "group by year(visitday);");
13 $stmt->execute( );
14 $stmt->bind_result($col1,$col2);
15 echo "查詢結果(年、人數):<br>";
16 echo "<table border=1>";
17 echo "<tr><td>年</td><td>人數</td></tr>";
18 while($stmt->fetch( ))
19  {
20   $data2[$col1]=$col2;
21   echo "<tr><td>".$col1."</td><td>".$col2."</td></tr>";
22  }
23 echo "</table>";
24 $stmt->close( );
25 $mysqli->close( );
26 ?>
27 </body>
28</html>
```

【圖 8、網頁表格顯示每一年的參訪人數】

請參考 12-2-5 節說明預處理方式語法，接著再將網頁部分去除，加入產生圖像的語法（檔案名稱：「PhpProject14」資料夾內「line6chart.php」）：

```
01<?php
02 $mysqli = new mysqli('localhost','root','pcschool','test5');
03 $stmt = $mysqli->prepare("select year(visitday) as year,"
04         . " count(*) as total from record  "
05         . "group by year(visitday);");
06 $stmt->execute( );
07 $stmt->bind_result($col1,$col2);
08 $ydata=[ ];
09 $xdata=[ ];
10 while($stmt->fetch( ))
11  {
12   $ydata[ ]= $col2;
13   $xdata[ ]= $col1;
```

```
14  }
15 $stmt->close( );
16 $mysqli->close( );
17 require_once ('./jpgraph/jpgraph.php');
18 require_once ('./jpgraph/jpgraph_line.php');
19 $width=1050;
20 $height=250;
21 $graph = new Graph($width,$height);
22 $graph->SetScale('textlin');
23 $graph->yaxis->SetFont(FF_ARIAL,FS_NORMAL,5);
24 $graph->xaxis->SetFont(FF_ARIAL,FS_NORMAL,5);
25 $lineplot=new LinePlot($ydata);
26 $graph->xaxis->SetTickLabels($xdata);
27 $graph->Add($lineplot);
28 $graph->xgrid->Show( );
29 $graph->Stroke( );
30?>
```

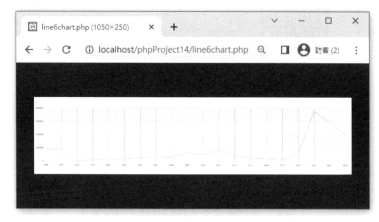

【圖 9、圖檔顯示每一年的參訪人數】

《 14-2-4 》 長條圖互動

長條圖可顯示個別資料的數量，請設計以下網頁（檔案名稱：「PhpProject14」資料夾內「bar1.php」）：

```
01<?php
02 require_once ('jpgraph/jpgraph.php');
03 require_once ('jpgraph/jpgraph_bar.php');
04 $malehappy=array(60,40,70,65,85);
05 $city=array('Delphi','Beijing','Washington','Tokyo','Moscow');
06 $graph = new Graph(600,200);
07 $graph->SetScale('intlin');
```

```
08 $graph->SetShadow( );
09 $bplot = new BarPlot($malehappy);
10 $bplot->SetFillColor('orange');
11 $graph->Add($bplot);
12 $graph->title->Set('A basic bar graph');
13 $graph->xaxis->SetTickPositions(
14  array(0,1,2,3,4),
15  $city);
16 $graph->xaxis->SetTickLabels($city);
17 $graph->xaxis->SetLabelAlign('left');
18 $graph->title->SetFont(FF_FONT1,FS_BOLD);
19 $graph->yaxis->title->SetFont(FF_FONT1,FS_BOLD);
20 $graph->xaxis->title->SetFont(FF_FONT1,FS_BOLD);
21 $graph->Stroke( );
22?>
```

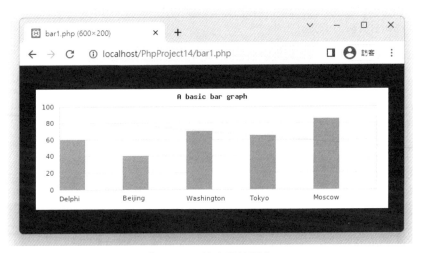

【圖 10、基本長條圖】

第 03 行代表引用 jpgraph_bar.php，所以第 09 行以 $malehappy 資料為基礎建立一個 BarPlot( ) 物件，名為 $bplot，這是一個長條圖物件。

透過第 13 行到第 15 行針對 X 軸設定 SetTickPositions( ) 動作，也就是手動指定刻度資訊，第一個參數是位置，第二個參數是刻度內容。上述只是設定，所以需於第 16 行透過 SetTickLabels( ) 動作進行標籤替換，另於第 17 行透過 SetLabelAlign( ) 動作設定對齊方向是左邊。

如果有兩種資料，那要如何於長條圖中呈現呢？請設計以下網頁（檔案名稱：「PhpProject14」資料夾內「bar2.php」）：

```
01<?php
02 require_once ('jpgraph/jpgraph.php');
03 require_once ('jpgraph/jpgraph_bar.php');
04 $malehappy=array(60,40,70,65,85);
05 $femalehappy=array(30,60,70,55,75);
06 $city=array('Delphi','Beijing','Washington','Tokyo','Moscow');
07 $graph = new Graph(700,300);
08 $graph->SetScale('intlin');
09 $graph->SetShadow( );
10 $barplot1 = new BarPlot($malehappy);
11 $barplot1->SetFillColor("orange");
12 $barplot2 = new BarPlot($femalehappy);
13 $barplot2->SetFillColor("blue");
14 $gbplot = new AccBarPlot(array($barplot1,$barplot2));
15 $graph->Add($gbplot);
16 $graph->title->Set('AccBarPlot bar graph');
17 $graph->xaxis->SetTickPositions(
18  array(0,1,2,3,4),
19  $city);
20 $graph->xaxis->SetTickLabels($city);
21 $graph->xaxis->SetLabelAlign('left');
22 $graph->title->SetFont(FF_FONT1,FS_BOLD);
23 $graph->yaxis->title->SetFont(FF_FONT1,FS_BOLD);
24 $graph->xaxis->title->SetFont(FF_FONT1,FS_BOLD);
25 $graph->Stroke( );
26?>
```

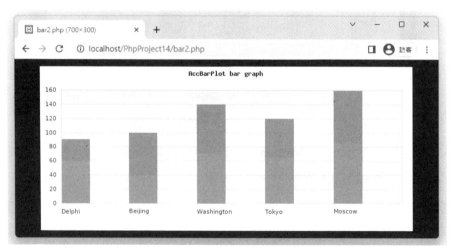

【圖 11、堆疊長條圖】

第 10 行以 $malehappy 資料為基礎建立一個 BarPlot( ) 物件，名為 $barplot1，
第 12 行以 $femalehappy 資料為基礎建立一個 BarPlot( ) 物件，名為 $barplot2，
這裡我們有兩個長條圖物件。

於第 14 行將 $barplot1 與 $barplot2 兩物件交給 AccBarPlot( ) 類別進行整合後產生一個組合物件,名為 $gbplot。AccBarPlot( ) 類別將陣列資料堆疊加在一起,第 15 行於圖表上加入 $gbplot 物件,可見圖表上每一個地區的男女快樂指數整合為一筆資料,就可以看到這些城市哪一個是最快樂的。

如果想要比較每一個城市內男女快樂指數,也就是不用堆疊方式,而是分組方式,那要如何於長條圖中呈現呢?請設計以下網頁(檔案名稱:「PhpProject14」資料夾內「bar3.php」):

```
01<?php
02 require_once ('jpgraph/jpgraph.php');
03 require_once ('jpgraph/jpgraph_bar.php');
04 $malehappy=array(60,40,70,65,85);
05 $femalehappy=array(30,60,70,55,75);
06 $city=array('Delphi','Beijing','Washington','Tokyo','Moscow');
07 $graph = new Graph(700,300);
08 $graph->SetScale('intlin');
09 $graph->SetShadow( );
10 $barplot1 = new BarPlot($malehappy);
11 $barplot1->SetFillColor("orange");
12 $barplot2 = new BarPlot($femalehappy);
13 $barplot2->SetFillColor("blue");
14 $gbplot = new GroupBarPlot(array($barplot1,$barplot2));
15 $graph->Add($gbplot);
16 $graph->title->Set('GroupBarPlot bar graph');
17 $graph->xaxis->SetTickPositions(
18  array(0,1,2,3,4),
19  $city);
20 $graph->xaxis->SetTickLabels($city);
21 $graph->xaxis->SetLabelAlign('left');
22 $graph->title->SetFont(FF_FONT1,FS_BOLD);
23 $graph->yaxis->title->SetFont(FF_FONT1,FS_BOLD);
24 $graph->xaxis->title->SetFont(FF_FONT1,FS_BOLD);
25 $graph->Stroke( );
26?>
```

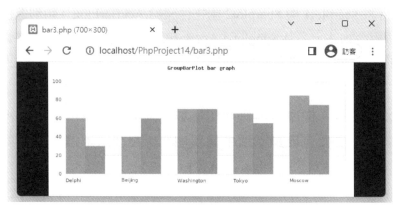

【圖 12、分組長條圖】

第 10 行以 $malehappy 資料為基礎建立一個 BarPlot( ) 物件,名為 $barplot1,
第 12 行以 $femalehappy 資料為基礎建立一個 BarPlot( ) 物件,名為 $barplot2,
這裡我們有兩個長條圖物件。

於第 14 行將 $barplot1 與 $barplot2 兩物件交給 GroupBarPlot( ) 類別進行整合
後產生一個組合物件,名為 $gbplot。GroupBarPlot( ) 類別將陣列資料分組方
式處理,第 15 行於圖表上加入 $gbplot 物件,可見圖表上每一個地區的男女
快樂指數分組呈現。

《14-2-5》 長條圖與資料庫互動

人數統計的 SQL 語法請參考 12-2-5 節說明預處理方式語法,我們加入長條圖
進行圖像生成(檔案名稱:「PhpProject14」資料夾內「bar4.php」):

```php
01<?php
02 $mysqli = new mysqli('localhost','root','pcschool','test5');
03 $stmt = $mysqli->prepare("select year(visitday) as year,"
04         . " count(*) as total from record  "
05         . "group by year(visitday);");
06 $stmt->execute( );
07 $stmt->bind_result($col1,$col2);
08 $ydata=[ ];
09 $xdata=[ ];
10 $num1=0;
11 $num2=[ ];
12 while($stmt->fetch( ))
13  {
```

```
14    $ydata[ ]= $col2;
15    $xdata[ ]= $col1;
16    $num2[ ]=$num1;
17    $num1++;
18    }
19 $stmt->close( );
20 $mysqli->close( );
21 require_once ('jpgraph/jpgraph.php');
22 require_once ('jpgraph/jpgraph_bar.php');
23 $width=1050;
24 $height=250;
25 $graph = new Graph(1000,200);
26 $graph->SetScale('intlin');
27 $graph->SetMargin(80,20,20,40);
28 $graph->SetShadow( );
29 $bplot = new BarPlot($ydata);
30 $bplot->SetFillColor('orange');
31 $graph->xaxis->SetTickPositions(
32  $num2,$xdata);
33 $graph->xaxis->SetTickLabels($xdata);
34 $graph->Add($bplot);
35 $graph->title->SetFont(FF_FONT1,FS_BOLD);
36 $graph->yaxis->title->SetFont(FF_FONT1,FS_BOLD);
37 $graph->xaxis->title->SetFont(FF_FONT1,FS_BOLD);
38 $graph->Stroke( );
39?>
```

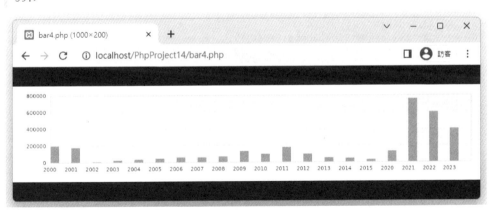

【圖 13、人數統計與基本長條圖】

我們想了解 salesv3a 資料表內每一個消費者這一年的消費總金額，SQL 語法請參考 12-2-5 節說明預處理方式語法，我們加入長條圖進行圖像生成（檔案名稱：「PhpProject14」資料夾內「bar5.php」）：

```
01<?php
02 $mysqli = new mysqli('localhost','root','pcschool','data14');
03 $stmt = $mysqli->prepare("SELECT sum(ext_price) as total,"
```

```
04          ." left(name1,3) as name2 FROM salesv3a group by name1;");
05 $stmt->execute( );
06 $stmt->bind_result($col1,$col2);
07 $ydata=[ ];
08 $xdata=[ ];
09 $num1=0;
10 $num2=[ ];
11 while($stmt->fetch( ))
12  {
13   $ydata[ ]= intval($col1);
14   $xdata[ ]= $col2;
15   $num2[ ]=$num1;
16   $num1++;
17  }
18 $stmt->close( );
19 $mysqli->close( );
20 require_once ('jpgraph/jpgraph.php');
21 require_once ('jpgraph/jpgraph_bar.php');
22 $width=1050;
23 $height=250;
24 $graph = new Graph(1000,200);
25 $graph->SetScale('intlin');
26 $graph->SetMargin(80,20,20,40);
27 $graph->SetShadow( );
28 $bplot = new BarPlot($ydata);
29 $bplot->SetFillColor('orange');
30 $graph->xaxis->SetTickPositions(
31  $num2,$xdata);
32 $graph->xaxis->SetTickLabels($xdata);
33 $graph->Add($bplot);
34 $graph->xaxis->SetLabelAlign('left');
35 $graph->title->SetFont(FF_FONT1,FS_BOLD);
36 $graph->yaxis->title->SetFont(FF_FONT1,FS_BOLD);
37 $graph->xaxis->title->SetFont(FF_FONT1,FS_BOLD);
38 $graph->Stroke( );
39?>
```

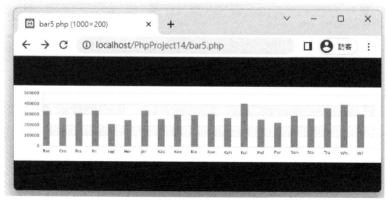

【圖 14、消費總金額與基本長條圖】

第三個資料練習是分析了解鐵達尼號的相關資訊，鐵達尼號登船乘客資料相關欄位代表意義如表 3 所示，我們可針對這資料做各種圖表分析。

【表 3、鐵達尼號登船乘客資訊】

欄位	說明
survival	生存，1 代表存活 2 代表死亡
PassengerId	乘客的唯一 ID
pclass	票務等級
sex	性別
Age	年齡
sibsp	兄弟姐妹 / 配偶
parch	父母 / 子女數量
ticket	票號
fare	旅客票價
cabin	船艙號
embarked	登船港口

我們想了解鐵達尼號乘客中性別與死亡的關係，SQL 語法請參考 12-2-5 節說明預處理方式語法，我們加入長條圖進行圖像生成，了解死亡名單中男女性別的差異（檔案名稱：「PhpProject14」資料夾內「bar6.php」）：

```
01<?php
02 $mysqli = new mysqli('localhost','root','pcschool','data14');
03 $stmt = $mysqli->prepare("SELECT Sum(Survived) as Total,Sex "
04        ." FROM `titanic` WHERE Survived=2 group by Sex;");
05 $stmt->execute( );
06 $stmt->bind_result($col1,$col2);
07 $ydata=[ ];
08 $xdata=[ ];
09 $num1=0;
10 $num2=[ ];
11 while($stmt->fetch( ))
12  {
13   $ydata[ ]= intval($col1);
14   $xdata[ ]= $col2;
15   $num2[ ]=$num1;
16   $num1++;
17  }
18 $stmt->close( );
```

```
19 $mysqli->close( );
20 require_once ('jpgraph/jpgraph.php');
21 require_once ('jpgraph/jpgraph_bar.php');
22 $width=1050;
23 $height=250;
24 $graph = new Graph(500,200);
25 $graph->SetScale('intlin');
26 $graph->SetMargin(80,20,20,40);
27 $graph->SetShadow( );
28 $bplot = new BarPlot($ydata);
29 $bplot->SetFillColor('orange');
30 $graph->xaxis->SetTickPositions(
31   $num2,$xdata);
32 $graph->xaxis->SetTickLabels($xdata);
33 $graph->Add($bplot);
34 $graph->xaxis->SetLabelAlign('left');
35 $graph->title->Set('Die Group By Sex ');
36 $graph->title->SetFont(FF_FONT1,FS_BOLD);
37 $graph->yaxis->title->SetFont(FF_FONT1,FS_BOLD);
38 $graph->xaxis->title->SetFont(FF_FONT1,FS_BOLD);
39 $graph->Stroke( );
40?>
```

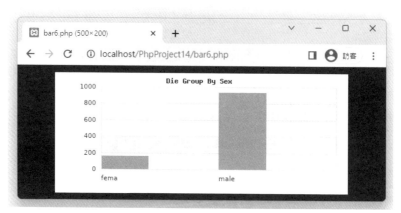

【圖 15、鐵達尼號事件中乘客死亡與性別關係】

可以看到男性於死亡名單中所佔比例非常高，那存活名單中男女比例又如何
呢 ?SQL 語法請參考 12-2-5 節說明預處理方式語法，我們加入長條圖進行圖
像生成，了解存活名單中男女性別的差異（檔案名稱：「PhpProject14」資料
夾內「bar7.php」）：

```
01<?php
02 $mysqli = new mysqli('localhost','root','pcschool','data14');
03 $stmt = $mysqli->prepare("SELECT Sum(Survived) as Total,Sex "
04       ." FROM `titanic` WHERE Survived=1 group by Sex;");
```

```
05 $stmt->execute( );
06 $stmt->bind_result($col1,$col2);
07 $ydata=[ ];
08 $xdata=[ ];
09 $num1=0;
10 $num2=[ ];
11 while($stmt->fetch( ))
12  {
13   $ydata[ ]= intval($col1);
14   $xdata[ ]= $col2;
15   $num2[ ]=$num1;
16   $num1++;
17  }
18 $stmt->close( );
19 $mysqli->close( );
20 require_once ('jpgraph/jpgraph.php');
21 require_once ('jpgraph/jpgraph_bar.php');
22 $width=1050;
23 $height=250;
24 $graph = new Graph(500,200);
25 $graph->SetScale('intlin');
26 $graph->SetMargin(80,20,20,40);
27 $graph->SetShadow( );
28 $bplot = new BarPlot($ydata);
29 $bplot->SetFillColor('orange');
30 $graph->xaxis->SetTickPositions(
31  $num2,$xdata);
32 $graph->xaxis->SetTickLabels($xdata);
33 $graph->Add($bplot);
34 $graph->xaxis->SetLabelAlign('left');
35 $graph->title->Set('Live Group By Sex ');
36 $graph->title->SetFont(FF_FONT1,FS_BOLD);
37 $graph->yaxis->title->SetFont(FF_FONT1,FS_BOLD);
38 $graph->xaxis->title->SetFont(FF_FONT1,FS_BOLD);
39 $graph->Stroke( );
40?>
```

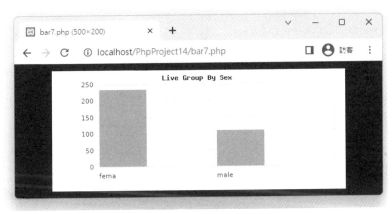

【圖 16、鐵達尼號事件中乘客存活與性別關係】

由此可見男性存活人數不多，除了性別是否還有其他項目可能影響存活死亡情況呢？這是可以繼續探索的主題喔！

14-3 ▷ 資料關係呈現與在全體中的比例

當您想要了解兩個資料之間的關係，請您使用散佈圖方式定義 X 軸與 Y 軸資料，就可查看兩資料之間的關係。而若想查看多個資料於整體資料中所佔的比例，就請使用圓餅圖。

《 14-3-1 》散佈圖互動

如果我們有多位同學的身高資料為 (159,169,174,165,163,155,180,190)，也有這些同學的體重資料為 (55,45,70,60,65,45,72,50)，請問您看的出來同學的身體體重是否異常？我們可由散佈圖來了解資料關係（檔案名稱：「PhpProject14」資料夾內「scatter1.php」）：

```
01<?php
02 require_once ('./jpgraph/jpgraph.php');
03 require_once ('./jpgraph/jpgraph_scatter.php');
04 $h = array(159,169,174,165,163,155,180,190);
05 $w = array(55,45,70,60,65,45,72,50);
06 $graph = new Graph(300,200);
07 $graph->SetScale("linlin");
08 $graph->SetShadow( );
09 $graph->title->Set("A simple scatter plot");
10 $graph->title->SetFont(FF_FONT1,FS_BOLD);
11 $sp1 = new ScatterPlot($w,$h);
12 $graph->Add($sp1);
13 $graph->Stroke( );
14?>
```

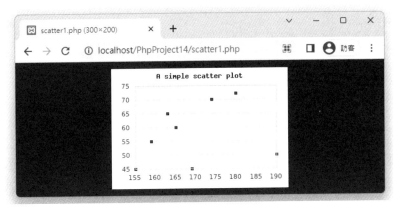

【圖 17、身高體重的散佈圖】

第 03 行改為引用 jpgraph_scatter.php 以便製作散佈圖,而散佈圖需準備兩個資料,所以於第 11 行可以看到以 $w 與 $h 兩種資料為基礎建立一個 ScatterPlot( ) 物件,名為 $sp1,這是散佈圖物件。

由圖表中可知有兩位同學體重偏輕,您看出來了嗎?自駕車 mobile 資料表內有非常多的資料可進行價錢預估,我們想要了解那些數值欄位與價錢欄位是線性互動。如果某欄位與價錢欄位是線性關係,那我們下一步就可研究出它們之間的線性方程式,就可透過方程式進行分析。

自駕車 mobile 資料表內有 12 個欄位是數值型態資料,您可將這些欄位設計成一個陣列清單,逐一將資料帶入 scatter2.php 檔案內,查找出來的資料就生成圖片檢視。我們來查看網頁部份該如何設計(檔案名稱:「PhpProject14」資料夾內「scatter2text1.php」):

```
01<!DOCTYPE html>
02<html>
03 <head>
04  <meta charset="UTF-8">
05  <title> 自駕車資料分析 </title>
06 </head>
07 <body>
08 <?php
09 $list1=array('wheel_base','length1','width','height','curb_weight',
10 'engine_size','bore','stroke','horsepower','peak_rpm',
11 'city_mpg','highway_mpg');
12 $array3[ ] = 70;
13 foreach ($list1 as $key1 =>$value1)
```

```
14  {
15    $num=$key1+1;
16    echo "第".$num."個資料 <br>" ;
17    ?>
18      <img src="scatter2.php?data1=<?php echo $value1; ?>"/> <br>
19    <?php
20  }
21 ?>
22 </body>
23</html>
```

請留意第 13 行開始以迴圈方式逐一將第 09 行設計的 $list1 陣列內容逐一於第 18 行以 GET 攜帶參數方式傳遞給 scatter2.php，而 scatter2.php 以圖片 img 形式呈現於瀏覽器上。scatter2.php 以 data1 接收 $value1 變數內容後，就開始進行圖表規劃與產生（檔案名稱：「PhpProject14」資料夾內「scatter2. php」）：

```
01<?php
02 if(isset($_GET['data1']))
03   $data1=$_GET['data1'];
04 $mysqli = new mysqli('localhost','root','pcschool','data14');
05 $stmt = $mysqli->prepare("SELECT $data1,price "
06          ."FROM mobile; ");
07 $stmt->execute( );
08 $stmt->bind_result($col1,$col2);
09 $ydata=[ ];
10 $xdata=[ ];
11 while($stmt->fetch( ))
12   {
13     $ydata[ ]= $col1;
14     $xdata[ ]= $col2;
15   }
16 $stmt->close( );
17 $mysqli->close( );
18 require_once ('./jpgraph/jpgraph.php');
19 require_once ('./jpgraph/jpgraph_scatter.php');
20 $graph = new Graph(1000,400);
21 $graph->SetScale("linlin");
22 $graph->img->SetMargin(140,40,40,40);
23 $graph->SetShadow( );
24 $graph->title->Set("Mobile Data:".$data1);
25 $graph->title->SetFont(FF_FONT1,FS_BOLD);
26 $graph->xaxis->title->Set($data1);
27 $sp1 = new ScatterPlot($xdata,$ydata);
28 $graph->Add($sp1);
29 $graph->Stroke( );
30?>
```

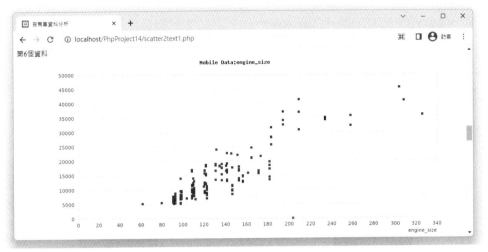

【圖 18、engine_size 與 price 資料呈現線性關係】

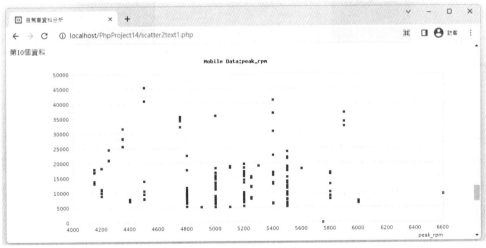

【圖 19、peak_rpm 與 price 資料並無線性關係】

《 14-3-2 》 圓餅圖互動

想查看多個資料於整體資料中所佔的比例，就請使用圓餅圖。我們來查看網頁部份該如何設計（檔案名稱：「PhpProject14」資料夾內「pie1.php」）：

```
01<?php
02 require_once ('jpgraph/jpgraph.php');
03 require_once ('jpgraph/jpgraph_pie.php');
04 $data = array(40,60,21,33);
05 $graph = new PieGraph(300,200);
06 $graph->SetShadow( );
07 $graph->title->Set("A simple Pie plot");
08 $p1 = new PiePlot($data);
09 $graph->Add($p1);
10 $graph->Stroke( );
11?>
```

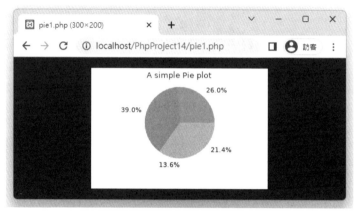

【 圖 20、基本圓餅圖 】

第 03 行改為引用 jpgraph_pie.php 以便製作圓餅圖，圓餅圖物件與圖像物件
不同，變化更多。於第 05 行可以看到以 PieGraph( ) 類別為基礎建立一個
300X200 的圖像物件 $graph。第 08 行以 $data 這個陣列資料為基礎建立一個
PiePlot( ) 物件，名為 $p1，這是圓餅圖物件。

以 pie1.php 為基礎，我們加入圖例說明，才知道哪一個顏色代表哪一個區域

（檔案名稱：「PhpProject14」資料夾內「pie2.php」）：

```
01<?php
02 require_once ('jpgraph/jpgraph.php');
03 require_once ('jpgraph/jpgraph_pie.php');
04 $data = array(40,21,17,14,23);
05 $graph = new PieGraph(350,300);
06 $graph->SetShadow( );
07 $graph->title->Set("Pie plot legend");
08 $graph->title->SetFont(FF_FONT1,FS_BOLD);
```

```
09 $p1 = new PiePlot($data);
10 $p1->SetLegends(array("One","Two","Mar","Apr","May"));
11 $p1->SetCenter(0.25,0.32);
12 $p1->value->SetFont(FF_FONT0);
13 $p1->title->Set("title1");
14 $graph->Add($p1);
15 $graph->Stroke( );
16?>
```

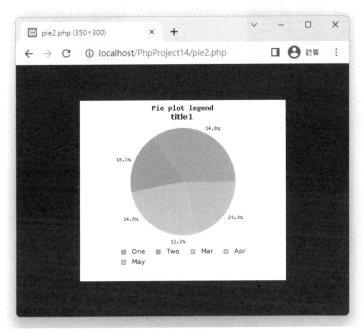

【圖 21、圓餅圖加入圖例說明】

如果資料很多，例如有 25 種資料，使用圖例可能會更難查找資料（檔案名稱：
「PhpProject14」資料夾內「pie3.php」）：

```
01<?php
02 require_once ('jpgraph/jpgraph.php');
03 require_once ('jpgraph/jpgraph_pie.php');
04 $data = array(19,12,4,3,3,12,3,3,5,6,7,8,8,1,7,2,2,4,6,8,21,23,2,2,12);
05 $graph = new PieGraph(300,610);
06 $graph->title->Set("Label guide lines");
07 $graph->title->SetFont(FF_VERDANA,FS_BOLD,12);
08 $graph->title->SetColor("darkblue");
09 $p1 = new PiePlot($data);
10 $p1->SetLegends(array("a","b","c","d","e","f","g",
11 "h","i","j","k","l","m","n","o","p","q","r","s",
12 "t","u","v","w","x","y"));
```

```
13 $p1->SetCenter(0.25,0.32);
14 $graph->Add($p1);
15 $graph->Stroke( );
16?>
```

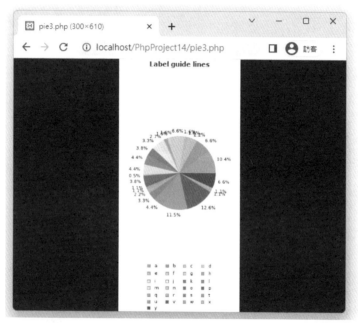

【圖 22、圓餅圖加入圖例說明 2】

我們加入引導線，方便了解於全部資料中的個別資料是如何分配（檔案名稱：「PhpProject14」資料夾內「pie3a.php」）：

```
01<?php
02 require_once ('jpgraph/jpgraph.php');
03 require_once ('jpgraph/jpgraph_pie.php');
04 $data = array(19,12,4,3,3,12,3,3,5,6,7,8,8,1,7,2,2,4,6,8,21,23,2,2,12);
05 $graph = new PieGraph(300,350);
06 $graph->title->Set("Label guide lines");
07 $graph->title->SetFont(FF_VERDANA,FS_BOLD,12);
08 $graph->title->SetColor("darkblue");
09 $graph->legend->Pos(0.1,0.2);
10 $p1 = new PiePlot($data);
11 $p1->SetCenter(0.5,0.55);
12 $p1->SetSize(0.3);
13 $p1->SetGuideLines(true,false);
14 $p1->SetGuideLinesAdjust(1.5);
15 $p1->SetLabelType(PIE_VALUE_PER);
16 $p1->value->Show( );
17 $p1->value->SetFont(FF_ARIAL,FS_NORMAL,9);
18 $p1->value->SetFormat('%2.1f%%');
```

```
19 $graph->Add($p1);
20 $graph->Stroke( );
21?>
```

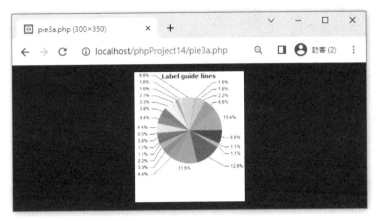

【圖 23、圓餅圖加入引導線指引】

第 11 行 SetCenter( ) 設定圓餅圖的中心點位置為 (0.5,0.55)，第 12 行 SetSize( ) 設定圓餅圖的大小，如果值介於 0 到 1 之間那就是圖形的高度或寬度（以較小者為準）為比例調整，如果大於 1 那就是以像素為單位的絕對值大小。

第 13 行 SetGuideLines( ) 設定啟用引導線並設置引導線和標籤的繪製策略，而第 14 行 SetGuideLinesAdjust( ) 調整標籤與標籤與餅圖之間的距離，預設為 0.8。

第 15 行 SetLabelType( ) 設定數值顯示方式，可參考表 4 說明。

【表 4、SetLabelType 設定值】

設定值	顯示值
PIE_VALUE_ABS	絕對值百分比
PIE_VALUE_PER	百分比以整數表示
PIE_VALUE_ADJPER	百分比四捨五入為整數

即使指定了「PIE_VALUE_PER」，數據值格式也默認設置為顯示「%」，後面練習我們將指定其他格式方式顯示整數。第 18 行代表顯示格式為總位數 2 位而小數位數為 1 位。

《 14-3-3 》 3D 圓餅圖互動

圓餅圖可 3D 立體化，對於資料分析會更方便（檔案名稱：「PhpProject14」資料夾內「pie4.php」）：

```
01<?php
02 require_once ('jpgraph/jpgraph.php');
03 require_once ('jpgraph/jpgraph_pie.php');
04 require_once ('jpgraph/jpgraph_pie3d.php');
05 $data = array(40,60,21,33);
06 $graph = new PieGraph(300,200);
07 $graph->SetShadow( );
08 $graph->title->Set("3D Pie plot" );
09 $graph->title->SetFont(FF_FONT1,FS_BOLD);
10 $p1 = new PiePlot3D($data);
11 $p1->SetSize(0.5);
12 $p1->SetCenter(0.45);
13 $graph->Add($p1);
14 $graph->Stroke( );
15?>
```

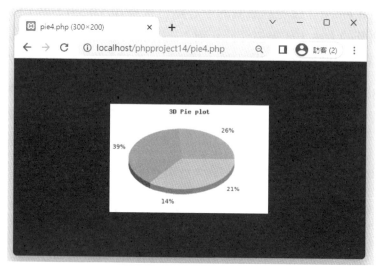

【圖 24、3D 圓餅圖】

建立圓餅圖物件時於第 10 行以「new PiePlot3D」取代「new PiePlot」就可建立 3D 圓餅圖。圓餅圖可將重要資料進行切割取出，這樣更容易抓重點（檔案名稱：「PhpProject14」資料夾內「pie5.php」）：

```
01<?php
02 require_once ('jpgraph/jpgraph.php');
03 require_once ('jpgraph/jpgraph_pie.php');
04 require_once ('jpgraph/jpgraph_pie3d.php');
05 $data = array(40,60,21,33);
06 $graph = new PieGraph(600,500);
07 $graph->SetShadow( );
08 $graph->title->Set("3D Pie plot2");
09 $graph->title->SetFont(FF_FONT1,FS_BOLD);
10 $p1 = new PiePlot3D($data);
11 $p1->ExplodeSlice(1);
12 $p1->SetCenter(0.5);
13 $p1->SetLabelType(PIE_VALUE_PER);
14 $p1->value->SetFormat("%d");
15 $graph->Add($p1);
16 $graph->Stroke( );
17?>
```

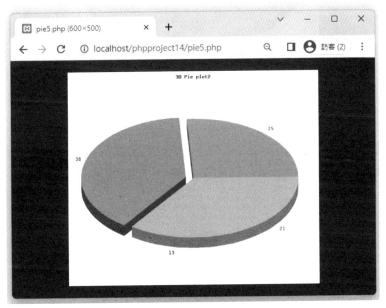

【圖 25、3D 圓餅圖切割第二個資料】

第 11 行代表切割出 index=1 的資料，也就是第二個資料。而第 13 行代表「百分比以整數表示」，所以第 14 行設定「%d」格式顯示數值，也就是整數顯示比例。

那如果要切割出多個資料呢？請將「pie5.php」改為「pie5a.php」，並請修改第 11 行語法為「$p1->Explode(array(0,10, 0, 20));」，可設定 index=1 的切片

距離中心為 10 像素而 index=3 的切片距離中心為 20 個像素。

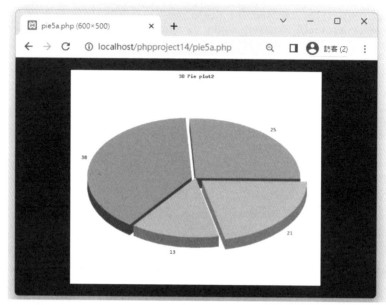

【圖 26、3D 圓餅圖切割多個資料】

平面圓餅圖可將重要資料進行切割取出，主要在於產生物件部分由「new PiePlot」取代「new PiePlot3D」（檔案名稱：「PhpProject14」資料夾內「pie5b.php」）：

```php
01<?php
02 require_once ('jpgraph/jpgraph.php');
03 require_once ('jpgraph/jpgraph_pie.php');
04 $data = array(40,60,21,33);
05 $graph = new PieGraph(600,500);
06 $graph->SetShadow( );
07 $graph->title->Set("Pie plot Explot");
08 $graph->title->SetFont(FF_FONT1,FS_BOLD);
09 $p1 = new PiePlot($data);;
10 $p1->ExplodeSlice(1);
11 $p1->SetCenter(0.5);
12 $graph->Add($p1);
13 $graph->Stroke( );
14?>
```

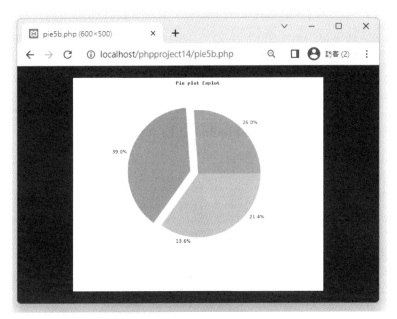

【圖 27、平面圓餅圖切割第一個資料】

《14-3-4》 圓餅圖與資料庫互動

我們想要查看指定某一年內的每個月參訪人數，我們設計「pie6text1.php」網頁進行年份查詢，再設計「pie6.php」網頁進行查詢與圖表呈現，而「pie6text2.php」則是整併上述兩個網頁加上表格呈現。

資料庫語法請參考 12-2-5 節說明預處理方式語法，我們先來看看如何進行年份查詢（檔案名稱：「PhpProject14」資料夾內「pie6text1.php」）：

```
01 <form id="form1" name="form1" method="get"
02 action="<?php echo $_SERVER['PHP_SELF']; ?>" >
03 <select name="year1" size="1" onchange="document.form1.submit( )">
04 <?php
05 $mysqli = new mysqli('localhost','root','pcschool','test5');
06 $stmt = $mysqli->prepare("SELECT year(visitday) FROM "
07          . "`record` group by year(visitday);");
08 $stmt->execute( );
09 $stmt->bind_result($col1);
10 echo "<option value=''>--</option>\n";
11 while($stmt->fetch( ))
12  {
13   echo "<option value='".$col1."'>".$col1."</option>\n";
```

```
14    }
15  $stmt->close( );
16  $mysqli->close( );
17 ?></select></form>
18 </body>
19</html>
```

接收網址列傳送的資料後就可繪製圓餅圖，資料庫語法請參考 12-2-5 節說明預處理方式語法（檔案名稱：「PhpProject14」資料夾內「pie6.php」）：

```
01<?php
02 if(isset($_GET['year1']))
03  $year1=$_GET['year1'];
04 $mysqli = new mysqli('localhost','root','pcschool','test5');
05 $stmt = $mysqli->prepare("SELECT sum(month(visitday)) as total,"
06        ." month(visitday) FROM `record` WHERE year(visitday)=$year1 "
07        ." group by month(visitday);");
08 $stmt->execute( );
09 $stmt->bind_result($col1,$col2);
10 $xdata=[ ];
11 while($stmt->fetch( ))
12  {
13   $xdata[ ]= $col1;
14  }
15 $stmt->close( );
16 $mysqli->close( );
17 require_once ('jpgraph/jpgraph.php');
18 require_once ('jpgraph/jpgraph_pie.php');
19 $graph = new PieGraph(400,300);
20 $graph->SetShadow( );
21 $graph->title->SetFont(FF_FONT1,FS_BOLD);
22 $p1 = new PiePlot($xdata);
23 $p1->ExplodeSlice(2);
24 $p1->SetCenter(0.45);
25 $graph->Add($p1);
26 $graph->Stroke( );
27?>
```

針對參訪人數可以進行整併，先引用「pie6text1.php」網頁進行年份查詢，再進行表格呈現資料，然後再引用「pie6.php」網頁進行圖表呈現（檔案名稱：「PhpProject14」資料夾內「pie6text2.php」）：

```
01<!DOCTYPE html>
02<html>
03 <head>
04  <meta charset="UTF-8">
05  <title>參訪年份人數分析</title>
06 </head>
07 <body>
08 <?php include('pie6text1.php'); ?>
09 <?php
```

```
10  if (isset($_GET['year1']))
11    $year1=$_GET['year1'];
12  else
13    die(' 無法顯示 ');?>
14  參訪年份：<?php echo $year1; ?>
15  <?php
16  $mysqli = new mysqli('localhost','root','pcschool','test5');
17  $stmt = $mysqli->prepare("SELECT sum(month(visitday)) as total,"
18          ." month(visitday) FROM `record` WHERE year(visitday)=$year1 "
19            ." group by month(visitday);");
20  $stmt->execute( );
21  $stmt->bind_result($col1,$col2);
22  $ydata=[ ];
23  $xdata=[ ];
24  echo "<table border=1><tr><td>";
25  echo "<table border=1>";
26  echo "<tr><td> 參訪人數 </td><td> 月份 </td></tr>";
27  while($stmt->fetch( ))
28    {
29    echo "<tr><td>".intval($col1)."</td><td>".$col2."</td></tr>";
30    $ydata[ ]= $col2;
31    $xdata[ ]= $col1;
32    }
33  echo "</table>";
34  $stmt->close( );
35  $mysqli->close( );
36  ?>
37  </td><td>
38  <img src="pie6.php?year1=<?php echo $year1; ?>"/>
39  </td></table>
40  </body>
41 </html>
```

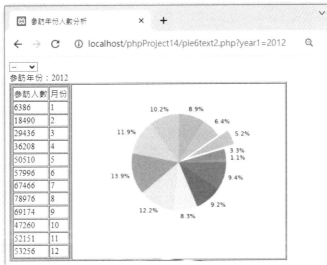

【圖 28、人數依照年份進行圓餅圖分析】

我們查看資料就更方便了，例如我們想要查看某一個消費者於 2014 年每個月
消費金額，我們設計「salestext1.php」網頁進行客戶姓名查詢。我們有兩個
圖表，第一個為「salesline.php」網頁進行查詢與曲線圖呈現，主要是想了解
時間軸的變化，而「salestext2.php」則是整併「salestext1.php」與「salesline.
php」網頁加上表格呈現。第二個為「salespie.php」網頁進行查詢與圓餅圖
呈現，主要是想了解每一個月份所佔的比例，而「salestext3.php」則是整併
「salestext1.php」與「salespie.php」網頁加上表格呈現。

資料庫語法請參考 12-2-5 節說明預處理方式語法，我們先來看看如何進行客
戶姓名查詢（檔案名稱：「PhpProject14」資料夾內「salestext1.php」）：

```
01 <form id="form1" name="form1" method="get"
02  action="<?php echo $_SERVER['PHP_SELF']; ?>" >
03 <select name="name1" size="1" onchange="document.form1.submit( )">
04 <?php
05  $mysqli = new mysqli('localhost','root','pcschool','data14');
06  $stmt = $mysqli->prepare("SELECT name1 FROM `salesv3a` "
07          . "group by name1;");
08  $stmt->execute( );
09  $stmt->bind_result($col1);
10  echo "<option value=''>--</option>\n";
11  while($stmt->fetch( ))
12   {
13    echo "<option value='".$col1."'>".$col1."</option>\n";
14   }
15  $stmt->close( );
16  $mysqli->close( );
17 ?></select></form>
18 </body>
19 </html>
20
```

接收網址列傳送的資料後就可繪製曲線圖，資料庫語法請參考 12-2-5 節說明
預處理方式語法（檔案名稱：「PhpProject14」資料夾內「salesline.php」）：

```
01<?php
02 if(isset($_GET['year1']))
03  $year1=$_GET['year1'];
04 $mysqli = new mysqli('localhost','root','pcschool','data14');
05 $stmt = $mysqli->prepare("SELECT sum(ext_price) as total,"
06         ." name1 FROM `salesv3a` group by name1;");
07 $stmt->execute( );
08 $stmt->bind_result($col1,$col2);
09 $xdata=[ ];
10 while($stmt->fetch( ))
```

```
11  {
12   $xdata[ ]= $col1;
13   $ydata[ ]= $col2;
14  }
15 $stmt->close( );
16 $mysqli->close( );
17 require_once ('jpgraph/jpgraph.php');
18 require_once ('jpgraph/jpgraph_pie.php');
19 require_once ('jpgraph/jpgraph_pie3d.php');
20 $graph = new PieGraph(1000,600);
21 $graph->SetShadow( );
22 $graph->title->SetFont(FF_FONT1,FS_BOLD);
23 $p1 = new PiePlot($xdata);
24 $p1->ExplodeSlice(2);
25 $p1->SetCenter(0.45);
26 $p1->SetLegends($ydata);
27 $graph->Add($p1);
28 $graph->Stroke( );
29?>
```

先引用「salestext1.php」網頁進行客戶姓名查詢，再進行表格呈現資料，然
後再引用「salesline.php」網頁進行圖表呈現（檔案名稱：「PhpProject14」資
料夾內「salestext2.php」）：

```
01<!DOCTYPE html>
02<html>
03 <head>
04  <meta charset="UTF-8">
05  <title>銷售資料調查</title>
06 </head>
07 <body>
08 <?php include('salestext1.php'); ?>
09 依照客戶資料挑選：
10 <?php
11  if (isset($_GET['name1']))
12    $name1=$_GET['name1'];
13  else
14    die('無法顯示');
15  $mysqli = new mysqli('localhost','root','pcschool','data14');
16  $stmt = $mysqli->prepare("SELECT sum(ext_price) as total,"
17          ."month(date1) as month1 FROM salesv3a "
18            ." where name1='$name1' "
19            ." group by month(date1);");
20  $stmt->execute( );
21  $stmt->bind_result($col1,$col2);
22  echo $name1."<br>";
23  $ydata=[ ];
24  $xdata=[ ];
25  echo "<Lable border-1><tr><td>";
26  echo "<table border=1>";
```

```
27   echo "<tr><td>消費金額</td><td>日期</td></tr>";
28   while($stmt->fetch( ))
29    {
30      echo "<tr><td>".intval($col1)."</td><td>".$col2."</td></tr>";
31      $ydata[ ]= $col2;
32      $xdata[ ]= $col1;
33    }
34   echo "</table>";
35   $stmt->close( );
36   $mysqli->close( );
37 ?>
38 </td><td>
39 <img src="salesline.php?name1=<?php echo $name1; ?>"/>
40 </td></table>
41 </body>
42</html>
```

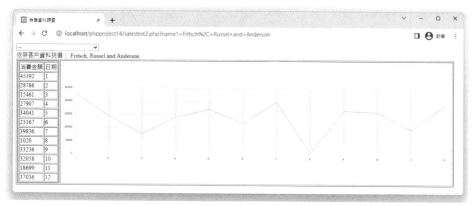

【圖 29、客戶消費查詢依照月份進行曲線圖分析】

接收網址列傳送的資料後就可繪製曲線圖，資料庫語法請參考 12-2-5 節說明
預處理方式語法（檔案名稱：「PhpProject14」資料夾內「salespie.php」）：

```
01<?php
02 if(isset($_GET['year1']))
03   $year1=$_GET['year1'];
04 $mysqli = new mysqli('localhost','root','pcschool','data14');
05 $stmt = $mysqli->prepare("SELECT sum(ext_price) as total,"
06          ." name1 FROM `salesv3a` group by name1;");
07 $stmt->execute( );
08 $stmt->bind_result($col1,$col2);
09 $xdata=[ ];
10 while($stmt->fetch( ))
11   {
12     $xdata[ ]= $col1;
13     $ydata[ ]= $col2;
14   }
```

```
15 $stmt->close( );
16 $mysqli->close( );
17 require_once ('jpgraph/jpgraph.php');
18 require_once ('jpgraph/jpgraph_pie.php');
19 require_once ('jpgraph/jpgraph_pie3d.php');
20 $graph = new PieGraph(1000,600);
21 $graph->SetShadow( );
22 $graph->title->SetFont(FF_FONT1,FS_BOLD);
23 $p1 = new PiePlot($xdata);
24 $p1->ExplodeSlice(2);
25 $p1->SetCenter(0.45);
26 $p1->SetLegends($ydata);
27 $graph->Add($p1);
28 $graph->Stroke( );
29?>
```

先引用「salestext1.php」網頁進行客戶姓名查詢，再進行表格呈現資料，然
後再引用「salespie.php」網頁進行圖表呈現（檔案名稱：「PhpProject14」資
料夾內「salestext3.php」）：

```
01<!DOCTYPE html>
02<html>
03 <head>
04  <meta charset="UTF-8">
05  <title>銷售資料調查</title>
06 </head>
07 <body>
08 <?php include('salestext1.php'); ?>
09 依照客戶資料挑選：
10 <?php
11  if (isset($_GET['name1']))
12    $name1=$_GET['name1'];
13  else
14    die(' 無法顯示 ');
15 $mysqli = new mysqli('localhost','root','pcschool','data14');
16 $stmt = $mysqli->prepare("SELECT sum(ext_price) as total,"
17        ."month(date1) as month1 FROM salesv3a "
18            ." where name1='$name1' "
19            ." group by month(date1);");
20 $stmt->execute( );
21 $stmt->bind_result($col1,$col2);
22 echo $name1."<br>";
23 $ydata=[ ];
24 $xdata=[ ];
25 echo "<table border=1><tr><td>";
26 echo "<table border=1>";
27 echo "<tr><td> 消費金額 </td><td> 日期 </td></tr>";
28 while($stmt->fetch( ))
29   {
30    echo "<tr><td>".intval($col1)."</td><td>".$col2."</td></tr>";
31    $ydata[ ] = $col2;
```

```
32    $xdata[ ]= $col1;
33    }
34  echo "</table>";
35  $stmt->close( );
36  $mysqli->close( );
37 ?>
38 </td><td>
39 <img src="salespie.php?name1=<?php echo $name1; ?>"/>
40 </td></table>
41 </body>
42</html>
```

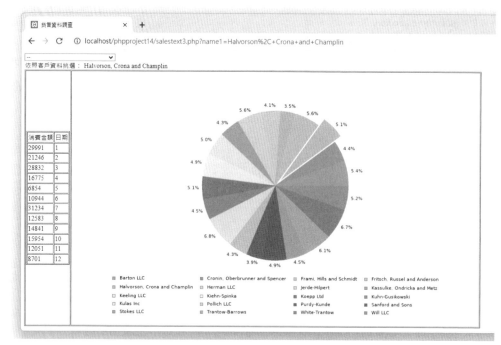

【圖 30、客戶消費查詢依照月份進行圓餅圖分析】

14-4 結論

熟悉了解圖表呈現之後，下一章我們將設計一個活動管理系統，建置後台與
前台，且能呈現文件、圖片與影片，可做為各單位活動紀錄或社團活動紀錄，
藉這樣的作品整合本書的各種功能介紹。

第十五章

系統實作 - 活動管理系統 規劃設計 1

我們將整併之前的各章節功能，設計一個活動管理系統，建置後台與前台，且能呈現文件、圖片與影片，可做為各單位活動紀錄或社團活動紀錄。這個系統分成兩章進行說明，本章針對登入登出、資料新增、檔案上傳與顯示個別資料進行介紹。

本章的網頁範例會放在「PhpProject15」目錄內，sql 檔案會放在「sql」目錄內，上傳檔案會放在「15」目錄內，再請分別讀取。

15-1 登入與清單顯示

請建立一個「data15」資料庫，再請依序匯入「sql」資料夾內的以下檔案：

```
logindata.sql
activity1.sql
```

後臺將會有登入的帳密限制，如表 1 規劃以下帳密進行，當然您之後可以進行新增修改刪除等動作：

【表 1、登入帳密】

登入帳號	登入密碼	發布單位
im	Event2023Manage	資訊協助
eco	eco_Acti112	生態活動
social	Socialservice100	社會服務

請建立「PhpProject15」資料夾，再請於該資料夾內建立「upload」子資料夾存放上傳的文件 (pdf 檔案)、圖片 (jpg 檔案) 與影片 (mp4 檔案)，另建立「admin」子資料夾存後台網頁。

15-1-1 登入處理

登入表單中將會引用將文字圖像處理檔案，相關技巧可參考 7-2-5 節介紹（檔案名稱：「PhpProject15」資料夾的「admin」資料夾內「graph.php」）：

```
01<?php session_start( );
02 $a=rand(1,20);
03 $opera=generatorPassword( );
04 $b=rand(1,30);
05 $c=0;
06 if($opera=='+')
07   $c=$a+$b;
08 if($opera=='-')
09   $c=$a-$b;
10 if($opera=='*')
11   $c=$a*$b;
12 $_SESSION['test']="$a".$opera."$b=??";
13 $_SESSION['ans']=$c;
14 $height1=50;
15 $width1=60;
16 $im = ImageCreate($width1,$height1);
17 $white = ImageColorAllocate ($im, 255, 255, 255);
18 $black = ImageColorAllocate ($im, 0, 0, 0);
19 $color=ImageColorAllocate($im,0,0,0);
20 for($i=0;$i<1000;$i++)
21 {
22  $randcolor = ImageColorallocate($im,rand(0,255),rand(0,255),rand(0,255));
23  ImageSetPixel($im, rand( )%100 , rand( )%100 , $randcolor);
24 }
25 ImageFill($im, 0, 0, $black);
26 ImageString($im, 4,3, 10, $_SESSION['test'], $white);
27 Header ('Content-type: image/png');
28 ImagePng ($im);
29 ImageDestroy($im);
30 function generatorPassword( )
31  {
32   $password_len =1;
33   $password = '';
34   $word = '+-*';
35   $len = strlen($word);
36   for($i = 0; $i < $password_len; $i++)
37    {
38     $password .= $word[rand( ) % $len];
39    }
40   return $password;
41  }
42?>
```

登入表單中將會引用將文字圖像處理檔案，相關技巧可參考12-4-4節介紹（檔案名稱：「PhpProject15」資料夾的「admin」資料夾內「login.php」）：

```
01<?php session_start( );?>
02<!DOCTYPE html>
03<html>
04 <head>
05  <meta charset="UTF-8">
```

```
06  <title>活動管理系統管理端</title>
07  </head>
08  <body>
09  <form action="login_response.php" method='post'>
10  帳號：<br>
11  <input type="text" name="username" size='30'
12  maxlength="30"><br>
13  密碼：<br>
14  <input type="password" name="userpassword"
15  size='30' maxlength="30"><br>
16  請輸入圖示計算後的答案：<br>
17  <img src="graph.php" width="60"
18  height="50" alt="show image"/><br>
19  <input type="number" name="ans" id="ans"
20  size='10'
21  maxlength="10"><br>
22  <input type='reset' value=' 取消 '>
23  <input type='submit' value=' 確定 '><br>
24  </form>
25  </body>
26  </html>
```

接收資料後將會做各項檢查，若都通過檢查將引導至 view.php，相關驗證技巧可參考 12-4-4 節介紹（檔案名稱：「PhpProject15」資料夾的「admin」資料夾內「login_response.php」）：

```
01  <?php ob_start( );
02    session_start( );
03  ?>
04  <!DOCTYPE html>
05  <html>
06  <head>
07    <meta charset="UTF-8">
08    <title> 活動管理系統管理端登入檢查 </title>
09  </head>
10  <body>
11  <?php
12    if(!isset($_POST['username']))
13     die(" 請輸入帳號 ");
14    if(!isset($_POST['userpassword']))
15     die(" 請輸入密碼 ");
16    if($_POST['username']==" ")
17     die(" 帳號不能是空的 ");
18    if($_POST['userpassword']==" ")
19     die(" 密碼不能是空的 ");
20    if($_POST['ans']==" ")
21     die(" 請輸入計算結果 ");
22    if($_POST['ans']!=$_SESSION['ans'])
23       die(" 計算結果不對 ");
24    $username=$_POST['username'];
```

```
25   $userpassword=$_POST['userpassword'];
26   $mysqli = new mysqli('localhost','root','pcschool','data15');
27   $sql ="select count(*) as total from logindata where "
28        ." loginname='$username' and pass1='$userpassword'";
29   $sql2=$mysqli->query($sql);
30   $list1=$sql2->fetch_object( );
31   $total=$list1->total;
32   if ($total==0)
33    die(" 沒有這個帳號 ");
34   $sql2="select * from logindata where "
35        ." loginname='$username' and pass1='$userpassword'";
36   $sql3=$mysqli->query($sql2);
37   $list3=$sql3->fetch_object( );
38   $_SESSION["realname"]=$list3->realname;
39   header("Location:view.php");
40   ?>
41   </body>
42  </html>
```

【圖 1、登入失敗】

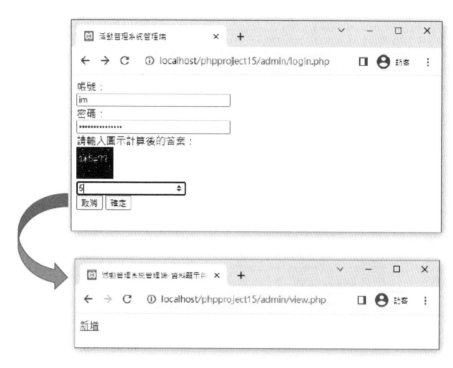

【圖 2、首次登入頁面】

登入後將會產生「$_SESSION["realname"]」變數,而這個變數若不存在代表
沒有登入資訊。

《 15-1-2 》 清單顯示與登出

清單顯示將仿造 13-1-4 節的 page3.php,另加入登出的連結,當使用者不操作
時可以登出,相關技巧請參考 13-1-4 節介紹(檔案名稱:「PhpProject15」資
料夾的「admin」資料夾內「view.php」):

```
01<?php session_start( );
02if(!isset($_SESSION["realname"]))
03  header("Location:login.php");
04?>
05<!DOCTYPE html>
06<html>
07 <head>
08  <meta charset="UTF-8">
```

```
09  <title> 活動管理系統管理端 – 資料顯示與互動 </title>
10  </head>
11  <body><a href="insert1.php"> 新增 </a>  
12  <?php
13  $mysqli = new mysqli('localhost','root','pcschool','data15');
14  $sql ="select count(*) as total from  activity1";
15  $sql2=$mysqli->query($sql);
16  $list1=$sql2->fetch_object( );
17  $total=$list1->total;
18  if ($total==0)
19   exit;
20  else
21   echo ' 資料筆數 :'.$total." <a href='out.php'> 登出 </a><br>";
22  $size=3;
23  if($total<$size)
24   $page_count=1;
25  else if($total % $size>0)
26   $page_count=(int)($total/$size)+1;
27  else
28   $page_count=$total/$size;
29  if(isset($_GET['page']))
30   {
31    $page=intval($_GET['page']);
32    if($page<=0)
33     $page=1;
34    if($page>$page_count)
35     $page=$page_count;
36   }
37  else
38   $page=1;
39  $page_string='';
40  if($page>1)
41   {
42    $page_string.='<a href='.$_SERVER['PHP_SELF'];
43      $page_string.='?page='.($page-1);
44      $page_string.='><</a>   ';
45   }
46  $i=1;
47  while ($i<=$page_count)
48   {
49    $page_string.='<a href='.$_SERVER['PHP_SELF'];
50      $page_string.='?page='.$i.'>'.$i.'</a>   ';
51    $i+=1;
52   }
53  if($page<$page_count)
54   {
55      $page_string.='<a href='.$_SERVER['PHP_SELF'];
56      $page_string.='?page='.($page+1).'>></a>   ';
57   }
58  $page_string.='<br>';
59  echo $page_string;
60  $sql="select * from activity1 limit ".($page-1)*$size.",$size";
61  $sql2=$mysqli->query($sql);
```

```
62  echo '<hr>';
63  echo '<table border="1"><tr><td> 發布單位 </td><td> 發布日期 </td>';
64  echo '<td> 發布主題 </td><td> </td></tr>';
65  while($list3=$sql2->fetch_object( ))
66   {
67    echo '<tr>';
68    echo '<td>'.$list3->realname.'</td>';
69    echo '<td>'.$list3->dates1.'</td>';
70    echo '<td>'.$list3->acttitle.'</td>';
71    echo '<td><a href="view1.php?sid='.$list3->id.'"> 查看 </a>';
72    echo '</td></tr>';
73   }
74  echo '</table>';
75  echo $page_string;
76  $sql2->close( );
77  $mysqli->close( );
78 ?>
79 </body>
80</html>
```

【圖 3、新增六筆資料後的顯示活動清單網頁】

登入後的每一頁都會進行檢查，確認「$_SESSION["realname"]」變數，而這個變數若不存在代表沒有登入資訊：

```
01<?php session_start( );
02if(!isset($_SESSION["realname"]))
03  header("Location:login.php");
04?>
```

如欲登出代表將登入時紀錄的「$_SESSION["realname"]」變數刪除，再轉換網頁到登入頁面（檔案名稱：「PhpProject15」資料夾的「admin」資料夾內「out.php」）：

```
<?php session_start( );
unset($_SESSION["realname"]);
header("Location:login.php");
?>
```

15-2 個別顯示與資料互動

更新與刪除語法將於下一章介紹。清單頁面上有提供新增的連結可增加紀錄，增加紀錄後我們可於清單網頁上點選進行個別顯示，於個別顯示時可進行編輯與刪除等動作。規劃上傳的表單網頁後因為預期將會上傳檔案，新增紀錄之前我們得先準備三個網頁分別處理上傳的文件 (pdf 檔案)、圖片 (jpg 檔案)與影片 (mp4 檔案)，再來準備新增紀錄的網頁。資料互動中我們將以預處理方式取代 SQL 語法，請參考 12-2-5 節說明，藉此降低資安風險。

《 15-2-1 》 新增表單規劃與上傳檔案

我們來規劃將要新增資料的表單（檔案名稱：「PhpProject15」資料夾的「admin」資料夾內「insert1.php」）：

```
01<?php session_start( );
02if(!isset($_SESSION["realname"]))
03  header("Location:login.php");
04?>
05<!DOCTYPE html>
06<html>
07 <head>
08  <meta charset="UTF-8">
09  <title>新增資料 </title>
10 </head>
11 <body>
12 <form action="insert2.php" method='post' enctype="multipart/form-data">
13  活動主題：<br>
14  <input type='text' name='acttitle' size='30' maxlength="30"><br>
15  活動內容：<br>
16  <textarea  name="actcontent" rows="4" cols="50"></textarea><br>
17  文件上傳：<br>
18  <input type="file" name="uploadtxt"><br>
19  圖片上傳：<br>
20  <input type="file" name="uploadjpg"><br>
21  影片上傳：<br>
22  <input type="file" name="uploadmp4"><br>
```

```
23  <input type='reset' value='取消 '>
24  <input type='submit' value='確定 '><br>
25 </form>
26 <a href="view.php">若這筆資料沒有要新增可返回資料檢索頁面 </a>
27 </body>
28</html>
```

【圖 4、新增資料表單】

我們接著要設計三個網頁，分別處理上傳的文件 (pdf 檔案)、圖片 (jpg 檔案) 與影片 (mp4 檔案)，關於檔案上傳前的準備與相關項目介紹可參考 7-3 節介紹，由於有三個網頁會用到第七章介紹的「errorreport.php」，所以該檔案的引用我們置放於進行新增紀錄的網頁內。首先介紹上傳文件的網頁，上傳後會將檔案主檔名改為年月日時分秒（檔案名稱：「PhpProject15」資料夾的「admin」資料夾內「upfile1.php」）：

```
01<?php
02if(!isset($_SESSION["realname"]))
03  header("Location:login.php");
04?>
05<!DOCTYPE html>
```

```
06<html>
07 <head>
08  <meta charset="UTF-8">
09  <title>文件上傳處理</title>
10 </head>
11 <body>
12 <?php
13  $uploaddir1="../upload/";
14  $uploaddir2="./upload/";
15  $tmpfile=$_FILES["uploadtxt"]["tmp_name"];
16  $file_Mname =date("YmdHis");
17  $file_name = $file_Mname . ".pdf";
18  if($_FILES["uploadtxt"]["type"] == "application/pdf")
19   {
20    if(move_uploaded_file($tmpfile,$uploaddir1.$file_name))
21     {
22      echo "上傳成功<br>";
23      echo "檔案名稱:".$_FILES["uploadtxt"]["name"]."<br>";
24      echo "檔案類型:".$_FILES["uploadtxt"]["type"]."<br>";
25      echo "檔案大小:".($_FILES["uploadtxt"]["size"] / 1024) . " Kb<br>";
26      $_SESSION['uploadtxt']=$file_name;
27     }
28    else
29     {
30      echo "上傳失敗!<br> ";
31      errorreport($_FILES["uploadtxt"]["error"]);
32     }
33   }
34  else
35   {
36    echo $_FILES["uploadtxt"]["type"];
37    echo "只能接收 pdf<br>";
38   }
39 ?>
40 </body>
41</html>
```

介紹上傳圖像的網頁，上傳後會將檔案主檔名改為年月日時分秒（檔案名稱：「PhpProject15」資料夾的「admin」資料夾內「upfile2.php」）：

```
01<?php
02if(!isset($_SESSION["realname"]))
03  header("Location:login.php");
04?>
05<!DOCTYPE html>
06<html>
07 <head>
08  <meta charset="UTF-8">
09  <title>圖檔上傳處理</title>
10 </head>
11 <body>
```

```php
12 <?php
13 $uploaddir1="../upload/";
14 $uploaddir2="./upload/";
15 $tmpfile=$_FILES["uploadjpg"]["tmp_name"];
16 $file_Mname =date("YmdHis");
17 $file_name = $file_Mname . ".jpg";
18 if($_FILES["uploadjpg"]["type"] == "image/jpeg")
19   {
20    if(move_uploaded_file($tmpfile,$uploaddir1.$file_name))
21     {
22      echo "上傳成功<br>";
23      echo "檔案名稱:".$_FILES["uploadjpg"]["name"]."<br>";
24      echo "檔案類型:".$_FILES["uploadjpg"]["type"]."<br>";
25      echo "檔案大小:".($_FILES["uploadjpg"]["size"] / 1024) . " Kb<br>";
26      $_SESSION['uploadjpg']=$file_name;
27     }
28    else
29     {
30      echo "上傳失敗!<br> ";
31      errorreport($_FILES["uploadjpg"]["error"]);
32     }
33   }
34  else
35   {
36    echo $_FILES["uploadjpg"]["type"];
37    echo "只能接收 jpg<br>";
38   }
39 ?>
40 </body>
41</html>
```

介紹上傳影片的網頁,上傳後會將檔案主檔名改為年月日時分秒(檔案名稱:
「PhpProject15」資料夾的「admin」資料夾內「upfile3.php」):

```php
<?php
if(!isset($_SESSION["realname"]))
  header("Location:login.php");
?>
<!DOCTYPE html>
<html>
 <head>
  <meta charset="UTF-8">
  <title>影片上傳處理 </title>
 </head>
 <body>
 <?php
  $uploaddir1="../upload/";
  $uploaddir2="./upload/";
  $tmpfile=$_FILES["uploadmp4"]["tmp_name"];
  $file_Mname =date("YmdHis");
  $file_name = $file_Mname . ".mp4";
  if($_FILES["uploadmp4"]["type"] == "video/mp4")
```

```
       {
     if(move_uploaded_file($tmpfile,$uploaddir1.$file_name))
       {
        echo "上傳成功 <br>";
        echo "檔案名稱:".$_FILES["uploadmp4"]["name"]."<br>";
        echo "檔案類型:".$_FILES["uploadmp4"]["type"]."<br>";
        echo "檔案大小:".($_FILES["uploadmp4"]["size"] / 1024) . " Kb<br>";
          $_SESSION['uploadmp4']=$file_name;
       }
     else
       {
        echo "上傳失敗 !<br> ";
        errorreport($_FILES["uploadmp4"]["error"]);
       }
     }
   else
     {
      echo $_FILES["uploadmp4"]["type"];
      echo "只能接收 mp4<br>";
     }
  ?>
  </body>
 </html>
```

《 15-2-2 》 新增紀錄與個別顯示

表單與檔案上傳等準備好之後，我們來規劃新增紀錄網頁，相關驗證技巧可
參考 12-4-4 節介紹（檔案名稱：「PhpProject15」資料夾的「admin」資料夾
內「insert2.php」）：

```
001<?php session_start( );
002if(!isset($_SESSION["realname"]))
003  header("Location:login.php");
004?>
005<!DOCTYPE html>
006<html>
007 <head>
008  <meta charset="UTF-8">
009  <title>處理新增的資料 </title>
010 </head>
011 <body>
012 <?php
013  echo '關於文件是否上傳 <br>';
014  include("errorreport.php");
015  include("upfile1.php");
016  if(isset($_SESSION['uploadtxt']))
017   {
018    $uploadtxt=$_SESSION['uploadtxt'];
019    unset($_SESSION['uploadtxt']);
```

```
020    }
021    else
022      $uploadtxt='';
023    echo ' 關於圖片是否上傳 <br>';
024    include("upfile2.php");
025    if(isset($_SESSION['uploadjpg']))
026      {
027        $uploadjpg=$_SESSION['uploadjpg'];
028        unset($_SESSION['uploadjpg']);
029      }
030    else
031      $uploadjpg='';
032    echo ' 關於影片是否上傳 <br>';
033    include("upfile3.php");
034    if(isset($_SESSION['uploadmp4']))
035      {
036        $uploadmp4=$_SESSION['uploadmp4'];
037        unset($_SESSION['uploadmp4']);
038      }
039    else
040      $uploadmp4='';
041    date_default_timezone_set('Asia/Taipei');
042    $dates1=date("Y-m-d");
043    $addr=$_SERVER['REMOTE_ADDR'];
044    $realname=$_SESSION["realname"];
045
046    if(!isset($_POST['acttitle']))
047      {?>
048        <script>
049          window.alert(' 無法新增活動 ');
050          history.back( );
051        </script>
052        <?php
053        exit( );
054      }
055    if($_POST['acttitle']=='')
056      {?>
057        <script>
058          window.alert(' 必須要有活動名稱 ');
059          history.back( );
060        </script>
061        <?php
062        exit( );
063      }
064    $acttitle=$_POST['acttitle'];
065    if($_POST['actcontent']=='')
066      {?>
067        <script>
068          window.alert(' 必須要有活動內容 ');
069          history.back( );
070        </script>
071        <?php
072        exit( );
```

```
073    }
074  $actcontent=$_POST['actcontent'];
075  $acttitle2=filter_var($acttitle,FILTER_SANITIZE_ADD_SLASHES);
076  if($acttitle!=$acttitle2)
077    die(' 請遵守規定輸入 1');
078  $actcontent2=filter_var($actcontent,FILTER_SANITIZE_ADD_SLASHES);
079  if($actcontent!=$actcontent2)
080    die(' 請遵守規定輸入 2');
081  $mysqli = new mysqli('localhost','root','pcschool','data15');
082  $stmt = $mysqli->prepare("INSERT INTO activity1 "
083   ." (ip,dates1,realname,acttitle,actcontent, "
084   ." uploadtxt,uploadmp4,uploadjpg) "
085   . "VALUES (?,?,?,?,?,?,?,?)");
086  $stmt->bind_param('ssssssss',
087  $addr,$dates1,$realname,$acttitle,$actcontent,
088  $uploadtxt,$uploadmp4,$uploadjpg);
089  if($stmt->execute( ))
090    { ?>
091     <script>
092      alert(' 完成新增資料 ');
093        location.href="view.php";
094     </script>
095  <?php
096    }
097  else
098    { ?>
099     <script>
100      alert(' 新增資料失敗 ');
101        location.href="view.php";
102     </script>
103  <?php
104    }
105  $stmt->close( );
106 ?>
107 </body>
108</html>
```

【圖 5、新增資料：只包含文件】

【圖 6、新增資料：只包含圖像】

【圖 7、新增資料：只包含影片】

【圖 8、新增資料：包含所有資料】

【圖 9、新增資料 : 編輯測試】

【圖 10、新增資料：刪除測試】

於第 081 行到第 105 行我們以預處理方式進行新增資料，請查看 12-2-5 節說明：

```
081   $mysqli = new mysqli('localhost','root','pcschool','data15');
082   $stmt = $mysqli->prepare("INSERT INTO activity1 "
083    ." (ip,dates1,realname,acttitle,actcontent, "
084    ." uploadtxt,uploadmp4,uploadjpg) "
085    . "VALUES (?,?,?,?,?,?,?,?)");
086   $stmt->bind_param('ssssssss',
087   $addr,$dates1,$realname,$acttitle,$actcontent,
088   $uploadtxt,$uploadmp4,$uploadjpg);
089   if($stmt->execute( ))
090    { ?>
091     <script>
092      alert(' 完成新增資料 ');
093       location.href="view.php";
```

```
094    </script>
095  <?php
096    }
097  else
098    { ?>
099    <script>
100     alert(' 新增資料失敗 ');
101        location.href="view.php";
102    </script>
103  <?php
104    }
105  $stmt->close( );
```

新增資料後 view.php 內將會有資料可以點選，所以們接著設計個別顯示網頁（檔案名稱：「PhpProject15」資料夾的「admin」資料夾內「view1.php」）：

```
001<?php session_start( );
002if(!isset($_SESSION["realname"]))
003  header("Location:login.php");
004?>
005<!DOCTYPE html>
006<html>
007 <head>
008  <meta charset="UTF-8">
009  <title>活動管理系統管理端 – 個別資料顯示 </title>
010 </head>
011 <body><a href="insert1.php">新增 </a>
012 <?php
013 if(!isset($_GET['sid']))
014   {
015 ?>
016  <script>
017    alert(' 請查活動清單 ');
018    location.href="view.php";
019  </script>
020 <?php
021    exit( );
022   }
023 if($_GET['sid']==" ")
024   {
025 ?>
026  <script>
027    alert(' 沒有資料 ');
028    location.href="view.php";
029  </script>
030 <?php
031    exit( );
032   }
033 $id=$_GET['sid'];
```

```php
034 $_SESSION['id']=$_GET['sid'];
035 $mysqli = new mysqli('localhost','root','pcschool','data15');
036 $sql ="select count(*) as total from  activity1 where id=$id";
037 $sql2=$mysqli->query($sql);
038 $list1=$sql2->fetch_object( );
039 $total=$list1->total;
040 if($total==0)
041  exit;
042 $sql="select * from activity1 where id=$id";
043 $sql2=$mysqli->query($sql);
044 echo '<table border="1"><tr><td></td><td> 發布單位 </td>';
045 echo '<td> 發布日期 </td><td> 發布主題 </td></tr>';
046 $list3=$sql2->fetch_object( );
047 echo '<tr>';
048 echo '<td rowspan="2"><a href="edit.php?sid='.$list3->id.'">編輯 </a></td>';
049 echo '<td>'.$list3->realname.'</td>';
050 echo '<td>'.$list3->dates1.'</td>';
051 echo '<td>'.$list3->acttitle.'</td></tr>';
052 echo '<tr><td colspan="3">'. nl2br($list3->actcontent).'</td></tr>'; ?>
053 <tr><td> 文件 :<br>
054 <?php
055  if($list3->uploadtxt!='')
056   {?>
057   <a href="<?php echo '../upload/'.$list3->uploadtxt; ?>"> 下載 </a>
058  <?php
059   }
060  ?>
061  </td><td colspan="3">
062 <?php
063  if($list3->uploadtxt!='')
064   { ?>
065   <iframe src="<?php echo '../upload/'.$list3->uploadtxt; ?>"
066     width="100%" height="100%">
067   This browser does not support PDFs.
068    Please download the PDF to view it:
069    <a href="<?php echo '../upload/'.$list3->uploadtxt; ?>">
070    Download PDF</a>
071   </iframe>
072   <?php
073   }
074  else
075   echo " ";
076 ?>
077 </td></tr>
078 <tr><td> 圖片 :<br>
079 <?php
080  if($list3->uploadjpg!='')
081   {?>
082    <a href="<?php echo '../upload/'.$list3->uploadjpg; ?>"> 下載 </a>
083  <?php
```

```
084    }
085  ?>
086  </td><td colspan="3">
087  <?php
088  if($list3->uploadjpg!='')
089    {?>
090      <img src="<?php  echo '../upload/'.$list3->uploadjpg; ?>"
091      width="480" height="320"></img>
092  <?php
093    }
094  else
095    echo " ";
096  ?>
097  </td></tr>
098  <tr><td>影片 :<br>
099  <?php
100  if($list3->uploadmp4!='')
101    {?>
102      <a href="<?php echo '../upload/'.$list3->uploadmp4; ?>">下載 </a>
103  <?php
104    }
105  ?>
106  </td><td colspan="3">
107  <?php
108  if($list3->uploadmp4!='')
109    { ?>
110    <video width="480" height="320" controls>
111    <source src="<?php echo '../upload/'.$list3->uploadmp4; ?>"
112      type="video/mp4" />
113    影片無法播放，請改用別的瀏覽器，或將影片
114    <a href="<?php echo '../upload/'.$list3->uploadmp4; ?>">
115    下載 </a> 後再播放。
116    </video>
117  <?php
118    }
119  else
120    echo " ";
121  ?>
122  </td></tr>
123  <?php
124  echo '<tr><td colspan="3">';
125  ?>
126  <a href="del.php?id=<?php echo $list3->id; ?>"
127  onClick="if(!confirm(' 刪除後無法挽回，請確認喔 ')){return false;}">
128  確認刪除 </a>
129  <?php
130  echo '</td></tr>';
131  echo '</table>';
132  $sql2->close( );
133  $mysqli->close( );
134  ?>
135  </body>
136</html>
```

新增

	發布單位	發布日期	發布主題
	資訊協助	2023-07-23	【圖表互動】
編輯	圖表資料是否可以放大顯示呢? 我們提供圖表PDF文件, 方便您放大縮小觀看, PHP可協助AI進行圖表呈現。		
文件: 下載			
圖片:			
影片:			
確認刪除			

【圖 11、顯示個別資料:只包含文件】

【圖 12、顯示個別資料：只包含圖像】

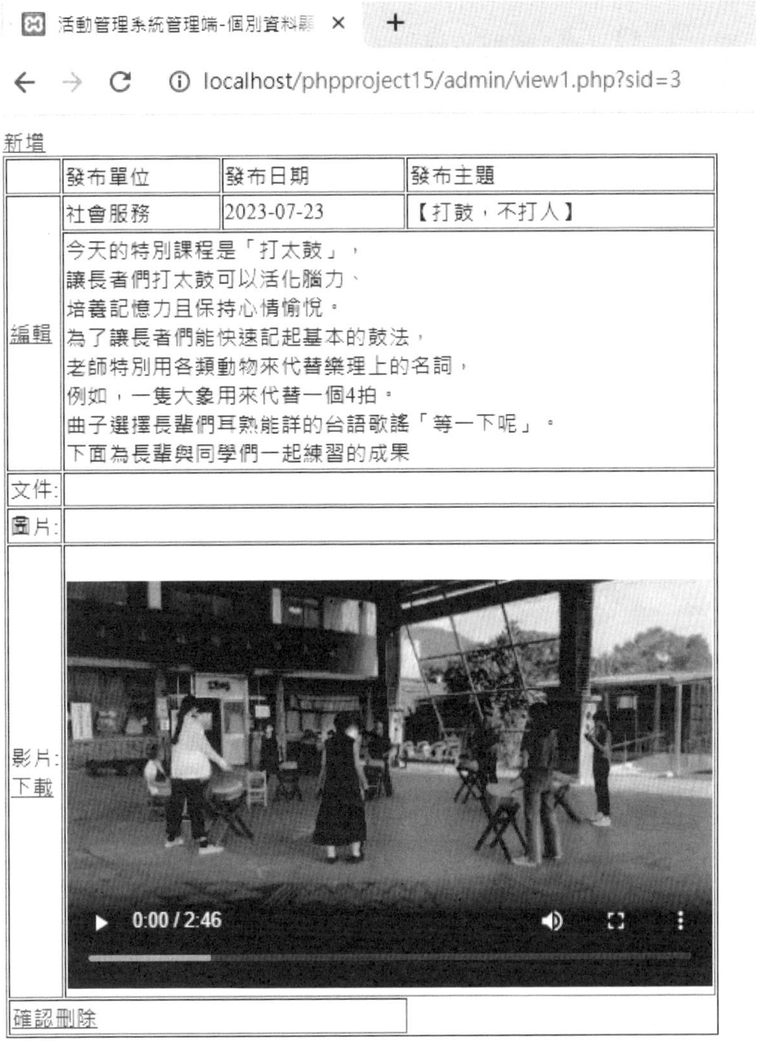

新增

	發布單位	發布日期	發布主題
	社會服務	2023-07-23	【打鼓，不打人】
編輯	今天的特別課程是「打太鼓」， 讓長者們打太鼓可以活化腦力、 培養記憶力且保持心情愉悅。 為了讓長者們能快速記起基本的鼓法， 老師特別用各類動物來代替樂理上的名詞， 例如，一隻大象用來代替一個4拍。 曲子選擇長輩們耳熟能詳的台語歌謠「等一下呢」。 下面為長輩與同學們一起練習的成果		
文件:			
圖片:			
影片: 下載			
確認刪除			

【圖 13、顯示個別資料：只包含影片】

localhost/phpproject15/admin/view1.php?sid=4

新增

	發布單位	發布日期	發布主題
編輯	資訊協助	2023-07-23	【全部附件】
	感謝池上里山手作提供照片， 讓大家看到池上不同風景。 另感謝台東青銀共創協會提供影片， 音樂可以撫慰人心。 我們將上傳文件、圖片與影片， 藉此測試系統呈現畫面		
文件：下載			
圖片：下載			
影片：下載			

【圖 14、顯示個別資料：包含所有資料】

針對 GET 傳輸資料進行分析，確認有接收到資料再儲存為 SESSION 資料：

```
012 <?php
013 if(!isset($_GET['sid']))
014 {
015 ?>
016 <script>
```

```
017   alert(' 請查活動清單 ');
018   location.href="view.php";
019  </script>
020 <?php
021   exit( );
022  }
023 if($_GET['sid']==" ")
024  {
025 ?>
026  <script>
027   alert(' 沒有資料 ');
028   location.href="view.php";
029  </script>
030 <?php
031   exit( );
032  }
033 $id=$_GET['sid'];
034 $_SESSION['id']=$_GET['sid'];
```

於第 035 行到第 052 行我們以預處理方式進行新增資料，請查看 12-2-5 節說明，而針對上傳文件、上傳影像、上傳影片等均在之後的語法操作。

第 048 行將讀取的 id 資料當作傳遞傳遞給 edit.php 預進行編輯更新動作，而第 052 行則執行 nl2br( ) 動作將文字輸入中的換行動作改為網頁的
 換行標籤：

```
035 $mysqli = new mysqli('localhost','root','pcschool','data15');
036 $sql ="select count(*) as total from  activity1 where id=$id";
037 $sql2=$mysqli->query($sql);
038 $list1=$sql2->fetch_object( );
039 $total=$list1->total;
040 if($total==0)
041  exit;
042 $sql="select * from activity1 where id=$id";
043 $sql2=$mysqli->query($sql);
044 echo '<table border="1"><tr><td></td><td> 發布單位 </td>';
045 echo '<td> 發布日期 </td><td> 發布主題 </td></tr>';
046 $list3=$sql2->fetch_object( );
047 echo '<tr>';
048 echo '<td rowspan="2"><a href="edit.php?sid='.$list3->id.'"> 編輯 </a></td>';
049 echo '<td>'.$list3->realname.'</td>';
050 echo '<td>'.$list3->dates1.'</td>';
051 echo '<td>'.$list3->acttitle.'</td></tr>';
052 echo '<tr><td colspan="3">'. nl2br($list3->actcontent).'</td></tr>'; ?>
```

第 053 行至第 077 行則是文件顯示的處理。第 057 行顯示檔案下載的連結，而第 065 行到第 071 行透過 iframe 標籤顯示 PDF 文件內容，若瀏覽器無法支援 iframe 則會顯示下載連結：

```
053 <tr><td> 文件 :<br>
054 <?php
055 if($list3->uploadtxt!='')
056  {?>
057  <a href="<?php echo '../upload/'.$list3->uploadtxt; ?>"> 下載 </a>
058 <?php
059  }
060 ?>
061 </td><td colspan="3">
062 <?php
063 if($list3->uploadtxt!='')
064  { ?>
065   <iframe src="<?php echo '../upload/'.$list3->uploadtxt; ?>"
066    width="100%" height="100%">
067  This browser does not support PDFs.
068   Please download the PDF to view it:
069   <a href="<?php echo '../upload/'.$list3->uploadtxt; ?>">
070   Download PDF</a>
071   </iframe>
072  <?php
073  }
074 else
075  echo " ";
076 ?>
077 </td></tr>
```

第 078 行至第 097 行則是圖像顯示的處理。第 082 行顯示檔案下載的連結，
而第 090 行到第 091 行透過 img 標籤顯示圖像內容：

```
078 <tr><td> 圖片 :<br>
079 <?php
080 if($list3->uploadjpg!='')
081  {?>
082   <a href="<?php echo '../upload/'.$list3->uploadjpg; ?>"> 下載 </a>
083 <?php
084  }
085 ?>
086 </td><td colspan="3">
087 <?php
088 if($list3->uploadjpg!='')
089  {?>
090   <img src="<?php  echo '../upload/'.$list3->uploadjpg; ?>"
091   width="480" height="320"></img>
092 <?php
093  }
094 else
095  echo " ";
096 ?>
097 </td></tr>
```

第 098 行至第 122 行則是影片顯示的處理。第 102 行顯示檔案下載的連結，
而第 110 行到第 116 行透過 video 標籤顯示 mp4 影片內容，若瀏覽器無法支
援 video 則會顯示下載連結：

```
098  <tr><td>影片:<br>
099  <?php
100  if($list3->uploadmp4!='')
101    {?>
102      <a href="<?php echo '../upload/'.$list3->uploadmp4; ?>">下載</a>
103  <?php
104    }
105  ?>
106  </td><td colspan="3">
107  <?php
108  if($list3->uploadmp4!='')
109    { ?>
110    <video width="480" height="320" controls>
111    <source src="<?php echo '../upload/'.$list3->uploadmp4; ?>"
112      type="video/mp4" />
113    影片無法播放，請改用別的瀏覽器，或將影片
114    <a href="<?php echo '../upload/'.$list3->uploadmp4; ?>">
115    下載</a>後再播放。
116    </video>
117  <?php
118    }
119  else
120    echo " ";
121  ?>
122    </td></tr>
```

第 126 行到第 128 行將讀取的 id 資料當作傳遞傳遞給 del.php 進行刪除動作，
由於刪除這個動作是不可復原，所以這邊加入一個 script 語法進行確認，使
用者須同意確認後才會進入 del.php：

```
123  <?php
124    echo '<tr><td colspan="3">';
125  ?>
126    <a href="del.php?id=<?php echo $list3->id; ?>"
127    onClick="if(!confirm('刪除後無法挽回，請確認喔')){return false;}">
128    確認刪除</a>
129  <?php
130    echo '</td></tr>';
```

15-3 結論

我們了解如何於後台進行資料清單顯示，以及如何新增資料以及個別資料顯示，下一章我們將了解如何更新資料、刪除資料與使用者端顯示，讓整個系統更完整。

系統實作 - 活動管理系統規劃設計 2

我們將整併之前的各章節功能，設計一個活動管理系統，建置後台與前台，且能呈現文件、圖片與影片，可做為各單位活動紀錄或社團活動紀錄。這個系統分成兩章進行說明，本章針對資料更新、資料刪除與使用者端顯示進行介紹。

本章的網頁範例會放在「PhpProject15」目錄內，sql 檔案會放在「sql」目錄內，上傳檔案會放在「15」目錄內，再請分別讀取。

16-1 資料更新與刪除

本章只介紹更新與刪除語法，資料互動中我們將以預處理方式取代 SQL 語法，請參考 12-2-5 節說明，藉此降低資安風險。

《 16-1-1 》 更新紀錄

由 view1.php 點選編輯後就可攜帶資料進入編輯表單網頁（檔案名稱：「PhpProject15」資料夾的「admin」資料夾內「edit.php」）：

```
01<?php session_start( );
02if(!isset($_SESSION["realname"]))
03  header("Location:login.php");
04?>
05<!DOCTYPE html>
06<html>
07 <head>
08  <meta charset="UTF-8">
09  <title>活動管理系統管理端 – 更新資料</title>
10 </head>
11 <body>
12 <?php
13 if(!isset($_GET['sid']))
14 {
15  ?>
16  <script>
17    alert('請查活動清單');
18    location.href="view.php";
19  </script>
20  <?php
21  exit( );
22 }
```

```
23  if($_GET['sid']=="")
24  {
25   ?>
26   <script>
27     alert(' 沒有資料 ');
28     location.href="view.php";
29   </script>
30   <?php
31   exit( );
32  }
33  $id=$_GET['sid'];
34  $_SESSION['id']=$_GET['sid'];
35  $mysqli2 = new mysqli('localhost','root','pcschool','data15');
36  $stmt = $mysqli2->prepare("select "
37      ." acttitle,actcontent, "
38      ." uploadtxt,uploadjpg,uploadmp4 "
39      ." from activity1 where id = ? " );
40  $stmt->bind_param("i", $id);
41  $stmt->execute( );
42  $stmt->bind_result($col1,$col2,$col3,$col4,$col5);
43  $stmt->fetch( );
44  ?>
45  <form action="update.php" method='post' enctype="multipart/form-data">
46   活動主題：<br>
47   <input type='text' name='acttitle'
48    size='30' maxlength="30" value="<?php echo $col1; ?>"><br>
49   活動內容：<br>
50   <textarea  name="actcontent" rows="4" cols="50">
51   <?php echo $col2; ?>
52   </textarea><br>
53   文件上傳：<br>
54   原本文件：<?php echo $col3; ?>
55   <input type="file" name="uploadtxt"><br>
56   圖片上傳：<br>
57   原本圖像：<?php echo $col4; ?>
58   <input type="file" name="uploadjpg"><br>
59   影片上傳：<br>
60   原本影片：<?php echo $col5; ?>
61   <?php
62     $_SESSION['uploadtxt']=$col3;
63      $_SESSION['uploadjpg']=$col4;
64      $_SESSION['uploadmp4']=$col5;
65   ?>
66   <input type="file" name="uploadmp4"><br>
67   <input type='hidden' name='id' value="<?php echo $id; ?>" >
68   <input type='reset' value=' 取消 '>
69   <input type='submit' value=' 確定 '><br>
70  </form>
71  <a href="view1.php"> 若這筆資料沒有要修改可返回資料檢索頁面 </a>
72  </body>
73 </html>
```

【圖 1、點選編輯後進行編輯表單】

針對 GET 傳輸資料進行分析，確認有接收到資料再儲存為 SESSION 資料：

```
12  <?php
13  if(!isset($_GET['sid']))
14  {
15   ?>
16   <script>
17     alert(' 請查活動清單 ');
18     location.href="view.php";
19   </script>
```

```
20  <?php
21  exit( );
22  }
23  if($_GET['sid']=="")
24  {
25   ?>
26  <script>
27    alert(' 沒有資料 ');
28    location.href="view.php";
29  </script>
30  <?php
31  exit( );
32  }
33  $id=$_GET['sid'];
34  $_SESSION['id']=$_GET['sid'];
```

於第 35 行到第 69 行我們以預處理方式進行資料檢索，請查看 12-2-5 節說明。

於第 62 行到第 64 行針對上傳文件、上傳影像、上傳影片等建立 SESSION 變數儲存，另於第 67 行以隱藏欄位方式傳遞 id 欄位內容：

```
35  $mysqli2 = new mysqli('localhost','root','pcschool','data15');
36  $stmt = $mysqli2->prepare("select "
37    ." acttitle,actcontent, "
38    ." uploadtxt,uploadjpg,uploadmp4 "
39    ." from activity1 where id = ? " );
40  $stmt->bind_param("i", $id);
41  $stmt->execute( );
42  $stmt->bind_result($col1,$col2,$col3,$col4,$col5);
43  $stmt->fetch( );
44  ?>
45  <form action="update.php" method='post' enctype="multipart/form-data">
46  活動主題：<br>
47  <input type='text' name='acttitle'
48   size='30' maxlength="30" value="<?php echo $col1; ?>"><br>
49  活動內容：<br>
50  <textarea  name="actcontent" rows="4" cols="50">
51  <?php echo $col2; ?>
52  </textarea><br>
53  文件上傳：<br>
54  原本文件：<?php echo $col3; ?>
55  <input type="file" name="uploadtxt"><br>
56  圖片上傳：<br>
57  原本圖像：<?php echo $col4; ?>
58  <input type="file" name="uploadjpg"><br>
59  影片上傳：<br>
60  原本影片：<?php echo $col5; ?>
61  <?php
62    $_SESSION['uploadtxt']=$col3;
63     $_SESSION['uploadjpg']=$col4;
64     $_SESSION['uploadmp4']=$col5;
```

```
65  ?>
66  <input type="file" name="uploadmp4"><br>
67  <input type='hidden' name='id' value="<?php echo $id; ?>" >
68  <input type='reset' value=' 取消 '>
69  <input type='submit' value=' 確定 '><br>
```

將資料攜帶至表單中顯示，使用者可以進行修改，而上傳資料若沒有變更則照原本項目進行更新。我們來設計接收更新表單網頁後的處理（檔案名稱：「PhpProject15」資料夾的「admin」資料夾內「update.php」）：

```
001<?php session_start( );
002if(!isset($_SESSION["realname"]))
003  header("Location:login.php");
004?>
005<!DOCTYPE html>
006<html>
007 <head>
008  <meta charset="UTF-8">
009  <title>活動管理系統管理端 - 更新資料 </title>
010 </head>
011 <body>
012 <?php
013  if(!isset($_POST['id']))
014   {?>
015    <script>
016     window.alert(' 無法更新活動 ');
017     history.back( );
018    </script>
019    <?php
020     exit( );
021   }
022  $id=$_POST['id'];
023  echo ' 檢查是否要做文件更新 <br>';
024  if( $_FILES['uploadtxt']['error']==4)
025   {
026    echo ' 沒有要做文件更新，儲存舊的路徑位置 <br>';
027    $uploadtxt=$_SESSION['uploadtxt'];
028   }
029  else
030   {
031    echo ' 刪除檔案後再上傳 <br>';
032    $fileToRemove=$_SESSION['uploadtxt'];
033    if(file_exists($fileToRemove))
034     {
035      echo " 檔案存在 ..<br>";
036      if(@unlink($fileToRemove)==true)
037       echo " 檔案刪除成功 <br>";
038      else
039       echo " 檔案無法刪除，資料刪除中斷 ";
040     }
```

```
041     else
042      echo(" 找不到檔案 ");
043     include("upfile1.php");
044     $uploadtxt=$_SESSION['uploadtxt'];
045    }
046    unset($_SESSION['uploadtxt']);
047    echo ' 檢查是否要做圖片更新 <br>';
048    if( $_FILES['uploadjpg']['error']==4)
049    {
050        echo ' 沒有要做圖片更新，儲存舊的路徑位置 <br>';
051        $uploadjpg=$_SESSION['uploadjpg'];
052    }
053    else
054    {
055        echo ' 刪除檔案後再上傳 <br>';
056        $fileToRemove=$_SESSION['uploadjpg'];
057     if(file_exists($fileToRemove))
058         {
059        echo " 檔案存在 ..<br>";
060        if(@unlink($fileToRemove)==true)
061         echo " 檔案刪除成功 <br>";
062        else
063         echo " 檔案無法刪除，資料刪除中斷 ";
064         }
065      else
066       echo(" 找不到檔案 ");
067      include("upfile2.php");
068      $uploadjpg=$_SESSION['uploadjpg'];
069    }
070    unset($_SESSION['uploadjpg']);
071    echo ' 檢查是否要做影片更新 <br>';
072    if( $_FILES['uploadmp4']['error']==4)
073    {
074        echo ' 沒有要做影片更新，儲存舊的路徑位置 <br>';
075        $uploadmp4=$_SESSION['uploadmp4'];
076    }
077    else
078    {
079        echo ' 刪除檔案後再上傳 <br>';
080        $fileToRemove=$_SESSION['uploadmp4'];
081     if(file_exists($fileToRemove))
082         {
083        echo " 檔案存在 ..<br>";
084        if(@unlink($fileToRemove)==true)
085         echo " 檔案刪除成功 <br>";
086        else
087         echo " 檔案無法刪除，資料刪除中斷 ";
088         }
089      else
090       echo(" 找不到檔案 ");
091       include("upfile3.php");
092       $uploadmp4=$_SESSION['uploadmp4'];
093    }
```

```
094   unset($_SESSION['uploadmp4']);
095   date_default_timezone_set('Asia/Taipei');
096   $dates1=date("Y-m-d");
097   $addr=$_SERVER['REMOTE_ADDR'];
098   $realname=$_SESSION["realname"];
099
100   if(!isset($_POST['acttitle']))
101    {?>
102     <script>
103      window.alert(' 無法更新活動 ');
104      history.back( );
105     </script>
106     <?php
107      exit( );
108    }
109   if($_POST['acttitle']=='')
110    {?>
111     <script>
112      window.alert(' 必須要有活動名稱 ');
113      history.back( );
114     </script>
115     <?php
116      exit( );
117    }
118   $acttitle=$_POST['acttitle'];
119   if($_POST['actcontent']=='')
120    {?>
121     <script>
122      window.alert(' 必須要有活動內容 ');
123      history.back( );
124     </script>
125     <?php
126      exit( );
127    }
128   $actcontent=$_POST['actcontent'];
129   $acttitle2=filter_var($acttitle,FILTER_SANITIZE_ADD_SLASHES);
130   if($acttitle!=$acttitle2)
131    die(' 請遵守規定輸入 1 ');
132   $actcontent2=filter_var($actcontent,FILTER_SANITIZE_ADD_SLASHES);
133   if($actcontent!=$actcontent2)
134    die(' 請遵守規定輸入 2 ');
135   $mysqli = new mysqli('localhost','root','pcschool','data15');
136
137   $stmt = $mysqli->prepare("
138     UPDATE activity1 SET
139     ip=?,
140     dates1=?,
141     realname=?,
142     acttitle=?,
143     actcontent=?,
144     uploadtxt=?,
145     uploadjpg=?,
146     uploadmp4=?
```

```
147    where id = ?
148    ");
149  $stmt->bind_param('ssssssssi',
150    $addr,
151    $dates1,
152    $realname,
153    $acttitle,
154    $actcontent,
155    $uploadtxt,
156    $uploadjpg,
157    $uploadmp4,
158    $id
159    );
160  if($stmt->execute( ))
161    { ?>
162     <script>
163      alert(' 完成更新資料 ');
164        location.href="view.php";
165     </script>
166  <?php
167    }
168  else
169    { ?>
170     <script>
171      alert(' 更新資料失敗 ');
172        location.href="view.php";
173     </script>
174  <?php
175    }
176  $stmt->close( );
177  ?>
178  </body>
179</html>
```

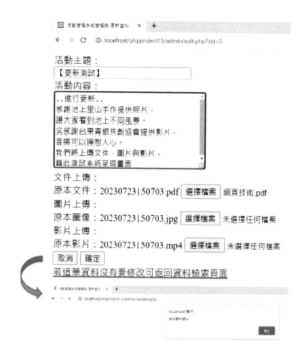

【圖 2、進行更新】

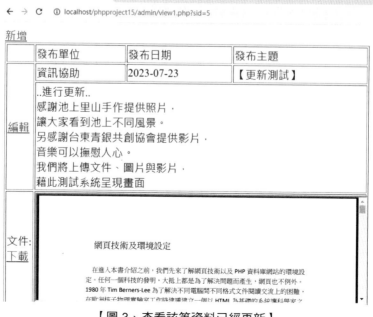

【圖 3、查看該筆資料已經更新】

針對 GET 傳輸資料進行分析，確認有接收到資料再儲存為 SESSION 資料：

```
013  if(!isset($_POST['id']))
014  {?>
015   <script>
016    window.alert(' 無法更新活動 ');
017    history.back( );
018   </script>
019   <?php
020    exit( );
021  }
022  $id=$_POST['id'];
```

針對上傳文件是否有作變更進行檢查，如果檔案上傳錯誤碼為 4 代表沒有上傳檔案，於第 027 行就進行「$uploadtxt=$_SESSION['uploadtxt']」動作進行變數資料儲存，如果有有進行資料上傳，請於第 032 行到第 042 行進行檔案刪除，file_exists( ) 函數判斷檔案是否存在，而 unlink( ) 函數則是進行檔案刪除，由於檔案刪除可能會產生狀況，所以加上 @ 符號抑制。檔案可能因為作業系統或硬體設備等因素無法刪除，若您檔案碰到無法刪除再請您手動方式進行刪除動作。再請於第 043 行呼叫引用 upfile1.php 進行文件上傳，再於第 044 行就進行「$uploadtxt=$_SESSION['uploadtxt']」動作進行變數資料儲存，於第 046 行刪除 $_SESSION['uploadtxt'] 變數：

```
023  echo ' 檢查是否要做文件更新 <br>';
024  if( $_FILES['uploadtxt']['error']==4)
025  {
026   echo ' 沒有要做文件更新，儲存舊的路徑位置 <br>';
027   $uploadtxt=$_SESSION['uploadtxt'];
028  }
029  else
030  {
031   echo ' 刪除檔案後再上傳 <br>';
032   $fileToRemove=$_SESSION['uploadtxt'];
033   if(file_exists($fileToRemove))
034    {
035     echo " 檔案存在 ..<br>";
036     if(@unlink($fileToRemove)==true)
037      echo " 檔案刪除成功 <br>";
038     else
039      echo " 檔案無法刪除，資料刪除中斷 ";
040    }
041   else
042    echo(" 找不到檔案 ");
043   include("upfile1.php");
044   $uploadtxt=$_SESSION['uploadtxt'];
```

```
045    }
046  unset($_SESSION['uploadtxt']);
```

針對上傳圖片是否有作變更進行檢查，如果檔案上傳錯誤碼為 4 代表沒有上傳檔案，於第 051 行就進行「$uploadjpg=$_SESSION['uploadjpg']」動作進行變數資料儲存，如果有有進行資料上傳，請於第 055 行到第 066 行進行檔案刪除，file_exists( ) 函數判斷檔案是否存在，而 unlink( ) 函數則是進行檔案刪除，由於檔案刪除可能會產生狀況，所以加上 @ 符號抑制。檔案可能因為作業系統或硬體設備等因素無法刪除，若您檔案碰到無法刪除再請您手動方式進行刪除動作。再請於第 067 行呼叫引用 upfile2.php 進行圖像上傳，再於第 068 行就進行「$uploadjpg=$_SESSION['uploadjpg']」動作進行變數資料儲存，於第 070 行刪除 $_SESSION['uploadjpg'] 變數：

```
047  echo ' 檢查是否要做圖片更新 <br>';
048  if( $_FILES['uploadjpg']['error']==4)
049  {
050     echo ' 沒有要做圖片更新，儲存舊的路徑位置 <br>';
051     $uploadjpg=$_SESSION['uploadjpg'];
052  }
053  else
054  {
055     echo ' 刪除檔案後再上傳 <br>';
056     $fileToRemove=$_SESSION['uploadjpg'];
057   if(file_exists($fileToRemove))
058     {
059     echo " 檔案存在 ..<br>";
060     if(@unlink($fileToRemove)==true)
061      echo " 檔案刪除成功 <br>";
062     else
063      echo " 檔案無法刪除，資料刪除中斷 ";
064     }
065    else
066     echo(" 找不到檔案 ");
067     include("upfile2.php");
068     $uploadjpg=$_SESSION['uploadjpg'];
069  }
070  unset($_SESSION['uploadjpg']);
```

針對上傳影片是否有作變更進行檢查，如果檔案上傳錯誤碼為 4 代表沒有上傳檔案，於第 075 行就進行「$uploadmp4=$_SESSION['uploadmp4']」動作進行變數資料儲存，如果有有進行資料上傳，請於第 079 行到第 090 行進行檔案刪除，file_exists( ) 函數判斷檔案是否存在，而 unlink( ) 函數則是進行檔

刪除，由於檔案刪除可能會產生狀況，所以加上 @ 符號抑制。檔案可能因為
作業系統或硬體設備等因素無法刪除，若您檔案碰到無法刪除再請您手動方
式進行刪除動作。再請於第 091 行呼叫引用 upfile3.php 進行圖像上傳，再於
第 092 行就進行「$uploadmp4=$_SESSION['uploadmp4']」動作進行變數資料
儲存，於第 094 行刪除 $_SESSION['uploadmp4'] 變數：

```php
071  echo ' 檢查是否要做影片更新 <br>';
072  if( $_FILES['uploadmp4']['error']==4)
073    {
074     echo ' 沒有要做影片更新，儲存舊的路徑位置 <br>';
075       $uploadmp4=$_SESSION['uploadmp4'];
076    }
077  else
078    {
079       echo ' 刪除檔案後再上傳 <br>';
080       $fileToRemove=$_SESSION['uploadmp4'];
081     if(file_exists($fileToRemove))
082        {
083       echo " 檔案存在 ..<br>";
084       if(@unlink($fileToRemove)==true)
085        echo " 檔案刪除成功 <br>";
086       else
087        echo " 檔案無法刪除，資料刪除中斷 ";
088        }
089     else
090      echo(" 找不到檔案 ");
091       include("upfile3.php");
092       $uploadmp4=$_SESSION['uploadmp4'];
093    }
094  unset($_SESSION['uploadmp4']);
```

第 100 行到第 134 行為資料驗證，相關驗證技巧可參考 12-4-4 節介紹：

```php
100  if(!isset($_POST['acttitle']))
101    {?>
102    <script>
103     window.alert(' 無法更新活動 ');
104     history.back( );
105    </script>
106    <?php
107     exit( );
108    }
109  if($_POST['acttitle']=='')
110    {?>
111    <script>
112     window.alert(' 必須要有活動名稱 ');
113     history.back( );
114    </script>
```

```
115    <?php
116      exit( );
117    }
118  $acttitle=$_POST['acttitle'];
119  if($_POST['actcontent']=='')
120    {?>
121    <script>
122      window.alert(' 必須要有活動內容 ');
123      history.back( );
124    </script>
125    <?php
126      exit( );
127    }
128  $actcontent=$_POST['actcontent'];
129  $acttitle2=filter_var($acttitle,FILTER_SANITIZE_ADD_SLASHES);
130  if($acttitle!=$acttitle2)
131    die(' 請遵守規定輸入 1');
132  $actcontent2=filter_var($actcontent,FILTER_SANITIZE_ADD_SLASHES);
133  if($actcontent!=$actcontent2)
134    die(' 請遵守規定輸入 2');
```

於第 135 行到第 176 行我們以預處理方式進行資料更新，請查看 12-2-5 節說明：

```
135  $mysqli = new mysqli('localhost','root','pcschool','data15');
136
137  $stmt = $mysqli->prepare("
138    UPDATE activity1 SET
139    ip=?,
140    dates1=?,
141    realname=?,
142    acttitle=?,
143    actcontent=?,
144    uploadtxt=?,
145    uploadjpg=?,
146    uploadmp4=?
147      where id = ?
148      ");
149  $stmt->bind_param('ssssssssi',
150    $addr,
151    $dates1,
152    $realname,
153    $acttitle,
154    $actcontent,
155    $uploadtxt,
156    $uploadjpg,
157    $uploadmp4,
158    $id
159    );
160  if($stmt->execute( ))
161    { ?>
```

```
162    <script>
163     alert(' 完成更新資料 ');
164       location.href="view.php";
165    </script>
166   <?php
167    }
168   else
169    { ?>
170    <script>
171     alert(' 更新資料失敗 ');
172       location.href="view.php";
173    </script>
174   <?php
175    }
176   $stmt->close( );
```

《 16-1-2 》 刪除紀錄

由 view1.php 點選編輯後就可攜帶資料進入刪除資料網頁（檔案名稱：「PhpProject15」資料夾的「admin」資料夾內「del.php」）：

```
01<?php session_start( );
02if(!isset($_SESSION["realname"]))
03   header("Location:login.php");
04?>
05<!DOCTYPE html>
06<html>
07 <head>
08   <meta charset="UTF-8">
09   <title> 活動管理系統管理端 – 刪除資料 </title>
10 </head>
11 <body>
12 <?php
13 if(!isset($_GET['id']))
14   {?>
15    <script>
16     window.alert(' 無法刪除活動 ');
17     history.back( );
18    </script>
19    <?php
20      exit( );
21   }
22 $id=$_GET['id'];
23 echo ' 進行查詢，列出文件影像影片的名稱 <br>';
24 $mysqli2 = new mysqli('localhost','root','pcschool','data15');
25 $stmt = $mysqli2->prepare("select "
26    ." uploadtxt,uploadjpg,uploadmp4 "
27    ." from activity1 where id = ? " );
28 $stmt->bind_param("i", $id);
29 $stmt->execute( );
```

```
30  $stmt->bind_result($col1,$col2,$col3);
31  $stmt->fetch( );
32  echo ' 文件路徑 <br>';
33  echo $col1."<hr>";
34  echo ' 刪除文件 <br>';
35  $fileToRemove=$col1;
36  if(file_exists($fileToRemove))
37   {
38    echo " 檔案存在 ..<br>";
39    if(@unlink($fileToRemove)==true)
40     echo " 檔案刪除成功 <br>";
41    else
42     echo " 檔案無法刪除，資料刪除中斷 ";
43   }
44  else
45   echo(" 找不到檔案 ");
46  echo ' 圖片路徑 <br>';
47  echo $col2."<hr>";
48  echo ' 刪除圖片 <br>';
49  $fileToRemove=$col2;
50  if(file_exists($fileToRemove))
51   {
52    echo " 檔案存在 ..<br>";
53    if(@unlink($fileToRemove)==true)
54     echo " 檔案刪除成功 <br>";
55    else
56     echo " 檔案無法刪除，資料刪除中斷 ";
57   }
58  else
59   echo(" 找不到檔案 ");
60  echo ' 影片路徑 <br>';
61  echo $col3."<hr>";
62  echo ' 刪除影片 <br>';
63  $fileToRemove=$col3;
64  if(file_exists($fileToRemove))
65   {
66    echo " 檔案存在 ..<br>";
67    if(@unlink($fileToRemove)==true)
68     echo " 檔案刪除成功 <br>";
69    else
70     echo " 檔案無法刪除，資料刪除中斷 ";
71   }
72  else
73   echo(" 找不到檔案 ");
74
75  $mysqli = new mysqli('localhost','root','pcschool','data15');
76  $stmt = $mysqli->prepare("delete from activity1 where id = ? ");
77  $stmt->bind_param("i", $id);
78  if($stmt->execute( ))
79   { ?>
80    <script>
81     alert(' 完成刪除資料 ');
82     location.href="view.php";
```

```
83   </script>
84   <?php
85   }
86 else
87   { ?>
88   <script>
89     alert(' 刪除資料失敗 ');
90     location.href="view.php";
91   </script>
92   <?php
93   }
94   $stmt->close( );
95 ?>
96 </body>
97</html>
```

【圖 4、查看個別項目後選擇刪除】

【圖 5、進行刪除】

【圖 6、刪除後資料少了一筆】

針對 GET 傳輸資料進行分析，確認有接收到資料再儲存為 SESSION 資料：

```
13 if(!isset($_GET['id']))
14  {?>
15  <script>
16   window.alert(' 無法刪除活動 ');
17   history.back( );
18  </script>
19  <?php
20   exit( );
21  }
22 $id=$_GET['id'];
```

由於將進行文件、影像與影片的刪除，所以針對文件、影像與影片進行查詢，
文件路徑儲存於 $col1 變數，而影像路徑儲存於 $col2 變數，影片路徑儲存於
$col3 變數：

```
23 echo ' 進行查詢，列出文件影像影片的名稱 <br>';
24 $mysqli2 = new mysqli('localhost','root','pcschool','data15');
25 $stmt = $mysqli2->prepare("select "
26   ." uploadtxt,uploadjpg,uploadmp4 "
27   ." from activity1 where id = ? " );
28 $stmt->bind_param("i", $id);
29 $stmt->execute( );
30 $stmt->bind_result($col1,$col2,$col3);
31 $stmt->fetch( );
```

第 32 行到第 45 行則是針對文件檔案進行刪除動作，file_exists( ) 函數判斷檔案是否存在，而 unlink( ) 函數則是進行檔案刪除，由於檔案刪除可能會產生狀況，所以加上 @ 符號抑制。檔案可能因為作業系統或硬體設備等因素無法刪除，若您檔案碰到無法刪除再請您手動方式進行刪除動作：

```
32 echo ' 文件路徑 <br>';
33 echo $col1."<hr>";
34 echo ' 刪除文件 <br>';
35 $fileToRemove=$col1;
36 if(file_exists($fileToRemove))
37  {
38   echo " 檔案存在 ..<br>";
39   if(@unlink($fileToRemove)==true)
40    echo " 檔案刪除成功 <br>";
41   else
42    echo " 檔案無法刪除，資料刪除中斷 ";
43  }
44 else
45   echo(" 找不到檔案 ");
```

第 46 行到第 59 行則是針對影像檔案進行刪除動作，file_exists( ) 函數判斷檔案是否存在，而 unlink( ) 函數則是進行檔案刪除，由於檔案刪除可能會產生狀況，所以加上 @ 符號抑制。檔案可能因為作業系統或硬體設備等因素無法刪除，若您檔案碰到無法刪除再請您手動方式進行刪除動作：

```
46 echo ' 圖片路徑 <br>';
47 echo $col2."<hr>";
48 echo ' 刪除圖片 <br>';
49 $fileToRemove=$col2;
50 if(file_exists($fileToRemove))
51  {
52   echo " 檔案存在 ..<br>";
53   if(@unlink($fileToRemove)==true)
54    echo " 檔案刪除成功 <br>";
55   else
56    echo " 檔案無法刪除，資料刪除中斷 ";
57  }
58 else
59   echo(" 找不到檔案 ");
```

第 60 行到第 73 行則是針對影像檔案進行刪除動作，file_exists( ) 函數判斷檔案是否存在，而 unlink( ) 函數則是進行檔案刪除，由於檔案刪除可能會產生狀況，所以加上 @ 符號抑制。檔案可能因為作業系統或硬體設備等因素無法刪除，若您檔案碰到無法刪除再請您手動方式進行刪除動作：

```
60 echo ' 影片路徑 <br>';
61 echo $col3."<hr>";
62 echo ' 刪除影片 <br>';
63 $fileToRemove=$col3;
64 if(file_exists($fileToRemove))
65  {
66   echo " 檔案存在 ..<br>";
67   if(@unlink($fileToRemove)==true)
68    echo " 檔案刪除成功 <br>";
69   else
70    echo " 檔案無法刪除，資料刪除中斷 ";
71  }
72 else
73  echo(" 找不到檔案 ");
```

於第 75 行到第 94 行我們以預處理方式進行資料更新，請查看 12-2-5 節說明：

```
75 $mysqli = new mysqli('localhost','root','pcschool','data15');
76 $stmt = $mysqli->prepare("delete from activity1 where id = ? ");
77 $stmt->bind_param("i", $id);
78 if($stmt->execute( ))
79  { ?>
80   <script>
81     alert(' 完成刪除資料 ');
82     location.href="view.php";
83   </script>
84  <?php
85  }
86 else
87  { ?>
88   <script>
89     alert(' 刪除資料失敗 ');
90     location.href="view.php";
91   </script>
92  <?php
93  }
94 $stmt->close( );
```

16-2 使用者查看

使用者查看的清單頁面類似 view.php，只是沒有 login 等檢查也沒有新增功能，而使用者個別顯示頁面類似 view1.php，但是沒有 edit.php 與 del.php 連結，另外文件圖像與影片的資料夾連結是「./upload/」而非「../upload/」。

《 16-2-1 》使用者查看的清單頁面

使用者清單顯示將仿造 view.php，相關技巧請參考 13-1-4 節介紹（檔案名稱：「PhpProject15」資料夾的內「data.php」）：

```
01<!DOCTYPE html>
02<html>
03 <head>
04  <meta charset="UTF-8">
05  <title>活動管理系統 - 資料顯示與互動</title>
06 </head>
07 <body>
08 <?php
09  $mysqli = new mysqli('localhost','root','pcschool','data15');
10  $sql ="select count(*) as total from  activity1";
11  $sql2=$mysqli->query($sql);
12  $list1=$sql2->fetch_object( );
13  $total=$list1->total;
14  if ($total==0)
15   exit;
16  else
17   echo '資料筆數 :'.$total."<br>";
18  $size=3;
19  if($total<$size)
20   $page_count=1;
21  else if($total % $size>0)
22   $page_count=(int)($total/$size)+1;
23  else
24   $page_count=$total/$size;
25  if(isset($_GET['page']))
26   {
27    $page=intval($_GET['page']);
28    if($page<=0)
29     $page=1;
30    if($page>$page_count)
31     $page=$page_count;
32   }
33  else
```

```
34    $page=1;
35   $page_string='';
36   if($page>1)
37    {
38     $page_string.='<a href='.$_SERVER['PHP_SELF'];
39     $page_string.='?page='.($page-1);
40     $page_string.='><</a>   ';
41    }
42   $i=1;
43   while ($i<=$page_count)
44    {
45     $page_string.='<a href='.$_SERVER['PHP_SELF'];
46     $page_string.='?page='.$i.'>'.$i.'</a>   ';
47     $i+=1;
48    }
49   if($page<$page_count)
50    {
51     $page_string.='<a href='.$_SERVER['PHP_SELF'];
52     $page_string.='?page='.($page+1).'>></a>   ';
53    }
54   $page_string.='<br>';
55   echo $page_string;
56   $sql="select * from activity1 limit ".($page-1)*$size.",$size";
57   $sql2=$mysqli->query($sql);
58   echo '<hr>';
59   echo '<table border="1"><tr><td> 發布單位 </td><td> 發布日期 </td>';
60   echo '<td> 發布主題 </td><td> </td></tr>';
61   while($list3=$sql2->fetch_object( ))
62    {
63     echo '<tr>';
64     echo '<td>'.$list3->realname.'</td>';
65     echo '<td>'.$list3->dates1.'</td>';
66     echo '<td>'.$list3->acttitle.'</td>';
67     echo '<td><a href="detail.php?sid='.$list3->id.'"> 查看 </a>';
68     echo '</td></tr>';
69    }
70   echo '</table>';
71   echo $page_string;
72   $sql2->close( );
73   $mysqli->close( );
74   ?>
75   </body>
76   </html>
```

【圖 7、使用者查看的清單頁面】

網頁中沒有 login 等檢查也沒有新增連結功能，其他功能可參考 view.php 網頁的說明。

《 16-2-2 》使用者查看的個別顯示頁面

由 data.php 中顯示的資料可以進行連結查看，所以們接著設計個別顯示網頁

（檔案名稱：「PhpProject15」資料夾的「detail.php」）：

```
001<!DOCTYPE html>
002<html>
003 <head>
004  <meta charset="UTF-8">
005  <title> 活動管理系統 – 個別資料顯示 </title>
006 </head>
007 <body>
008 <?php
009 if(!isset($_GET['sid']))
010  {
011  ?>
012 <script>
013   alert(' 請查活動清單 ');
014   location.href="data.php";
```

```
015  </script>
016  <?php
017  exit( );
018  }
019 if($_GET['sid']=="")
020  {
021  ?>
022  <script>
023    alert(' 沒有資料 ');
024    location.href="data.php";
025  </script>
026  <?php
027  exit( );
028  }
029 $id=$_GET['sid'];
030 $_SESSION['id']=$_GET['sid'];
031 $mysqli = new mysqli('localhost','root','pcschool','data15');
032 $sql ="select count(*) as total from  activity1 where id=$id";
033 $sql2=$mysqli->query($sql);
034 $list1=$sql2->fetch_object( );
035 $total=$list1->total;
036 if($total==0)
037  exit;
038 $sql="select * from activity1 where id=$id";
039 $sql2=$mysqli->query($sql);
040 echo '<table border="1"><tr><td></td><td> 發布單位 </td>';
041 echo '<td> 發布日期 </td><td> 發布主題 </td></tr>';
042 $list3=$sql2->fetch_object( );
043 echo '<tr>';
044 echo '<td rowspan="2"> </td>';
045 echo '<td>'.$list3->realname.'</td>';
046 echo '<td>'.$list3->dates1.'</td>';
047 echo '<td>'.$list3->acttitle.'</td></tr>';
048 echo '<tr><td colspan="3">'. nl2br($list3->actcontent).'</td></tr>'; ?>
049 <tr><td> 文件 :<br>
050 <?php if($list3->uploadtxt!='')
051  {?>
052    <a href="<?php echo './upload/'.$list3->uploadtxt; ?>"> 下載 </a>
053 <?php
054  }
055 ?>
056 </td><td colspan="3">
057 <?php if($list3->uploadtxt!='')
058  { ?>
059    <iframe src="<?php echo './upload/'.$list3->uploadtxt; ?>"
060     width="100%" height="100%">
061    This browser does not support PDFs.
062    Please download the PDF to view it:
063    <a href="<?php echo './upload/'.$list3->uploadtxt; ?>">
064    Download PDF</a>
065    </iframe>
066 <?php
067  }
```

```php
068 else
069  echo " "; ?>
070 </td></tr>
071 <tr><td> 圖片 :<br>
072 <?php
073  if($list3->uploadjpg!='')
074   {?>
075     <a href="<?php echo './upload/'.$list3->uploadjpg; ?>"> 下載 </a>
076  <?php
077   }
078  ?>
079 </td><td colspan="3">
080 <?php
081  if($list3->uploadjpg!='')
082   {?>
083     <img src="<?php  echo './upload/'.$list3->uploadjpg; ?>"
084     width="480" height="320"></img>
085  <?php
086   }
087  else
088   echo " ";
089  ?>
090 </td></tr>
091 <tr><td> 影片 :<br>
092 <?php
093  if($list3->uploadmp4!='')
094   {?>
095     <a href="<?php echo './upload/'.$list3->uploadmp4; ?>"> 下載 </a>
096  <?php
097   }
098  ?>
099 </td><td colspan="3">
100 <?php
101  if($list3->uploadmp4!='')
102   { ?>
103    <video width="480" height="320" controls>
104    <source src="<?php echo './upload/'.$list3->uploadmp4; ?>"
105    type="video/mp4" />
106    影片無法播放，請改用別的瀏覽器，或將影片
107    <a href="<?php echo './upload/'.$list3->uploadmp4; ?>">
108    下載 </a> 後再播放。
109    </video>
110  <?php
111   }
112  else
113   echo " "; ?>
114 </td></tr>
115 <?php
116  echo '</table>';
117  $sql2->close( );
118  $mysqli->close( );
119 ?>
120 </body>
```

```
121</html>
```

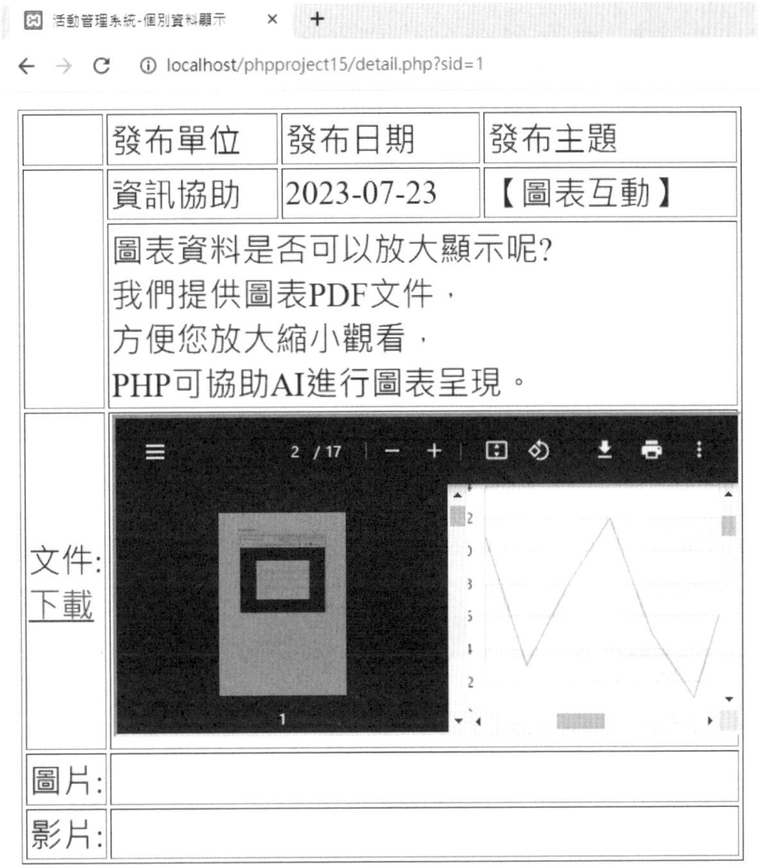

活動管理系統-個別資料顯示
localhost/phpproject15/detail.php?sid=1
發布單位
發布日期
發布主題
資訊協助
2023-07-23
【圖表互動】
圖表資料是否可以放大顯示呢?
我們提供圖表PDF文件，
方便您放大縮小觀看，
PHP可協助AI進行圖表呈現。
文件:
下載
2 / 17
1
圖片:
影片:

【圖 8、使用者查看顯示個別資料：包含文件】

活動管理系統-個別資料顯示

localhost/phpproject15/detail.php?sid=2

	發布單位	發布日期	發布主題
	生態活動	2023-07-23	【午後竹趣】
	在吃飽喝足充分休息過後，下午我們去竹林體驗砍竹子啦！ 實作的過程中才發現，砍竹也有一些要注意的小撇步， 鐮刀使用也不是簡單的手起刀落那麼輕鬆。 梅堯臣有首詩有這樣一段： 池上暑風收，竹間秋氣早 今天是 「池上暑風盛，竹間青翠點。」 嫩綠的竹林與招牌台東藍 還有熱情洋溢的池上青翠點 構成萬安一抹美麗的風景		
文件:			
圖片: 下載	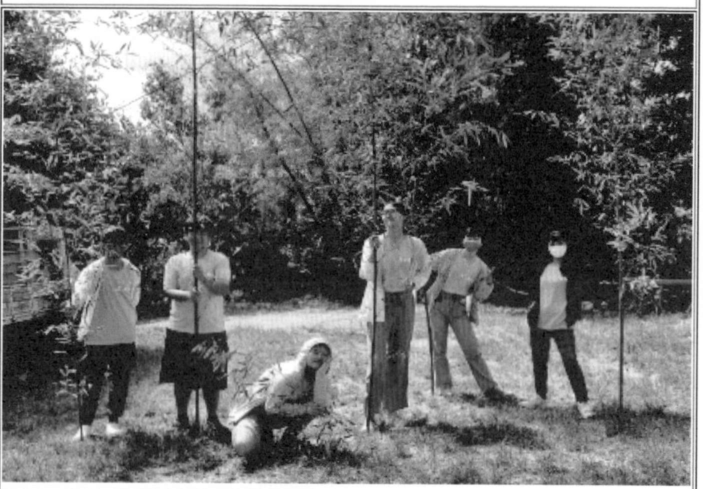		
影片:			

【圖 9、使用者查看顯示個別資料：包含圖像】

	發布單位	發布日期	發布主題
	社會服務	2023-07-23	【打鼓，不打人】
	今天的特別課程是「打太鼓」， 讓長者們打太鼓可以活化腦力、 培養記憶力且保持心情愉悅。 為了讓長者們能快速記起基本的鼓法， 老師特別用各類動物來代替樂理上的名詞， 例如，一隻大象用來代替一個4拍。 曲子選擇長輩們耳熟能詳的台語歌謠「等一下呢」。 下面為長輩與同學們一起練習的成果		
文件：			
圖片：			
影片： 下載			

localhost/phpproject15/detail.php?sid=3

活動管理系統-個別資料顯示

0:00 / 2:46

【圖 10、使用者查看顯示個別資料：包含影片】

【圖 11、使用者查看顯示個別資料：包含所有資料】

16-3 結論

完成了活動管理系統，希望您能熟悉 PHP 與 MySQL 的操作使用，能架設網站進行各種資料收集與呈現。網站技術是資訊生活中必備的技術，收集後的資訊可供後續 AI 人工智慧程式進行分析，也可於網站上以圖表顯示，讓大家進行討論。當您熟悉資料庫網站架構之後，我們再一起將學習的眼光伸向遠方，熟悉了解更多技術。